W0257565

Die Elementar-Planimetrie.

Ein methodisches Lehrbuch

für den

Schul- und Selbstunterricht

von

H. Müller,
Kgl. Gymnasiallehrer.

Springer-Verlag Berlin Heidelberg GmbH 1891

ISBN 978-3-662-32426-4 ISBN 978-3-662-33253-5 (eBook)
DOI 10.1007/978-3-662-33253-5

Vorbemerkung über die Einteilung des Buches.

Der einleitende Abschnitt verfolgt den Zweck, die Anschauungs=
thätigkeit des Schülers anzuregen und ihn mit den Grundformen der
geometrischen Gebilde bekannt zu machen. Weiter reicht sein Zusammen=
hang mit dem in Kapitel 4 beginnenden Unterrichtsstoff nicht, und
daher kann er, wo es nötig zu sein scheint, übergangen werden. In
dem für Quarta und Untertertia berechneten Teile sind die Beweise anfangs
den Entwicklungen noch zum Teil hinzugefügt, damit der Anfänger auch
mit der dogmatischen Beweisform bekannt wird. Nach jedem wichtigen
neuen Gesichtspunkte stehen Übungen und Aufgaben zu seiner Ver=
wertung. Diese Anordnung des Stoffes entspricht genau dem Verfahren,
das naturgemäß in der Unterrichtsstunde eingeschlagen wird. Um aber
die Wiederholung größerer Abschnitte im Zusammenhang zu erleichtern,
ist sowohl für die Übungsbeispiele als auch für die Aufgaben ein
kleinerer Druck gewählt worden.

Ein ausführliches Vorwort zu dem Buche ist abgesondert von
demselben erschienen und wird auf Verlangen von der Verlags=
handlung unentgeltlich übersandt werden.

Möge sich das Buch in der Hand der Schüler bewähren und
sich dadurch recht viele Freunde erwerben.

Charlottenburg, im September 1890.
(Kaiserin-Augusta-Gymnasium).

Der Verfasser.

Inhalts-Übersicht.

Abschnitt I.

Einleitung. Die Entwicklung der Grundbegriffe.

Irster Teil. Von der Gleichheit der Größen.
Abschnitt II. Die Lehre von den Winkeln.

Abschnitt VI. Proportionale Flächen.

Abschnitt VII. Kreisberechnung.

Einleitung.

I. Abschnitt.
Die Entwicklung der Grundbegriffe.

1. Kapitel.

Körper, Fläche, Linie, Punkt.

a) Ableitung.

Bei der Betrachtung irgend eines Gegenstandes unterscheidet man zwischen dem Stoff, aus dem derselbe hergestellt ist, und seiner Form. Das erste Merkmal der Form besteht darin, daß sie einen gewissen Raum umschließt, der nicht gleichzeitig von einem zweiten Dinge ganz oder auch nur zum Teil eingenommen werden kann; es sind deshalb alle Gegenstände räumliche Gebilde. Wird nun die Wissen= schaft, welche sich mit denselben beschäftigt, Geometrie genannt, so folgt hieraus die

Erklärung: Die Geometrie ist die Lehre von den räum= lichen Gebilden; sie berücksichtigt den Stoff nicht, der die Gebilde erfüllt.

Soll aber der Raum von einem bestimmten Gegenstande (Körper) eingenommen werden, so darf er sich nach keiner Seite hin beliebig weit ausdehnen; der Körper erlangt vielmehr nur dadurch die ihm eigentümliche Gestalt, daß er von allen Seiten begrenzt ist. Dies führt zu der weiteren

Erklärung: Ein geometrischer Körper ist ein allseitig begrenzter Teil des Raumes.

Erklärung: Die Begrenzungen von Körpern werden Flächen genannt.

Ein Körper kann nun von einer einzigen Fläche (Gummiball!) begrenzt sein; es läßt sich dann nicht sagen, wo die Fläche anfängt, oder wo sie aufhört. Bei den meisten Körpern aber lassen sich mehrere Begrenzungsflächen unterscheiden, die sich gegenseitig hindern, sich be= liebig weit auszudehnen. Wird die gemeinschaftliche Grenze je zweier dieser Flächen Linie genannt, so ergiebt sich die

Erklärung: Die Begrenzungen von Flächen heißen Linien.

Wird eine Fläche durch eine einzige Linie begrenzt (kreisförmige Scheibe!), so läßt sich eine bestimmte Stelle nicht angeben, wo die Linie anfängt und wo sie aufhört; sind dagegen mehrere Begrenzungslinien vorhanden, so hindern dieselben einander, sich beliebig weit auszudehnen, und bestimmen für jede von ihnen zwei Orte, die ihrer Ausdehnung ein Ziel setzen.   Diese Orte sollen Punkte genannt und eingeführt werden durch die

Erklärung: Die Begrenzungen von Linien heißen Punkte.

Anmerkung: Ein Punkt wird durch einen Buchstaben des großen lateinischen Alphabets bezeichnet.

Für den Punkt kann eine Begrenzung nicht mehr angegeben werden, weil er keine wahrnehmbare Größe, keine mit einer noch so kleinen Maßeinheit durch eine Maßzahl ausdrückbare Ausdehnung (Dimension) besitzt.   Der Punkt ist daher ein Teil des Raumes von unendlich kleiner Größe.*)   Bei der Linie sieht das Auge eine gewisse Größe oder Ausdehnung, die Länge; ebenso zeigt die unmittelbare Anschauung, daß die Fläche zwei Ausdehnungen, Länge und Breite, und daß der geometrische Körper drei Ausdehnungen, Länge, Breite und Dicke (Höhe), besitzt.   Es erweist sich also

der Körper als Gebilde von 3 Ausdehnungen,
die Fläche   „   „   „ 2   „
die Linie   „   „   „ 1 Ausdehnung,
der Punkt   „   „   „ keiner angebbaren Ausdehnung.

Ferner entsteht hiernach durch Verschwinden

der 3. Ausdehnung (Dicke) aus dem Körper die Fläche,
der 2.   „   (Breite) aus der Fläche die Linie,
der letzten „   (Länge) aus der Linie der Punkt.

b) Entwicklung.

Ein weiterer Einblick in den Zusammenhang der vier räumlichen Gebilde wird gewonnen, wenn man die einfachste Raumform, den Punkt, als das ursprünglich gegebene Element ansieht und aus demselben die anderen Formen entwickelt.

1. Die Entstehung der Linie.

Wird ein Punkt in Bewegung versetzt und gelangt er auf irgend einem Wege von einem Orte A des Raumes zu einem anderen Orte B, so ist der Weg, den er bei dieser Wanderung zurücklegt, eine ununterbrochene (stetige) Folge von Punkten. Bezeichnet man diese stetige Folge von Punkten als Linie, so erhält man die

---

*) Schindler bezeichnet deshalb die Punkte treffend als Raum-Atome. S. Einl. und Seite 4 seiner Elemente der Planimetrie, I. Stufe.

Erklärung: Durch Bewegung eines Punktes im Raume von einem Orte nach einem anderen entsteht eine Linie.

2. Die Entstehung der Fläche.

Wird weiter die entstandene Linie in Bewegung gesetzt, doch so, daß sie nicht in sich selbst (Schraubenlinie!) oder in einer anderen Linie läuft, so beschreibt sie von ihrer Anfangslage aus eine stetige Folge von Linien, und zu der vorhandenen Längen=Ausdehnung tritt eine zweite Ausdehnung in der Richtung der Bewegung hinzu. Das erzeugte Gebilde soll Fläche genannt und eingeführt werden durch die

Erklärung: Durch Bewegung einer Linie entsteht ein zweifach ausgedehntes Raumgebilde, die Fläche.

3. Die Entstehung des Körpers.

Wenn jetzt die Fläche in Bewegung versetzt wird, doch so, daß sie nicht in sich selbst (Drehung einer Scheibe!) oder in einer anderen Fläche (Schieben auf einer Platte!) verläuft, so wird eine stetige Auf= einanderfolge von Flächen hervorgebracht, und zu den beiden bereits vorhandenen Ausdehnungen kommt eine dritte Ausdehnung in der Richtung der Bewegung hinzu. Wird das beschriebene Gebilde als Körper bezeichnet, so ergiebt sich die

Erklärung: Durch Bewegung einer Fläche entsteht ein dreifach ausgedehntes Raumgebilde, der geometrische Körper.

4. Weitere Grundgebilde sind nicht vorhanden.

Die Bewegung eines Körpers kann man sich nur in der Weise vorstellen, daß die ursprüngliche erzeugende Fläche aus ihrer Endlage noch weiter vorrückt und die von ihr bei der Entstehung des Körpers eingenommenen Lagen in unveränderter Reihe nachfolgen. Demnach wird durch die Bewegung eines Körpers nur die stetige Flächenreihe weiter fortgesetzt, also der Körper in der Richtung der Bewegung weiter ausgedehnt. Das entstehende Gebilde ist daher von derselben Art wie der erzeugende Körper (kanalförmig!), und daraus folgt, daß mit den vier Formen: Punkt, Linie, Fläche und Körper die Reihe der Grundformen räumlicher Gebilde abgeschlossen ist.

2. Kapitel.

Die gerade Linie.

So lange sich ein Körper willkürlich bewegt, beschreibt ein be= liebiger Punkt P desselben eine Linie, von der sich weiter nichts sagen

läßt, als daß sie mit allen ihren Teilen dem entstehenden kanal=
förmigen Körper angehört; wird dagegen die Bewegung gewissen Be=
dingungen unterworfen, so nimmt diese Linie besondere, den Bedingungen
entsprechende Formen an.

5. Drehung um einen Punkt.   Entstehung der Kugelfläche.

Die Bewegung des Körpers wird in der Weise eingeschränkt,
daß einer seiner Punkte A (oder ein starr mit ihm verbundener
Punkt A des Raumes) seine Lage im Raume unverändert beibehält,
daß also der Körper sich um einen seiner Punkte, den Drehungspunkt,
beliebig dreht.   Da wegen der Starrheit des Körpers bei der Be=
wegung die Entfernung des Punktes P von A unverändert bleibt,
so hat die von P beschriebene Linie die Eigenschaft, daß ihre sämt=
lichen Punkte von A die nämliche Entfernung besitzen; sie
liegt daher in ihrer ganzen Ausdehnung auf einer Fläche, deren sämt=
liche Punkte von A gleichweit entfernt sind.   Nennt man dieselbe
Kugelfläche und A ihren Mittelpunkt, so ergiebt sich der Satz:

Dreht sich ein Körper um einen seiner Punkte (oder um
einen starr mit ihm verbundenen Punkt), so liegt die von
einem beliebigen Punkte des Körpers beschriebene Linie
in ihrer ganzen Ausdehnung auf einer **Kugelfläche**, deren
Mittelpunkt der Drehungspunkt ist.

6. Drehung um zwei Punkte.   Entstehung des Kreises.

Wird außer dem Punkte A noch ein zweiter Punkt B, der gleich=
falls starr mit dem Körper verbunden ist, in unveränderter Lage
gehalten, so kann die Bewegung des Körpers nur noch in zweifachem
Sinne erfolgen, und zwar (je nach der Stellung des Beobachters)
als Drehung nach vorwärts oder rückwärts, bez. als Drehung nach
rechts oder links.   Ein bewegter Punkt P kehrt nach jeder ganzen
Umdrehung wieder in seine ursprüngliche Lage zurück und beschreibt
deshalb eine Linie, die in sich selber verläuft und unabhängig von
dem Sinne der Drehung stets dieselben Punkte enthält, so oft auch
der Körper gedreht werden mag.   Da ferner wegen der Starrheit
des Körpers die Entfernung des Punktes P sowohl von A als auch
von B unverändert bleibt, so besitzt die Linie die Eigenschaft, daß
alle ihre Punkte sowohl von A als auch von B gleichweit
entfernt sind.   Bezeichnet man diese Linie als Kreis, so erhält
man den Satz:

Wird ein Körper um zwei starr mit ihm verbundene
Punkte gedreht, so beschreibt ein bewegter Punkt desselben
eine in sich selber verlaufende Linie, welche **Kreis** ge=
nannt wird.

7. Drehung um zwei Punkte. Entstehung der Geraden.

Aber nicht alle Punkte des Körpers (oder alle starr mit ihm verbundenen Punkte) werden bei der angegebenen Drehung mit bewegt; es behalten vielmehr außer A und B noch unzählig viele andere Punkte desselben ihre Lage im Raume unverändert bei. Diese Punkte folgen ohne Unterbrechung auf einander und bilden eine Linie, die von A nach B oder von B nach A verläuft. Ein Punkt P, der sich auf derselben von A nach B bewegt, ohne umzukehren, durchläuft jeden ihrer Punkte nur ein einziges Mal. Wird der Inbegriff aller dieser Punkte gerade Linie oder Gerade genannt, so kann die zweite Beobachtung an dem um zwei feste Punkte gedrehten Körper durch den Satz ausgedrückt werden:

Wird ein Körper um zwei fest mit ihm verbundene Punkte gedreht, so giebt es innerhalb des Körpers oder doch fest mit ihm verbunden unzählig viele Punkte, welche bei der Drehung ihre Lage im Raume unverändert beibehalten. Der Inbegriff aller dieser Punkte bildet eine Linie, welche **gerade Linie** oder **Gerade** (Drehungsachse) heißt.

Der Ableitung zufolge erstreckt sich die Gerade zunächst nur zwischen den Punkten A und B. Da aber zwei starr mit dem Körper verbundene Punkte beliebig weit auseinander liegen können, ohne daß dadurch die in dem Satze ausgesprochene Thatsache geändert wird, so kann die gerade Linie als beiderseits beliebig ausgedehnt (unbegrenzt) angesehen und eingeführt werden durch die

Erklärung: Die gerade Linie ist der Inbegriff aller derjenigen Punkte, die bei der Drehung eines festen Körpers um zwei starr mit ihm verbundene Punkte gleich diesen ihre Lage im Raume unverändert beibehalten.

8. Erste Sätze über die gerade Linie.

Wird ein zweiter Körper um die nämlichen starr mit ihm verbundenen Punkte A und B gedreht, so bleibt die Lage der unbewegten Punkte zwischen A und B unverändert (Beobachtungs-Resultat!), und daraus folgt:

(Anschauungs-) **Satz 1.** Zwischen zwei festen Punkten ist stets eine und nur eine gerade Linie möglich.

Folgerung: Eine Gerade ist durch zwei ihrer Punkte vollständig bestimmt.

Erklärung: Die gerade Linie zwischen zwei Punkten A und B wird Verbindungslinie derselben genannt und durch die beiden Punkte A und B bezeichnet (AB).

Erklärung: Eine Gerade geht durch einen Punkt P hindurch, wenn P einer ihrer Punkte ist.

Erklärung: Bewegt sich auf einer Geraden ein Punkt P von A nach B, ohne umzukehren, so beschreibt er die Gerade in der Richtung AB; bewegt er sich aber von B nach A, so beschreibt er die Gerade in der Richtung BA. Auf einer Geraden AB sind also zwei Richtungen zu unterscheiden, welche einander entgegengesetzt heißen.

Anmerkung. Die gerade Linie wird mit Hilfe des Lincals gezeichnet.

9. Zwei sich schneidende Geraden.

Erklärung: Wenn zwei Geraden einen Punkt gemeinsam haben, so sagt man, daß sie sich in diesem Punkte schneiden.

Zwei verschiedene gerade Linien können nur einen Punkt gemeinsam haben; denn wären zwei gemeinschaftliche Punkte vorhanden, so müßten durch diese beiden Punkte zwei verschiedene Geraden gehen. Dies ist nach Satz 1 unmöglich, und daraus folgt:

Satz 2. Zwei verschiedene gerade Linien können sich nur in einem Punkte schneiden.

Folgerung: Ein Punkt ist durch zwei sich schneidende Geraden vollständig bestimmt.

Während zwei Punkte stets eine gerade Linie bestimmen, ist bei zwei Geraden keineswegs immer ein gemeinschaftlicher Punkt vorhanden; sie können z. B. im Raume an einander vorübergehen, ohne sich zu treffen.

10. Werden drei nicht in einer Geraden liegende Punkte eines Körpers festgehalten, so kann sich der Körper nicht mehr bewegen.

11. n Punkte und n Geraden.

Eine erste Anwendung finden die Sätze 1 und 2 in den folgenden Übungen:

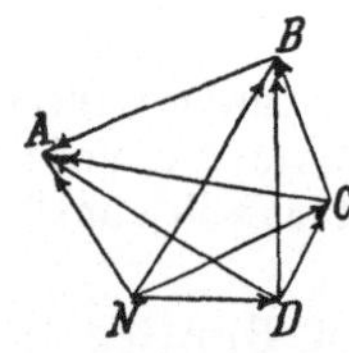

Zwischen zwei Punkten A und B ist stets eine einzige Gerade möglich. Kommt ein dritter Punkt C hinzu, der nicht auf AB liegt, so entstehen zwei neue Geraden CA und CB.

Zwischen zwei Geraden ist nur ein Schnittpunkt möglich. Kommt eine dritte Gerade hinzu, die nicht durch den Schnittpunkt der beiden ersten Geraden hindurchgeht, so können zwei neue Schnittpunkte entstehen.

Daraus folgt:

Satz 3a. Durch drei Punkte, die nicht in einer Geraden liegen, sind drei Geraden bestimmt.

Satz 3a'. Drei Geraden, die nicht durch einen Punkt gehen, können sich in drei Punkten schneiden.

Wird weiter ein 4. Punkt D hinzugenommen, der auf keiner der Geraden AB, CA und CB liegt, so entstehen drei neue Geraden DA, DB und DC. Tritt in entsprechender Weise ein 5., 6. Punkt u. s. w. hinzu, so werden dadurch vier, fünf u. s. w. neue Geraden bestimmt.

Wird weiter eine 4. Gerade hinzugenommen, die durch keinen der bereits vorhandenen Schnittpunkte hindurchgeht, so können drei neue Schnittpunkte auftreten. Eine 5., 6. Gerade u. s. w., die in entsprechender Weise hinzugenommen wird, kann vier, fünf u. s. w. neue Schnittpunkte bilden.

Ist also n eine beliebige ganze Zahl, so folgt hieraus:

Satz 3b. Durch $n+1$ Punkte, von denen nicht drei in einer Geraden liegen, sind

Satz 3b'. $n+1$ Geraden, von denen nicht drei durch einen Punkt gehen, können sich in

$$1 + 2 + 3 + \cdots + n \left(= \frac{n\,(n+1)}{2} \right).$$

Geraden bestimmt.

Punkten schneiden.

12. Strahl und Strecke.

Die gerade Linie ist auf beiden Seiten unbegrenzt; jeder ihrer Punkte teilt sie in zwei Teile, welche Strahlen genannt werden sollen. Daraus folgt die

Erklärung: Ein Strahl ist eine einseitig begrenzte gerade Linie. Der Begrenzungspunkt heißt Ausgangspunkt des Strahles.

Wird auch der Strahl begrenzt, so entsteht ein Teil einer Geraden, dessen Ausdehnung oder Länge durch den Ausgangspunkt A und den Endpunkt B des Strahles vollständig bestimmt ist. Die Bezeichnung Strecke für diesen Teil führt zu der

Erklärung: Eine Strecke ist ein durch zwei Punkte begrenzter Teil einer Geraden. Die Größe der Strecke wird als ihre Länge oder als Abstand (Entfernung) des Endpunktes vom Anfangspunkte bezeichnet.

Anmerkung. Eine Strecke wird entweder durch ihre beiden Endpunkte oder durch einen Buchstaben des kleinen lateinischen Alphabets bezeichnet.

3. Kapitel.

Die Ebene.

Die Beschaffenheit der Fläche, welche durch Bewegung einer Linie beschrieben wird, hängt sowohl von der Gestalt der erzeugenden Linie als auch von dem Gange der Bewegung ab. Die Fläche wird deshalb nur dann eine besondere Form annehmen, wenn über diese beiden Be=

stimmungsstücke besondere Annahmen gemacht werden. Von den bereits bekannten Linien soll der Strahl als erzeugende Linie gewählt und die Bewegung in der Weise bestimmt werden, daß sein Ausgangspunkt P seine Lage im Raume unverändert beibehält und der Strahl an einer bekannten Linie, der Leitlinie, entlang gleitet.

13. Die Entstehung des Kegels.

Wird zuerst der Kreis als Leitlinie genommen und gleitet der Strahl ohne Änderung seiner Bewegungsrichtung an der ganzen Leit=linie entlang, so entsteht eine vollständige, geschlossene Fläche, die in sich selber zurückkehrt, wenn der Strahl ein zweites Mal den gleichen Weg zurücklegt. Und wie der Kreis unabhängig davon bleibt, in welcher Be=wegungsrichtung und von welcher Anfangslage aus der Körper gedreht wird (Nr. 6.), so wird auch die Fläche immer wieder dieselbe werden, einerlei in welcher Richtung und von welchem Punkte des Kreises aus der Strahl seine gleitende Bewegung beginnt. (Beweis nach Satz 1.) Bezeichnet man diese Fläche als Kegelfläche, so erhält man den Satz:

Gleitet ein Strahl an einem Kreise entlang, ohne seinen Ausgangspunkt zu ändern, so beschreibt er eine Kegelfläche.

14. Die Entstehung der Ebene.

Wenn die Gerade als Leitlinie gewählt wird und der Strahl von irgend einem Punkte derselben seine gleitende Bewegung beginnt, so kann er ohne Änderung der Bewegungsrichtung niemals aus dem einen Teile der Geraden in den anderen gelangen, und ebensowenig kann er den einen Teil, auf dem er entlang gleitet, vollständig durchlaufen, weil die Gerade auf beiden Seiten unbegrenzt ist. Das Bild der erzeugten Fläche bleibt daher unvollständig, wenn nicht dafür Sorge getragen wird, daß der Strahl die Leitlinie in allen ihren Punkten einmal trifft, und dies ist nur dadurch zu erzwingen, daß die Leitlinie aus Strecken zu=sammengesetzt wird, die mit einander eine geschlossene Figur bilden. Diese Bedingung erfüllt die Leitlinie, wenn sie auf folgende Weise hergestellt wird:

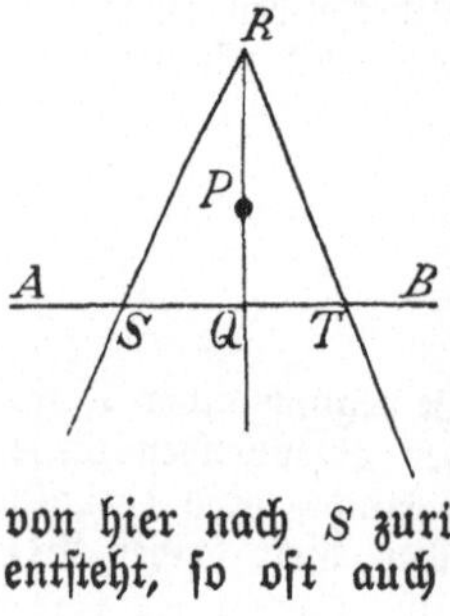

Der Ausgangspunkt P wird mit einem beliebigen Punkte Q der Geraden AB verbunden und die Gerade QP über P hinaus bis zu einem beliebigen Punkte R fortgesetzt; alsdann wird R mit zwei Punkten S und T der Ge=raden AB verbunden, die so gewählt werden, daß P zwischen den Verbindungslinien RS und RT (daß Q zwischen S und T) liegt. Wird jetzt der Strahl so gedreht, daß er an der Leitlinie RST entlang gleitet; bewegt er sich zuerst von S nach T, dann weiter von T nach R und zuletzt von R nach S, oder in umgekehrter Richtung von S über R nach T und von hier nach S zurück, so beschreibt er eine Fläche, die immer wieder entsteht, so oft auch der Strahl an der Leitlinie entlang gleitet, und unabhängig davon bleibt, in welcher der beiden Richtungen und von welcher Anfangslage aus die Bewegung vor sich geht. (Satz 1.) Diese Fläche wird Ebene genannt und ihre Entstehung durch den Satz angegeben:

Gleitet ein Strahl an einer von drei Strecken RS, ST und TR gebildeten geschlossenen Figur entlang und liegt sein Ausgangspunkt im Innern der Figur auf einer Geraden, welche R mit einem Punkte Q der Strecke ST verbindet, so entsteht eine **Ebene**.

Anmerkung 1. Das Bild einer Zimmerwand, einer Wandtafel, Tischplatte u. s. w. ist ein Teil einer Ebene.

Anmerkung 2. Stellt man die Entstehung der Ebene mit Benutzung von 5 recht dünnen, geraden Stäben dar, von denen drei mit gemeinschaftlichem Endpunkte auf dem vierten liegen, während der fünfte, der gleitende, auf dem mittleren der drei ersten befestigt ist, so lassen sich durch wiederholte Änderungen an der Lage der unbewegten Stäbe aus der Anschauung die Sätze gewinnen:

a) Die Ebene ist von der Wahl der Punkte R, S und T unabhängig, falls nur RQ zwischen RS und RT liegt, und daraus ergiebt sich:

b) Die Geraden RS, RT und ST liegen mit allen ihren Punkten in der Ebene.

c) Die Leitlinie kann ohne Änderung der beschriebenen Ebene so gewählt werden, daß die Verbindungslinie zweier beliebigen Punkte der Ebene ein Teil der Leitlinie wird, und daraus folgt:

d) Verbindet eine Gerade irgend zwei Punkte der Ebene, so liegt sie mit allen ihren Punkten in der Ebene.

Die Wahl der Punkte R, S und T bleibt ohne Einfluß auf die beschriebene Ebene. Da hiernach der Punkt P und die Gerade AB sich als vollständig ausreichend zur Bestimmung einer Ebene erweisen, so ist man berechtigt, den Satz aufzustellen:

Durch eine gegebene Gerade und einen gegebenen Punkt außerhalb derselben ist stets eine einzige Ebene bestimmt.

Statt des Punktes P kann auch eine zweite, AB schneidende Gerade gegeben sein und die Leitlinie dadurch hergestellt werden, daß man die beiden gegebenen Geraden durch eine beliebige dritte schneidet. Wird dann der Drehpunkt auf einer Geraden angenommen, welche den Schnittpunkt der gegebenen mit einem beliebigen Punkte der dritten Geraden verbindet, so sind die Bedingungen dafür erfüllt, daß die beschriebene Fläche eine Ebene ist, und daraus folgt:

Durch zwei gegebene sich schneidende Geraden ist stets eine einzige Ebene bestimmt.

Schließlich können drei nicht in einer Geraden liegende Punkte gegeben sein. Verbindet man zwei von ihnen durch eine Gerade, so gelangt man zu dem ersten Falle zurück und gewinnt dadurch den Satz:

Durch drei gegebene, nicht in einer Geraden liegende Punkte des Raumes ist stets eine einzige Ebene bestimmt.

Erklärung: Die Gebilde, welche ganz in einer Ebene liegen, heißen ebene Gebilde, und der Teil der Geometrie, welcher sich ausschließlich mit denselben beschäftigt, heißt Planimetrie. Der übrig bleibende Teil wird Stereometrie genannt.

4. Kapitel.

Grundformen der ebenen Gebilde.

Von den ebenen Gebilden sind der Punkt und die gerade Linie die einfachsten Formen. Strahlen sind einseitig und Strecken auf beiden Seiten begrenzte Teile von Geraden.

15. Messung von Strecken.

Erklärung: Lassen sich zwei Gebilde so aufeinander legen, daß sowohl jeder Punkt des ersten ein Punkt des anderen, als auch jeder Punkt des zweiten ein Punkt des ersten wird, so sagt man: Die Gebilde lassen sich zur vollständigen Deckung bringen, oder sie sind kongruent ($\cong$). Die Stücke, welche sich bei der Deckung gegenseitig bedecken, heißen entsprechende Stücke.

Mit Benutzung dieser Erklärung wird die Vergleichung zweier Strecken in folgender Weise ausgeführt: Man legt die beiden Strecken so aufeinander, daß ihre Anfangspunkte zusammenfallen; sind dann die Strecken kongruent (fallen auch ihre Endpunkte zusammen), so nennt man sie gleich, gleichlang oder gleichgroß ($=$). Sind aber die Strecken nicht kongruent und bedeckt die erste die zweite vollständig, während sie von dieser nur unvollständig bedeckt wird (liegt ihr Endpunkt jenseits des Endpunktes der zweiten Strecke), so heißt die erste Strecke größer ($>$) als die zweite und diese kleiner ($<$) als die erste.

Anmerkung. Hiernach kann die Länge einer Linie mit dem Lineal gemessen werden. Als Maßeinheit dient das Meter und als Maßstab ein in Centimeter und Millimeter eingeteiltes Lineal.

16. Addition und Subtraktion von Strecken.

Mit der Möglichkeit, Strecken auszumessen, ist auch die Möglichkeit gegeben, Strecken durch Addition und Subtraktion mit einander zu verbinden. Die Vorschrift für die Zeichnung ist enthalten in den Erklärungen:

Erklärung a): Legt man die Strecke CD so an die Strecke AB, daß ihr Anfangspunkt C mit dem Endpunkte B zusammenfällt und der Endpunkt D auf der in der Richtung AB verlängerten Geraden liegt, so sagt man, die Strecke CD sei an AB angetragen, oder zu AB addiert, und nennt den Abstand AD die Summe $AB + CD$ der beiden Strecken (Glieder) AB und CD.

Erklärung b): Legt man die Strecke CD so auf die Strecke AB, daß ihr Anfangspunkt C mit dem Endpunkte B zusammenfällt und ihr Endpunkt D auf der Strecke AB liegt (Bedingung: $CD < AB$), so sagt man, die Strecke CD sei auf AB abgetragen oder von AB subtrahiert, und nennt den Abstand AD die Differenz $AB - CD$ der beiden Strecken AB und CD.

Sollen mehr als zwei Strecken addiert werden, so bildet man zunächst die Summe der beiden ersten; hieran legt man die dritte Länge an und stellt dadurch die Summe der drei ersten Strecken her; alsdann legt man die vierte Strecke an diese Summe an u. s. w. Durch die Zeichnung kann hierbei der Satz veranschaulicht werden, daß eine Summe aus mehreren Strecken (Gliedern) ungeändert bleibt, wenn die Reihenfolge der Glieder beliebig vertauscht wird.

Anmerkung. Es empfiehlt sich, eine Reihe von Additionen und Subtraktionen vorzunehmen, um Sicherheit im Gebrauche des Maßstabes zu erreichen.

Erklärung: Entsteht eine Strecke durch Addition zweier gleichen Strecken, so wird der den letzteren gemeinsame Punkt Mittelpunkt der Strecke genannt.

17. Der Kreis als ebenes Gebilde.

Wird eine gerade Linie in der Ebene um einen ihrer Punkte gedreht, so bewegen sich ihre übrigen Punkte um diesen Punkt. Wegen der Starrheit der Geraden bleibt die Entfernung r eines bewegten Punktes P von dem Drehpunkte M unverändert, und daher beschreibt P eine in sich selber zurückkehrende Linie, deren sämtliche Punkte von M die Entfernung r besitzen. Diese Linie wird als Kreis und die Länge r als Halbmesser desselben bezeichnet.

Anmerkung. Die in Nr. 6 beschriebene Entstehungsweise des Kreises stimmt mit der hier angegebenen überein, wenn der gedrehte Körper als eine (unendlich) dünne Scheibe angenommen wird und die beiden festgehaltenen Punkte in dem Drehpunkte zusammenfallen.

Die Verbindungslinien irgend dreier beliebig nahe bei einander liegenden Punkte des Kreises verlaufen stets in verschiedenen Richtungen. Die Richtung des Kreises ändert sich also stetig. Wird nun eine Linie, deren Richtung sich stetig ändert, als krumm bezeichnet, so folgt hieraus die

Erklärung: Der Kreis ist eine krumme, in sich selber zurückkehrende Linie, deren sämtliche Punkte von einem Punkte der von ihr umschlossenen Fläche gleichweit entfernt sind.

Wird die Verbindungslinie des Drehpunktes M mit irgend einem Punkte des Kreises Radius genannt, so ergiebt sich aus dieser Erklärung der

Satz 4.   Zwei beliebige Radien eines Kreises sind gleichgroß.

Der Kreis schneidet eine jede durch M gehende Gerade in zwei Punkten P und Q und begrenzt dadurch eine Strecke PQ, welche Durchmesser genannt wird. Da die beiden Teile MP und MQ so groß sind, wie der Halbmesser, so ergeben sich die Folgerungen:

a) Ein Durchmesser hat die doppelte Größe des Halbmessers.

b) Alle Durchmesser eines Kreises sind gleichgroß.

c) Der Punkt M ist der Mittelpunkt aller Durchmesser eines Kreises; in diesem Sinne wird er als der Mittelpunkt (Centrum) des Kreises bezeichnet.

Zusatz: Durch den Mittelpunkt M und den Halbmesser r ist ein Kreis vollständig bestimmt.

Folgerung: Kreise mit demselben Halbmesser sind kongruent.

Anmerkung. Der Kreis mit dem Mittelpunkte M und dem Halbmesser r wird mit Hilfe des Zirkels gezeichnet. Man öffnet den Zirkel so weit, daß seine Spitzen die Entfernung r haben, setzt die eine Spitze in M ein und bewegt ohne Änderung der Zirkeleröffnung die andere (die zeichnende) Spitze um den Punkt M herum.

Hat ein Punkt P von M die Entfernung r, so muß er auf dem um M mit dem Halbmesser r beschriebenen Kreise (dem Kreise M, r) liegen. Denn läge er innerhalb desselben, so würde die Strecke MP nicht bis zu dem Kreise hin reichen, folglich kleiner als r sein, und läge er außerhalb des Kreises, so würde die Strecke MP denselben schneiden, mithin größer als r sein müssen; es besteht also der

Satz 5.   Der Kreis M, r enthält alle Punkte, die von M die Entfernung r haben.

Wird nun der Begriff des geometrischen Ortes eingeführt durch die

Erklärung: Enthält eine Linie die sämtlichen Punkte und nur solche Punkte, welche gemeinschaftlich dieselbe Eigenschaft besitzen, so wird sie geometrischer Ort für diese Punkte genannt.
so ergiebt sich aus Satz 5 und der Erklärung des Kreises der Satz:

Geometrischer Ort 1.   Der Kreis M, r (mit dem Mittelpunkte M und dem Halbmesser r) ist der geometrische Ort für alle Punkte, welche von M die Entfernung r haben.

18. Aufgaben.

Die Anwendung dieses Satzes führt zur Lösung der folgenden Aufgaben:

Aufgabe 1. Alle Punkte zu zeichnen, welche von einem gegebenen Punkte A die Entfernung $r = n$ cm (4 cm, 5 cm u. s. w.) haben.

Aufgabe 2. Einen Punkt zu zeichnen, der von den Endpunkten einer Strecke AB (= 6 cm) um r (= 4 cm, 5 cm u. s. w.) entfernt ist. Wieviel Punkte liefert die Zeichnung?

Aufgabe 3. Einen Punkt zu zeichnen, der von dem Endpunkte A der Strecke AB (= 5 cm) die Entfernung r_1 (= 6 cm) und von B die Entfernung r_2 (= 4 cm) besitzt. Wieviel Punkte liefert die Zeichnung?

Weitere Beispiele:

$$AB = 8 \text{ cm}, \quad r_1 = 3 \text{ cm}, \quad r_2 = 10 \text{ cm}.$$
$$AB = 5 \text{ cm}, \quad r_1 = 4 \text{ cm}, \quad r_2 = 3 \text{ cm}.$$

Versuche, die Aufgaben auszuführen:

$$AB = 8 \text{ cm}, \quad r_1 = 3 \text{ cm}, \quad r_2 = 5 \text{ cm}.$$
$$AB = 12 \text{ cm}, \quad r_1 = 5 \text{ cm}, \quad r_2 = 6 \text{ cm}(!).$$

Welche Einschränkung (Determination) ergiebt sich daraus für die Wahl der Strecken?

Aufgabe 4. Auf einer Geraden AB einen Punkt zu bestimmen, der von einem außerhalb AB gegebenen Punkte P die Entfernung r (= 7 cm) hat. Wieviel Punkte liefert die Zeichnung im allgemeinen? Wann ist nur ein Punkt vorhanden und wann keiner?

19. Kreismessung.

Erklärung: Zwei beliebig gewählte Punkte eines Kreises teilen denselben in zwei Teile, welche Bogen genannt werden.

Zwei Bogen desselben Kreises oder zweier Kreise mit demselben Halbmesser können auf einander gelegt und deshalb ganz wie zwei Strecken (siehe Nr. 15) mit einander verglichen, sowie durch Addition und Subtraktion verbunden werden. Zwei Bogen zweier Kreise mit verschiedenen Halbmessern können dagegen nicht zur Deckung gebracht, also auch nicht mit einander verglichen werden. Es ist daher nicht möglich, einen Maßstab herzustellen, mit dem die Größe eines beliebigen Kreisbogens ausgemessen werden könnte.

Werden die Flächen zweier Kreise mit verschiedenen Halbmessern so auf einander gelegt, daß ihre Mittelpunkte zusammenfallen, so werden die Kreise durch verschiedene Punkte desselben Strahles beschrieben. Zwei verschiedene Lagen des erzeugenden Strahles begrenzen auf den Kreisen entsprechende Bogen, die durch dieselbe Drehung des Strahles hervorgebracht werden, also auch die gleichen Teile der verschiedenen Kreise sind, denen sie angehören. Demnach kann man von einem beliebigen Kreisbogen bestimmen, welcher Teil des zugehörigen Kreises er ist, sobald man die Einteilung irgend eines Kreises kennt.

Erklärung: Wird als Maßeinheit für die Bestimmung eines Bogens der 360. Teil des Kreises gewählt und Bogengrad genannt, so sagt man, der Bogen AB sei n Bogengrad groß, wenn $^1/_{360}$ des Kreises n mal auf ihm abgetragen werden kann.

Zusatz. Die Bestimmung der Zahl *n* erfolgt mit Benutzung eines beliebigen, in 360 gleiche Teile eingeteilten Kreises auf folgendem Wege: Man läßt die Mittelpunkte der beiden Kreise zusammenfallen und legt den nach dem Teilpunkte 0 führenden Radius auf den ersten Begrenzungsradius des auszumessenden Bogens; der zweite Begrenzungsradius zeigt dann die Zahl *n* an.

Erklärung: Werden die beiden Bogen, in welche ein Kreis durch zwei seiner Punkte eingeteilt wird, einander gleich, d. h. sind die beiden Punkte die Endpunkte eines Durchmessers, so heißt jeder der Bogen Halbkreis.

Anmerkung. Als Maßstab für die Kreismessung wird ein in 180 gleiche Teile eingeteilter Halbkreis benutzt, dessen Mittelpunkt auf dem begrenzenden Durchmesser besonders kenntlich gemacht ist. Derselbe heißt Gradmesser.

20. Entstehung des Winkels. Winkelmessung.

Durch die Drehung eines Strahles um seinen Ausgangspunkt entsteht noch ein zweites ebenes Gebilde. Ist *PA* die ursprüngliche 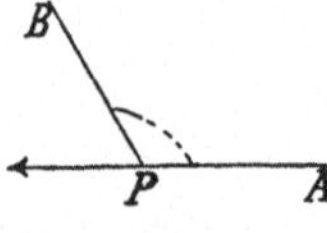 Lage des Strahles und *PB* eine zweite, während der Bewegung eingenommene Lage, so wird durch die beiden Strahlen *PA* und *PB* die Ebene in zwei von einander getrennte Gebiete geteilt. Jeder dieser beiden Teile wird Winkel ($\angle$) genannt. Die Strahlen *PA* und *PB* heißen Schenkel des Winkels und ihr Ausgangspunkt *P* sein Scheitelpunkt oder seine Spitze. Man hat also die

Erklärung: Ein Winkel ($\angle$) ist ein Teil der Ebene, der durch zwei von einem Punkte ausgehende Strahlen begrenzt wird.

Anmerkung. Als Bezeichnung für einen Winkel wird da, wo kein Mißverständnis zu befürchten ist, die Bezeichnung seines Scheitelpunktes gewählt; ist aber eine Zweideutigkeit möglich, so wird der Winkel entweder durch drei Buchstaben des großen lat. Alphabets benannt, von denen der mittlere den Scheitelpunkt bezeichnet, während die beiden anderen auf je einem Schenkel liegen, — oder durch einen Buchstaben des kleinen griech. Alphabets, welcher bei dem Scheitelpunkte in den Winkelraum gesetzt wird.

Da die Schenkel (die bestimmenden Strahlen) unbegrenzt sind, so ist jeder Winkel ein unbegrenzt großes Flächenstück; es ist deshalb nicht möglich, die wirkliche Größe eines Winkels auszumessen. Man kann jedoch das Größenverhältnis zweier Winkel bestimmen, indem man sie so auf einander legt, daß ihre Scheitelpunkte und zwei ihrer Schenkel zusammenfallen. Fällt dann das zweite Schenkelpaar gleichfalls auf einander, so sind die Winkel kongruent, also gleichgroß; liegt dagegen der zweite Schenkel des zweiten Winkels in dem Winkelraume des ersten, so ist der zweite kongruent zu einem Teile des ersten Winkels, also kleiner als der erste und dieser größer als der zweite.

Man kann ferner, nachdem für den kleineren Winkel die Lage des zweiten Schenkels im Raume des ersten bestimmt ist, den kleineren Winkel in entsprechender Weise auf den Rest des größeren legen, die neue Grenzlinie sowie den neuen Rest ermitteln und durch Fortsetzung dieses Verfahrens feststellen, wievielmal der kleinere ganz in dem größeren enthalten ist. Wird zum Vergleiche die ganze Ebene, d. h. der ganze Winkel um den Scheitelpunkt herum gewählt, so kann auf diesem Wege ausgemessen werden, welcher Teil der ganzen Ebene ein gegebener Winkel ist. Gelingt es umgekehrt, die Ebene in eine bestimmte Anzahl unter einander gleicher Teile zu teilen, so kann durch das angegebene Verfahren ermittelt werden, wieviele dieser Teile in einem Winkel enthalten sind. Beschreibt man aber um den Scheitelpunkt einen Kreis und zieht zu zwei gleichen Bogen desselben die Begrenzungsradien, so schließen dieselben zwei kongruente, also gleiche Winkel ein, und demnach wird die Ebene in 360 gleiche Winkel eingeteilt, wenn man die Begrenzungsradien der 360 gleichen Teile (Bogengrade) zieht. Jeder dieser Winkel wird, dem Bogengrad entsprechend, Winkelgrad oder kurz Grad (^{0}) genannt. Der Maßstab für die Kreismessung dient also auch zur Winkelmessung. Daraus folgt:

Wenn auch die wirkliche Größe eines Winkels nicht bestimmt werden kann, so ist es doch möglich, auszumessen, welchen Teil der Ebene er beträgt.

Erklärung: Wird als Einheit für die Ausmessung eines Winkels der durch die Begrenzungsradien eines Bogengrades bestimmte 360. Teil der Ebene gewählt und Grad (^{0}) genannt, so sagt man, ein Winkel α sei n^0 groß, wenn der zu α gehörige Kreisbogen n Bogengrade beträgt. Die Zahl n heißt Maßzahl des Winkels.

Erklärung: Als Maßstab für die Winkelmessung dient ebenso wie bei der Kreismessung der Gradmesser (Transporteur).

Anmerkung 1. Um das Rechnen mit Brüchen zu vermeiden, wird der Grad in 60 Minuten (') und die Minute in 60 Sekunden ('') eingeteilt. Ist eine noch größere Genauigkeit erforderlich, so wird dieselbe durch Dezimalteile einer Sekunde bewirkt. Der Gradmesser von gewöhnlicher Größe gestattet schon nicht mehr die Bestimmung der Minuten.

Anmerkung 2. Um die Maßzahl eines Winkels zu bestimmen, legt man den Gradmesser so auf den Winkel, daß sein Mittelpunkt mit dem Scheitelpunkte zusammenfällt und der Durchmesser auf einem der Schenkel liegt. Der zweite Schenkel zeigt dann auf dem Halbkreise in Graden die Größe des Winkels an.

21. Besondere Winkelformen.

Von den beiden Winkeln, welche durch zwei von einem Punkte ausgehende Strahlen gebildet werden, ist im allgemeinen der eine größer als der andere, und der größere wird dann konvex oder erhaben genannt, während der kleinere als konkav oder hohl bezeichnet wird. Wenn dagegen die Strahlen die beiden Teile einer

Geraden sind, so werden die beiden Winkel einander gleich, und jeder von ihnen heißt ein gestreckter oder flacher Winkel. Dies führt zu der

Erklärung: Bilden die Schenkel eines Winkels in entgegengesetzter Richtung eine gerade Linie, so heißt der Winkel flach oder gestreckt.

Folgerung: Alle flachen Winkel sind gleichgroß, weil man sie so auf einander legen kann, daß sie sich gegenseitig vollständig bedecken.

Ferner ergeben sich aus der Erklärung die Folgerungen:
Ein konvexer Winkel ist stets größer }
Ein konkaver   „   „   „ kleiner } als ein flacher Winkel.

Wird ein flacher Winkel durch einen von seinem Scheitelpunkte ausgehenden dritten Strahl in zwei Teile zerlegt, so entstehen zwei Winkel mit gemeinschaftlichem Scheitelpunkte und einem gemeinsamen Schenkel.

Erklärung: Haben zwei Winkel den Scheitelpunkt und einen Schenkel gemeinsam, während die beiden anderen Schenkel in entgegengesetzter Richtung eine gerade Linie bilden, so werden sie **Nebenwinkel** (Nw.) genannt.

Im allgemeinen sind Nebenwinkel von einander verschieden; der größere von ihnen heißt dann stumpf und der kleinere spitz. Dreht sich jedoch der gemeinsame Schenkel um den Scheitelpunkt so, daß der stumpfe Winkel stetig ab= und der spitze stetig zunimmt, so muß er einmal eine Lage einnehmen, bei welcher die beiden Winkel einander gleich werden, also jeder von ihnen halb so groß ist wie ein flacher Winkel; man bezeichnet dann die beiden als rechte (rectus!) Winkel und nennt den gemeinsamen Schenkel ein Lot oder eine Senkrechte zu der Geraden, welche von den nicht=gemeinsamen Schenkeln gebildet wird. Dies führt zu der

Erklärung: a) Ein rechter Winkel ist ein Winkel, der seinem Nebenwinkel gleich ist.

b) Bildet eine Gerade mit einer zweiten Geraden rechte Winkel, so steht sie senkrecht oder lotrecht ($\perp$) auf derselben.

Wink 1. Um zu beweisen, daß eine Gerade senkrecht auf einer anderen steht, muß man zeigen, daß sie mit derselben rechte Winkel bildet, d. h. daß sie mit ihr zwei gleiche Nebenwinkel herstellt.

Aus der Herleitung der Erklärung folgt weiter:

Folgerung: a) Ein rechter Winkel ist gleich dem 4. Teile der Ebene.

b) Alle rechten Winkel sind gleich groß.
c) Ein stumpfer Winkel ist größer } als ein rechter Winkel.
d) Ein spitzer   „   „ kleiner }

Erklärung: Die Größe des rechten Winkels wird durch den Buchstaben R bezeichnet; es ist also $R = 90^0 = 5400' = 324000''$.

Da nur eine einzige Teilung eines flachen Winkels in zwei gleiche Teile möglich ist, so ergiebt sich der

(Anschauungs-)Satz 6. In einem Punkte einer Geraden kann nur ein Lot auf derselben errichtet werden.

22. Addition und Subtraktion von Winkeln.

Da man Winkel ausmessen kann, so ist man auch imstande, Winkel durch Addition und Subtraktion mit einander zu verbinden. Die Vorschrift für die Ausführung der Zeichnung ist enthalten in den Erklärungen:

a) Legt man einen Winkel β so an einen Winkel α, daß sein Scheitelpunkt sich deckt mit dem Scheitelpunkte von α und sein erster Schenkel auf den zweiten Schenkel von α fällt, während sein zweiter Schenkel außerhalb des Winkels α liegt, so sagt man, der Winkel β sei an α angetragen oder zu α addiert, und nennt den Winkel zwischen dem ersten Schenkel von α und dem zweiten Schenkel von β die Summe $\alpha + \beta$ von α und β.

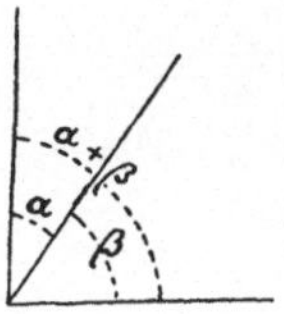

b) Legt man einen Winkel β, der kleiner ist als α, so auf α, daß sein Scheitelpunkt sich deckt mit dem Scheitelpunkte von α und sein erster Schenkel auf den zweiten Schenkel von α fällt, während sein zweiter Schenkel innerhalb des Winkels α liegt, so sagt man, der Winkel β sei von α abgetragen oder von α subtrahiert, und nennt den Winkel zwischen dem ersten Schenkel von α und dem zweiten Schenkel von β die Differenz $\alpha - \beta$ von α und β.

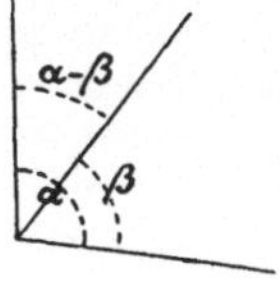

23. Aufgaben.

Aufgabe 5. Einen gegebenen Winkel α auszumessen.

Aufgabe 6. Einen Winkel von vorgeschriebener Größe· ($\alpha = 60^0$, 80^0, 75^0, 112^0) zu zeichnen.

Aufgabe 7. In einem Punkte P einer Geraden AB einen Winkel α an dieselbe anzulegen (4 Lösungen!).

Aufgabe 8. Die Summe $\alpha + \beta$ zweier gegebenen Winkel α und β zu bilden. (Beispiele: $\alpha = 73^0$, $\beta = 84^0$; $\alpha = 56^0$, $\beta = 34^0$; $\alpha = 62^0$, $\beta = 118^0$.)

Aufgabe 9. Die Differenz $\alpha - \beta$ zweier gegebenen Winkel $\alpha + \beta$ zu bilden. ($\alpha = 94^0$, $\beta = 38^0$; $\alpha = 144^0$, $\beta = 54^0$.)

Aufgabe 10. Durch die Zeichnung zu beweisen, daß

$$47^0 + 83^0 - 76^0 + 34^0 + 92^0 = 180^0,$$
$$98^0 - 43^0 + 118^0 - 49^0 + 56^0 = 180^0,$$
$$112^0 + 143^0 - 85^0 + 104^0 + 86^0 = 360^0,$$
$$67^0 - 24^0 + 35^0 - 510 + 46^0 - 73^0 = 0.$$

Aufgabe 11. Einen gegebenen Winkel mit Hilfe des Gradmessers zu halbieren.

Erster Teil. Von der Gleichheit der Größen.

II. Abschnitt.
Die Lehre von den Winkeln.

5. Kapitel.
Allgemeine Winkelsätze.

24. Beweisformen und Grundsätze.

Zwischen ebenen Gebilden lassen sich zwei verschiedene Arten von Beziehungen unterscheiden. Die eine von ihnen tritt ausnahmslos ein, ist also von keiner Annahme über die ausgeführte Zeichnung abhängig, wenn nur die Gebilde den Erklärungen entsprechend hergestellt werden. Die andere Art dagegen umfaßt diejenigen Beziehungen, welche nur infolge der Zeichnung auftreten, also an die Erfüllung gewisser Bedingungen geknüpft sind. Die Bedingungen, unter denen diese Beziehungen auftreten, werden Voraussetzungen (Vor.) genannt und die Beziehungen selber, die sich aus den Voraussetzungen ergeben, als die Behauptungen (Beh.) bezeichnet. Die Verbindung zwischen Voraussetzung und Behauptung wird durch einen Satz ausgedrückt, dessen Beweis (Bew.) die Richtigkeit der Verbindung begründet.

Man unterscheidet drei Beweisformen:

a) Bei der ersten Form wird die Richtigkeit der Behauptung lediglich mit Hilfe der Anschauung bewiesen. (Direkter Beweis durch Deckung.)

b) Das zweite Beweisverfahren stützt sich auf bereits bekannte Sätze und leitet aus ihnen sowie aus den Voraussetzungen durch einfache Schlüsse die Richtigkeit der Behauptung ab. (Direkter Beweis durch einfache Schlüsse.)

Die wichtigsten Schlußformen sind in den folgenden Grundsätzen (G.) enthalten:

G. I. Jede Größe ist sich selbst gleich.

G. II. Sind zwei Größen einander gleich, so kann jede für die andere gesetzt werden.

$$\text{Beispiel:} \quad \begin{aligned} \text{Wenn} \quad & a = b \\ \text{und} \quad & \underline{b + c = d,} \\ \text{so ist auch} \quad & a + c = d. \end{aligned}$$

G. III. Sind zwei Größen einer dritten gleich, so sind sie unter einander gleich.

$$\begin{aligned} \text{Beispiel: Wenn } a &= c \\ \text{und } b &= c, \\ \hline \text{so ist auch } a &= b. \end{aligned}$$

G. IV. Gleiches zu Gleichem addiert oder von Gleichem subtrahiert giebt Gleiches.

$$\begin{aligned} \text{Beispiel:} \quad \text{Wenn } a &= b \\ \text{und } c &= d, \\ \hline \text{so ist auch } a + c &= b + d \\ \text{und } a - c &= b - d. \end{aligned}$$

G. V. Gleiches mit Gleichem multipliziert oder durch Gleiches dividiert giebt Gleiches.

$$\begin{aligned} \text{Beispiel:} \quad \text{Wenn} \quad a &= b \\ \text{und} \quad c &= d, \\ \hline \text{so ist auch } a.c &= b.d \\ \text{und} \quad a:c &= b:d. \end{aligned}$$

Da in diesen Grundsätzen nur von gleichen Dingen die Rede ist, so ist ihre Verwendung nur bei solchen Stücken möglich, die durch das Gleichheitszeichen mit einander verbunden sind.

c) Ist keine der beiden Beweisarten a) und b) anwendbar, so wird das dritte Beweisverfahren benutzt. Man sucht bei demselben die Möglichkeiten auf, die außer der in der Behauptung des Satzes ausgesprochenen Beziehung noch denkbar sind, und zeigt, daß die Annahme einer jeden dieser Möglichkeiten zu einer Folgerung führt, die im Widerspruch steht zu der ausgeführten Zeichnung oder zu einem bekannten Satze. Diese Beweisform wird indirekter Beweis genannt.

Es wird also bei der letzten Beweisart nur gezeigt, daß die Beziehung nicht anders sein kann, nicht aber, daß sie diejenige ist, die in der Behauptung ausgesprochen wird. Der indirekte Beweis entbehrt deshalb der sicheren Form, welche die beiden ersten Arten auszeichnet, und daher empfiehlt es sich, einen Satz nur dann indirekt zu beweisen, wenn ein direkter Beweis auf keine Weise hergestellt werden kann.

Erklärung: Als Lehrsätze im engeren Sinne werden diejenigen Sätze bezeichnet, welche vorzugsweise die Beweismittel für andere Sätze enthalten.

25. Neben- und Scheitelwinkel.

Da Nebenwinkel (Nw.) stets die beiden Teile eines flachen Winkels sind (Nr. 21), so bildet ihre Summe einen flachen Winkel, und da die Größe desselben 2 R beträgt, so ergiebt sich der

Lehrsatz I. Die Summe zweier Nebenwinkel beträgt 2 R.
Hieraus folgt weiter:

Folgerung: Die Summe der Winkel um einen Punkt herum beträgt 4 R.

Wird der gemeinsame Schenkel zweier Ntw. über den Scheitelpunkt hinaus verlängert, d. h. schneiden sich zwei gerade Linien, so entstehen vier Winkel α, β, γ und δ. Aus diesen können zwei verschiedene Arten von Paaren hergestellt werden, je nachdem man einen Winkel mit einem der beiden neben ihm liegenden, oder mit demjenigen Winkel zusammennimmt, der nicht neben ihm (ihm gegenüber) liegt. Die ersten Paare sind die Nebenwinkel; für die beiden Paare der zweiten Art wird die Bezeichnung Scheitelwinkel (Schtw.) eingeführt durch die

Erklärung: Zwei Winkel, welche am Schnittpunkte zweier Geraden einander gegenüber liegen, heißen Scheitelwinkel.

Hiernach sind sowohl α und γ, als auch β und δ Scheitelwinkel.

Nun haben aber α und γ gemeinschaftlich die Winkel β und δ und diese wiederum die Winkel α und γ gemeinschaftlich zu Ntw.; daraus folgt zunächst, daß die gemeinschaftlichen Ntw. zweier Schtw. wiederum Schtw. sind. Ferner bildet α oder γ sowohl mit β als auch mit δ einen flachen Winkel; die Schtw. β und δ stehen also zu α oder zu γ in derselben Größenbeziehung, und dies ist nur möglich, wenn sowohl β und δ als auch α und γ unter einander gleich sind.

Diese Betrachtung führt zu dem

Lehrsatz II. Scheitelwinkel sind einander gleich.

Beweis 1. (Durch Deckung.) Nach G. III tritt die Gleichheit zweier Winkel ein, wenn dieselben gemeinschaftlich einem dritten Winkel gleich sind. Die Richtigkeit der Behauptung ist daher bewiesen, wenn es gelingt, einen Winkel aufzufinden, der sowohl gleich α als auch gleich γ ist. Dies kann aber auf folgendem Wege erreicht werden. Man stellt durch zwei in einem Punkte mit einander verbundene dünne Stäbe zwei sich schneidende Geraden dar, legt den ersten Stab so auf einen der Schenkel von α, daß der Befestigungspunkt mit dem Scheitelpunkte von α zusammenfällt, und dreht den zweiten Stab, bis er ganz auf dem zweiten Schenkel von α liegt. Es werden dann die Schenkel der Winkel α, β, γ und δ vollständig von den beiden Stäben bedeckt, und daraus folgt, daß jeder der 4 von den Stäben gebildeten Winkel gleich dem Winkel ist, auf dem er liegt. Werden jetzt die Stäbe aufgenommen und ohne Änderung ihrer gegenseitigen Lage nach einer halben Umdrehung wieder so auf die Figur gelegt, daß der Schnittpunkt auf den Scheitelpunkt fällt und der erste Stab dieselbe Gerade bedeckt, auf der er vorher lag, so fällt auch der zweite Stab wieder auf die zweite Gerade, und somit ist auch jetzt wieder jeder der von den Stäben gebildeten Winkel gleich dem Winkel, auf dem er liegt. Da aber jetzt γ von demselben Winkel bedeckt wird, der zuerst α bedeckte, so folgt, daß α und γ gemeinschaftlich gleich diesem Winkel, also nach G. III unter einander gleich sind. In ganz entsprechender Weise ergiebt sich die Gleichheit $\beta = \delta$.

Beweis 2. (Durch einfache Schlüsse.) Für jeden der Winkel α und γ liefert der Lehrsatz I eine Beziehung zu β oder zu δ, und zwar ist

$$\alpha + \beta = 2\,R\ (\text{Nw.}), \qquad \alpha + \delta = 2\,R\ (\text{Nw.}),$$
$$\gamma + \beta = 2\,R\ (\text{Nw.}). \qquad \gamma + \delta = 2\,R\ (\text{Nw.}).$$

Daraus folgt: $\alpha + \beta = \gamma + \beta\ (\text{G. III}). \quad \alpha + \delta = \gamma + \delta\ (\text{G. III}).$

Der Winkel β (δ), der auf beiden Seiten dieser Gleichheit vorkommt, muß verschwinden, und da derselbe nur durch Subtraktion entfernt werden kann, so muß G. IV zur Anwendung kommen. Man stellt daher unter Benutzung des G. I die Gleichheiten

$$\alpha + \beta = \gamma + \beta \qquad \alpha + \delta = \gamma + \delta$$
und
$$\beta = \beta \qquad \delta = \delta$$

zusammen und erhält dann durch Subtraktion:

$$\alpha = \gamma \quad (\text{G. IV}). \qquad \alpha = \gamma \quad (\text{G. IV}).$$

Ganz entsprechend wird mit Benutzung von α oder γ die Gleichheit $\beta = \delta$ bewiesen.

26. Übungsbeispiele zu Lehrsatz I und II.

1. Wird einer von zwei Schtw. mit Hilfe des Gradmessers in zwei gleiche Teile geteilt, so zeigt die Figur, daß auch der andere durch die Halbierungslinie in zwei gleiche Teile zerlegt wird, und leitet dadurch zu

Satz 7. Die Halbierungslinie eines Winkels halbiert auch seinen Scheitelwinkel.

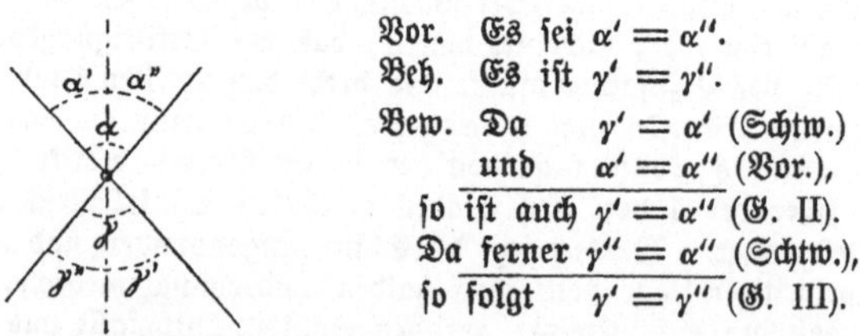

Vor. Es sei $\alpha' = \alpha''$.

Beh. Es ist $\gamma' = \gamma''$.

Bew. Da $\gamma' = \alpha'$ (Schtw.)
und $\alpha' = \alpha''$ (Vor.),
so ist auch $\gamma' = \alpha''$ (G. II).
Da ferner $\gamma'' = \alpha''$ (Schtw.),
so folgt $\gamma' = \gamma''$ (G. III).

2. Halbiert man mit Benutzung des Gradmessers zwei Nw. α und β, so leitet die Figur zu dem

Satz 8. Die Halbierungslinien zweier Nebenwinkel stehen senkrecht auf einander.

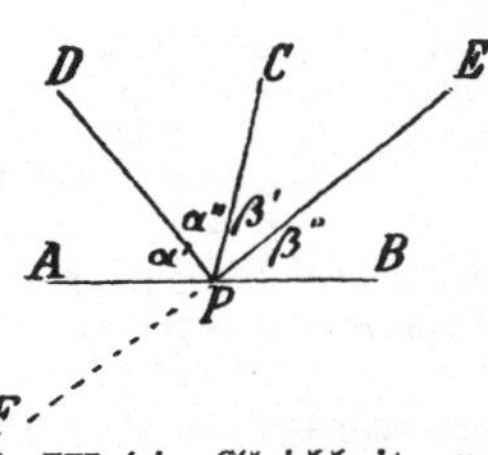

Vor. Es sei $\alpha' = \alpha''$ und $\beta' = \beta''$.

Beh. Es ist $PD \perp PE$.

Entwicklung des Bew. Nach Wink 1 muß gezeigt werden, daß die beiden Nw. DPE und DPF einander gleich sind. Da aber $DPE = \alpha'' + \beta'$ und $DPF = \alpha' + APF$ ist, so muß die Gleichheit dieser Summen aus der Vor. abgeleitet werden. Nun ist $\alpha' = \alpha''$, und demnach tritt nach G. IV die Gleichheit $\alpha'' + \beta' = \alpha' + APF$ ein, wenn $\beta' = APF$ ist. Der Beweis lautet also:

$$\text{Da} \qquad \beta' = \beta'' \quad (\text{Vor.})$$
$$\text{und} \qquad \sphericalangle\; APF = \beta'' \quad (\text{Schtw.}),$$
$$\text{so folgt} \qquad \beta' = \sphericalangle\, APF \quad (\text{G. III}).$$
$$\text{Nimmt man hierzu } \alpha'' = \alpha' \quad (\text{Vor.}),$$
$$\text{so ergiebt sich } \alpha'' + \beta' = \alpha' + APF\,(\text{G.IV}), \text{ also } PD \perp PE.$$

3. Wird in einem Punkte P einer Geraden AP mit Hilfe des Gradmessers (Winkel von $90°$!) das Lot errichtet, so entstehen am Punkte P vier rechte Winkel α, β, γ und δ. Denn nach der Zeichnung (Erkl. des Lotes) ist $\alpha = R$ und $\beta = R$; γ aber ist Schtw. zu α und δ Schtw. zu β, und somit ist nach G. II auch $\gamma = R$ und $\delta = R$. Es besteht also der

Satz 9. Ist einer von den vier Winkeln am Schnittpunkte zweier Geraden ein rechter, so sind es auch die drei anderen.

27. Winkel zweier Geradenpaare.

Erklärung: Zwei Winkel, deren Summe $2\,R$ beträgt, heißen supplementar und jeder von ihnen ist das Supplement des anderen.

Die Winkel α', β', γ' und δ' eines zweiten Geradenpaares stehen im allgemeinen in keiner angebbaren Beziehung zu den Winkeln α, β, γ und δ des ersten Geradenpaares. Wenn dagegen das zweite Geradenpaar mit Benutzung des Gradmessers so gezeichnet wird, daß α' entweder gleich α oder das Supplement zu α ist, so treten zwischen den verschiedenen Winkeln der beiden Geradenpaare eine Reihe von Beziehungen auf, die zu den folgenden Doppelsätzen führen:

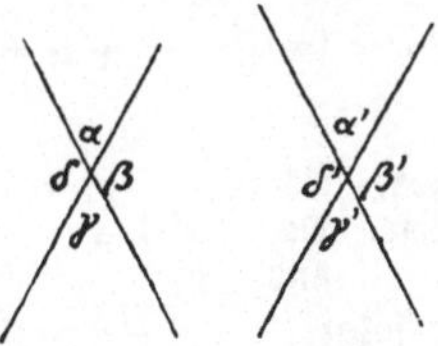 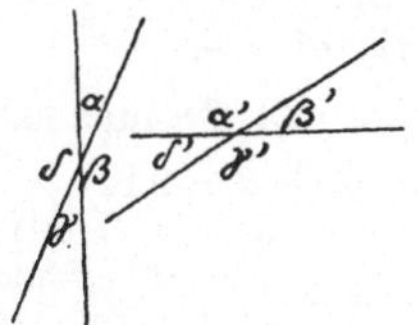

Satz 10a. Sind zwei Winkel einander gleich, so ist jeder von ihnen gleich dem Schtw. des anderen.	Satz 10a'. Sind zwei Winkel supplementar, so ist jeder von ihnen das Supplement zu den Schtw. des anderen.

Vor. Es sei $\alpha' = \alpha$.
Beh. Es ist 1. $\alpha' = \gamma$.
       2. $\alpha = \gamma'$.
Bew. Da $\alpha' = \alpha$ (Vor.)
und $\gamma = \alpha$ (Schtw.),
so folgt 1. $\alpha' = \gamma$ (S. III).
Da ferner $\alpha' = \alpha$ (Vor.)
und $\gamma' = \alpha'$ (Schtw.),
so folgt wiederum 2. $\alpha = \gamma'$ (S. II).

Vor. Es sei $\alpha' + \alpha = 2\,R$.
Beh. Es ist 1. $\alpha' + \gamma = 2\,R$.
       2. $\alpha + \gamma' = 2\,R$.
Bew. Da $\alpha' + \alpha = 2\,R$ (Vor.)
und $\gamma = \alpha$ (Schtw.),
so folgt 1. $\alpha' + \gamma = 2\,R$ (S. II).
Da ferner $\alpha' + \alpha = 2\,R$ (Vor.)
und $\gamma' = \alpha'$ (Schtw.),
so folgt wiederum $\alpha + \gamma' = 2\,R$ (S. II).

Satz 10b. Sind zwei Winkel einander gleich, so sind auch ihre Schtw. einander gleich.

Vor. Es sei $\alpha' = \alpha$.
Beh. Es ist $\gamma' = \gamma$.
Bew. Da $\alpha' = \alpha$ (Vor.)
und $\gamma' = \alpha'$ (Schtw.),
so ist auch $\gamma' = \alpha$ (S. II),
und da weiter $\gamma = \alpha$ (Schtw.),
so ergiebt sich $\gamma' = \gamma$ (S. III).

Satz 10b'. Sind zwei Winkel supplementar, so sind auch ihre Schtw. supplementar.

Vor. Es sei $\alpha' + \alpha = 2\,R$.
Beh. Es ist $\gamma' + \gamma = 2\,R$.
Bew. Da $\alpha' + \alpha = 2\,R$ (Vor.)
und $\gamma' = \alpha'$ (Schtw.),
so ist auch $\gamma' + \alpha = 2\,R$ (S. II),
und da weiter $\gamma = \alpha$ (Schtw.),
so ergiebt sich $\gamma' + \gamma = 2\,R$ (S. II).

Satz 10c. Sind zwei Winkel einander gleich, so sind auch ihre Nw. einander gleich.

Vor. Es sei $\alpha' = \alpha$.

Satz 10c'. Sind zwei Winkel supplementar, so sind auch ihre Nw. supplementar.

Vor. Es sei $\alpha' + \alpha = 2\,R$.

Eine der vier Behauptungen lautet:

Beh. Es ist $\beta' = \beta$.
Bew. Da $\alpha' = \alpha$ (Vor.)
und $\beta' + \alpha' = 2\,R$ (Nw),
so folgt $\beta' + \alpha = 2\,R$ (S. II).
Da ferner $\beta + \alpha = 2\,R$ (Nw.),
also $\beta' + \alpha = \beta + \alpha$ (S. III),
und $\alpha = \alpha$ (S. I),
so ergiebt sich $\beta' = \beta$ (S. IV).

Beh. Es ist $\beta' + \beta = 2\,R$.
Bew. Da $\alpha' + \alpha = 2\,R$ (Vor.)
und $\beta' + \alpha' = 2\,R$ (Nw.),
so folgt $\alpha' + \alpha = \beta' + \alpha'$ (S. III).
Da ferner $\alpha' = \alpha'$ (S. I),
also $\alpha = \beta'$ (S. IV),
und $\alpha + \beta = 2\,R$ (Nw.),
so ergiebt sich $\beta' + \beta = 2\,R$ (S. II.).

Satz 10d. Sind zwei Winkel einander gleich, so ist jeder von ihnen oder sein Schtw. das Supplement zu einem der Nw. des anderen.

Vor. Es sei $\alpha' = \alpha$.

Satz 10d'. Sind zwei Winkel supplementar, so ist jeder von ihnen oder sein Schtw. gleich einem der Nw. des anderen.

Vor. Es sei $\alpha' + \alpha = 2\,R$.

Eine der acht Behauptungen lautet:

Beh. Es ist $\gamma' + \beta = 2\,R$.
Bew. Da $\alpha' = \alpha$ (Vor.)
und $\gamma' = \alpha'$ (Schtw.),
so folgt $\gamma' = \alpha$ (S. II).
Da ferner $\alpha + \beta = 2\,R$ (Nw.),
so ergiebt sich $\gamma' + \beta = 2\,R$ (S. II).

Beh. Es ist $\gamma' = \beta$.
Bew. Da $\alpha' + \alpha = 2\,R$ (Vor.)
und $\gamma' = \alpha'$ (Schtw.),
so folgt $\gamma' + \alpha = 2\,R$ (S. II).
Da ferner $\alpha + \beta = 2\,R$ (Nw.),
also $\gamma' + \alpha = \alpha + \beta$ (S. III),
und $\alpha = \alpha$ (S. I),
so ergiebt sich $\gamma' = \beta$ (S. VI).

Anmerkung. Um Sicherheit in den Schlußfolgerungen zu erzielen, empfiehlt es sich, die übrigen Behauptungen der Sätze c, c', d und d' der Reihe nach aufzustellen und zum Teil zu beweisen.

Ist der Winkel α' supplementar zu α und wird ein dritter Winkel α'' supplementar zu α gezeichnet, so ist $\alpha'' + \alpha = 2\,R$ und $\alpha' + \alpha = 2\,R$, also $\alpha'' + \alpha = \alpha' + \alpha$, und daraus ergiebt sich $\alpha'' = \alpha'$. Es besteht also der

Satz 11. Haben zwei Winkel dasselbe Supplement (gleiche Supplemente), so sind sie gleichgroß.

Erklärung: Zwei Winkel, deren Summe 1 R beträgt, heißen komplementar und jeder von ihnen ist das Komplement des anderen.

In gleicher Weise, wie Satz 11 gewonnen wird, läßt sich der Satz ableiten:

Satz 12. Haben zwei Winkel dasselbe Komplement (gleiche Komplemente), so sind sie gleichgroß.

Anmerkung. Die Gleichheit zweier Winkel kann bewiesen werden, indem man zu zeigen sucht, daß sie dasselbe $\begin{Bmatrix} \text{Supplement} \\ \text{Komplement} \end{Bmatrix}$ oder gleiche $\begin{Bmatrix} \text{Supplemente} \\ \text{Komplemente} \end{Bmatrix}$ besitzen.

28. Aufgaben.

Aufgabe 12. Berechne den Nw. zu $\alpha = 83^0\ 17'\ 26''$; $114^0\ 52'\ 32''$.

Aufgabe 13. Berechne das Supplement zu $\alpha = 143^0\ 45'\ 58''$; $34^0\ 26'\ 15''$.

Aufgabe 14. Berechne das Komplement und Supplement zu $\alpha = 67^0\ 37'\ 38''$; $26^0\ 45'\ 9''$.

Aufgabe 15. Beweise, daß die beiden im Scheitelpunkte eines Winkels α auf den Schenkeln errichteten Lote einen Winkel bilden, der entweder gleich α oder das Supplement zu α ist.

6. Kapitel.

Winkel bei Parallelen.

29. Bezeichnungen und Lehrsätze.

Die Sätze 10a—d lassen sich leicht auf den Fall übertragen, daß zwei Geraden von einer dritten geschnitten werden; denn verschiebt man das zweite Geradenpaar ohne Änderung seiner Winkel, bis eine seiner Geraden mit einer Geraden des ersten Paares zusammenfällt, ohne daß die Scheitelpunkte sich decken, so werden dadurch die Beziehungen zwischen den 8 Winkeln an den beiden Schnittpunkten in keiner Weise geändert. Der Wortlaut der Sätze wird jedoch ein anderer, weil je zwei an verschiedenen Schnittpunkten liegende Winkel eine gemeinsame Bezeichnung erhalten, die eine bequeme Anwendung der Sätze gestattet.

Unterscheidet man bei der schneidenden Geraden EF eine rechte und linke Seite (oder zwischen oben und unten) und bei den geschnittenen Geraden AB und CD zwischen oben und unten (oder eine rechte und linke Seite), so sind die folgenden drei wesentlich von einander verschiedenen Arten von Winkelpaaren denkbar:

1. Beide Winkel liegen auf derselben Seite der schneidenden und auf gleichen Seiten der geschnittenen Geraden.

2. Beide Winkel liegen auf verschiedenen Seiten der schneidenden und auf verschiedenen Seiten der geschnittenen Geraden.

3. Beide Winkel liegen entweder auf derselben Seite der schnei= denden, aber auf verschiedenen Seiten der geschnittenen, — oder auf verschiedenen Seiten der schneidenden und auf gleichen Seiten der ge= schnittenen Geraden.

Den ersten Paaren kommt die Bezeichnung gleichliegende Winkel (Gl. W.) zu und für die zweiten Paare paßt der Name Wechselwinkel (W. W.). Die Paare der dritten Abteilung sollen Ergänzungswinkel (Erg. W.) heißen. Aus der Lage der Winkel ist ein passender Name nicht ableitbar, und daher wird eine Bezeich= nung gewählt, welche eine in vielen Fällen auftretende Eigenschaft dieser Winkelpaare zum Ausdruck bringt. Hieraus folgt:

Erklärung 1. Die Winkel, welche auf derselben Seite der schneidenden und auf gleichen Seiten der geschnittenen Geraden liegen, heißen gleichliegende Winkel. (Gl. W.)

Erklärung 2. Die Winkel, welche auf verschiedenen Seiten der schneidenden und auf verschiedenen Seiten der geschnittenen Geraden liegen, heißen Wechselwinkel. (W. W.)

Erklärung 3. Die Winkel, welche entweder auf der= selben Seite der schneidenden und auf verschiedenen Seiten der geschnittenen, — oder auf verschiedenen Seiten der schneidenden und auf gleichen Seiten der geschnittenen Geraden liegen, heißen Ergänzungswinkel. (Erg. W.)

Aufgabe a) Stelle die Paare von Gl. W., W. W. und Erg. W. zu= sammen. Wieviel Paare jeder Art sind vorhanden?

Aufgabe b) Leite aus 2 Gl. W. ein Paar W. W. u. s. w. oder aus 2 Erg. W. ein Paar W. W. u. s. w. her.

Sind nun zunächst nur die sich schneidenden Geraden AB und EF gegeben und wird mit Hilfe des Gradmessers die Gerade CD so gezeichnet, daß $\alpha' = \alpha$ ist, so lautet die Vor. der Sätze 10 a—d: „Sind zwei Gl. W. einander gleich", und die Behauptungen in 10 a—c sprechen die Gleichheit der übrigen Paare von Gl. W. sowie aller Paare von W. W. aus, während nach 10 d alle Paare von Erg. W. supplementar sind. Dasselbe ist der Fall, wenn die Gerade CD so gezeichnet wird, daß $\gamma' = \alpha$ ist, daß also die Vor. der Sätze 10 a—d lautet: „Sind zwei W. W. einander gleich." Wenn schließlich CD so gezeichnet wird, daß $\beta' + \alpha = 2R$ ist, so lautet die Vor. der Sätze 10 a'—d': „Sind zwei Erg. W. supplementar", und die Behauptungen sprechen wieder aus, daß dann alle Gl. W. und W. W. paarweis einander gleich und alle Paare von Erg. W. supplementar sind. Demnach können die 8 Sätze 10 a—d und 10 a'—d' vereinigt werden in dem

Satz 13. Sind irgend zwei Gl. W. oder W. W. einander gleich oder irgend zwei Erg. W. supplementar, so sind je zwei Gl. W. sowie je zwei W. W. einander gleich und je zwei Erg. W. supplementar.

Werden die Voraussetzungen dieses Satzes der Reihe nach in der Figur zur Darstellung gebracht, nachdem die Geraden AB und EF sowie der Scheitelpunkt F beliebig gewählt sind, so entsteht immer wieder dieselbe Gerade CD, und daraus folgt, daß CD durch jede der 16 Voraussetzungen bestimmt ist. Der Lage nach ist CD abhängig von AB und F und ändert die Richtung, so oft bei AB eine Richtungsänderung vorgenommen wird. Ein Schnittpunkt zwischen AB und CD ist in der Zeichnung nicht vorhanden und tritt auch nicht ein, wenn die beiden Geraden beliebig weit fortgesetzt werden. Die Beobachtung führt demnach bei Benutzung der

Erklärung: Haben zwei gerade Linien keinen Punkt mit einander gemein, so werden sie **parallel** ($\|$) genannt. zu dem Schlusse, daß AB und CD parallel sein müssen, also zu

Lehrsatz III. Sind bei zwei von einer dritten geschnittenen Geraden zwei Gl. W. oder zwei W. W. einander gleich oder zwei Erg. W. supplementar, so sind die geschnittenen Geraden parallel.

Entwicklung des Bew. Der Erklärung zufolge muß bewiesen werden, daß die beiden Geraden AB und CD keinen Punkt gemeinsam haben, also sich nicht schneiden. Da es nicht möglich ist, direkt nachzuweisen, daß zwei Geraden sich überhaupt nicht schneiden, wenn sie in endlicher Ausdehnung keinen Punkt gemeinsam haben, so bleibt nur die Anwendung der indirekten Beweisform übrig. Außer der behaupteten Beziehung ist aber nur die eine Möglichkeit denkbar, daß die Geraden sich schneiden, und daher muß bewiesen werden, daß die Annahme eines Schnittpunktes zu einem Widerspruche mit einem bekannten Satze führt. Nach Satz 2 können sich aber zwei Geraden nur in einem Punkte schneiden, und demnach muß man, um zu einem Widerspruche zu gelangen, aus der

Annahme eines Schnittpunktes das Vorhandensein eines zweiten Schnittpunktes ableiten. Jede der beiden Geraden zerfällt nun in zwei Strahlen, von denen nur EA und FC oder EB und FD sich schneiden können, und demnach ist zu beweisen, daß einem gemeinschaftlichen Punkte der Strahlen EA und FC stets ein gemeinschaftlicher Punkt der Strahlen EB und FD entspricht und umgekehrt. Dies ist aber der Fall, wenn die beiden Streifen $AEFC$ und $BEFD$ kongruent sind, und daher muß die Kongruenz dieser beiden Streifen aus der Vor. abgeleitet werden. Der Beweis nimmt also die folgende Gestalt an:

Beweis. Vor. Es sei $\alpha' = \gamma$ und somit auch $\delta' = \beta$.
Beh. Es ist $CD \parallel AB$.

Man legt den Streifen $AEFC$ so auf den Streifen $BEFD$, daß der Strahl EA auf FD und sein Ausgangspunkt E auf F fällt. Wegen $\alpha' = \gamma$ fällt dann auch die Begrenzungslinie EF des ersten Streifens auf die Begrenzungslinie FE des zweiten und wegen der Unveränderlichkeit der Strecke EF der Punkt F' des Raumes $AEFC$ auf den Punkt E des anderen Raumes, also der Winkel δ' auf β. Da aber $\delta' = \beta$ ist, so decken sich auch die Strahlen FC und EB. Demnach bedeckt der Streifen $AEFC$ den Streifen $BEFD$ vollständig, und da ganz entsprechend gezeigt werden kann, daß umgekehrt auch dieser den ersten vollständig bedeckt, so sind die beiden Streifen kongruent, und jedem Punkte des einen entspricht ein Punkt des anderen. Wenn also eins der beiden Strahlenpaare sich schnitte, so müßte auch das andere einen Schnittpunkt besitzen, der dem Schnittpunkte des ersten Paares entsprechend wäre, und folglich müßten sich die Geraden CD und AB in zwei Punkten schneiden. Das ist aber unmöglich, und deshalb darf keins der Strahlenpaare einen Schnittpunkt besitzen, d. h. es ist $CD \parallel AB$.

Anmerkung 1. Mit Hilfe eines Modells läßt sich der Gang des (Deckungs=) Beweises Schritt für Schritt verfolgen und die Richtigkeit der Schlüsse bequem zur Anschauung bringen.

Anmerkung 2. Um durch den Punkt F eine Parallele zu AB zu zeichnen, zieht man durch F eine AB schneidende Gerade FE und legt einen der entstandenen Winkel in F so an FE an, daß Gl. W. oder W. W. entstehen.

Wink 2. Um zu beweisen, daß zwei Geraden parallel sind, muß man zeigen, daß sie mit einer dritten Geraden gleiche Gl. W. oder W. W. oder supplementare Erg. W. bilden.

Die Gerade CD bleibt unverändert, wenn die Lage der Geraden AB und des Punktes F nicht geändert wird; dagegen ist es gleichgiltig, wie die Linie FE verläuft, wenn sie nur durch AB geht. Daraus ergiebt sich der

Satz 14. Durch einen Punkt außerhalb einer Geraden ist nur eine Parallele zu derselben möglich.

Die Richtigkeit dieses Satzes läßt sich in folgender Weise veranschaulichen: Es sei CD die durch P gehende Parallele zu AB. Jede andere durch P

gehende Gerade zerfällt in zwei von P ausgehende Strahlen, von denen der eine außerhalb des von AB und CD begrenzten Streifens verläuft und sich um so mehr von AB und CD entfernt, je weiter er von P aus vorrückt. Der andere Strahl dagegen tritt bei P bereits in den Streifen ein und entfernt sich nur von CD, während er sich AB um so mehr nähert, je weiter er sich von P aus erstreckt; in seinem weiteren Verlaufe wird er daher AB erreichen und schneiden. Demnach ist außer CD eine weitere Parallele zu AB durch den Punkt P nicht möglich.

Der **Lehrsatz III ist umkehrbar.** Die Voraussetzung und Behauptung desselben sind derart mit einander verbunden, daß die Verneinung der ersteren stets die Verneinung der letzteren zur Folge hat, und können deshalb mit einander vertauscht werden. Es besteht also auch der

Lehrsatz IV. Werden zwei parallele Geraden von einer dritten geschnitten, so entstehen gleiche Gl. W. und gleiche W. W. sowie supplementare Erg. W.

Entw. des Bew. Da der Inhalt der Behauptung zur Herstellung der Figur benutzt wird (Anmerkung 2 zu Lehrs. III) und die vorausgegangenen Sätze einen anderen Weg für die Zeichnung nicht angeben, so ist ein direkter Beweis des Lehrsatzes nicht möglich; es muß also die indirekte Beweisform angewandt werden. Außer der z. B. für die Gl. W. α' und α behaupteten Beziehung $\alpha' = \alpha$ sind nun noch die beiden Möglichkeiten $\alpha' > \alpha$ und $\alpha' < \alpha$ denkbar, und demnach ist zu zeigen, daß die Annahme einer jeden dieser Möglichkeiten zu einem Widerspruche mit einem bekannten Satze führt.

Beweis.   Vor. Es sei $CD \parallel AB$.
               Beh. Es ist z. B. $\alpha' = \alpha$.

Wäre $\alpha' > \alpha$, so könnte (mit Benutzung des Gradmessers) von α' durch die Gerade $C'D'$ ein Stück weggenommen werden, so daß ein Rest von der Größe des Winkels α bliebe; wäre dagegen $\alpha' < \alpha$, so könnte durch die Gerade $C''D''$ ein Stück addiert werden, so daß die Summe gleich α würde. Nach Lehrsatz III müßte dann $C'D'$ oder $C''D''$ zu AB parallel sein, und da nach der Vor. CD parallel zu AB ist, so hätte man in jedem der beiden Fälle zwei verschiedene durch F gehende Parallelen zu AB. Das steht aber im Widerspruche mit Satz 14, und deshalb darf α' weder größer noch kleiner als α, muß also gleich α sein.

Die übrigen Behauptungen folgen nach Satz 13 aus der Gleichheit $\alpha' = \alpha$.

Wink 3. Um zu beweisen, daß zwei Winkel $\begin{cases} \text{gleich groß} \\ \text{supplementar} \end{cases}$ **sind, kann man zu zeigen suchen, daß sie als** $\begin{cases} \text{Gl. W. oder W. W.} \\ \text{Erg. W.} \end{cases}$ **an parallelen Geraden liegen.**

30. Übungsbeispiele und Aufgaben.

Werden die beiden Geraden CD und EF parallel zu AB ge=
zeichnet, so lehrt die Anschauung, daß EF parallel zu CD ist, und
leitet somit zu

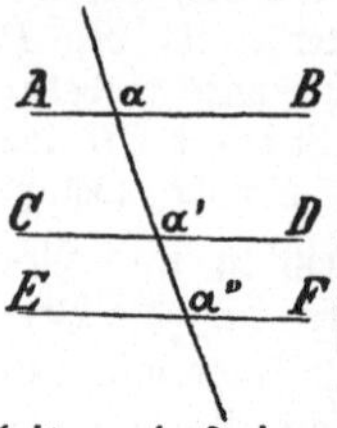

Satz 15. Sind zwei Geraden zu einer
dritten parallel, so sind sie zu einander pa=
rallel.

Entw. des Bew. Um zu beweisen, daß die Ge=
raden EF und CF parallel sind, hat man nach Wink 2
zu zeigen, daß sie mit einer dritten Geraden z. B. gleiche
Gl. W. bilden. Man hat also eine CD und EF
schneidende Gerade zu ziehen und aus der Vor. abzu=
leiten, daß irgend zwei an ihnen liegende Gl. W. einander gleich sind.

Beweis.   Vor. Es sei $CD \parallel AB$ und $EF \parallel AB$.
         Bch. Es ist $EF \parallel CD$.

Aus $CD \parallel AB$ folgt nach Lehrs. IV: $\alpha' = \alpha$,
    „ $EF \parallel AB$ „   „   „   „ $\alpha'' = \alpha$,
und somit ist nach G. III: $\alpha'' = \alpha'$,
also nach Lehrs. III: $EF \parallel CD$.

2. In zwei beliebig gewählten Punkten P und Q einer Geraden
AB werden mit Benutzung des Gradmessers (90⁰!)
die Lote PR und QS errichtet. Die Anschauung
lehrt dann, daß $QS \parallel PR$ ist, und führt damit zu

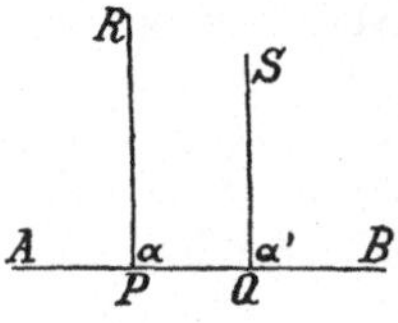

Satz 16. Stehen zwei Geraden senk=
recht auf einer dritten, so sind sie zu ein=
ander parallel.

Entw. des Bew. PR und QS sind nach Lehrsatz III parallel,
wenn die Gl. W. α' und α, die sie mit AB bilden, einander gleich sind.
Bei der Lage dieser Winkel verlangt der Beweis für ihre Gleichheit
die Anwendung des G. III, dessen Bedingungen aus der Vor. ab=
zuleiten sind.

3. Wird das zweite Lot nicht auf AB, sondern in R auf PR er=
richtet, so läßt sich aus der Figur der Satz ablesen:

Zusatz zu Satz 16. Steht eine Gerade senkrecht auf
einer zweiten und diese wiederum senkrecht auf einer dritten,
so ist die erste Gerade parallel zu der dritten.

Beim Beweise desselben wiederholen sich die Schlüsse des vorher=
gehenden Beweises in unveränderter Reihenfolge.

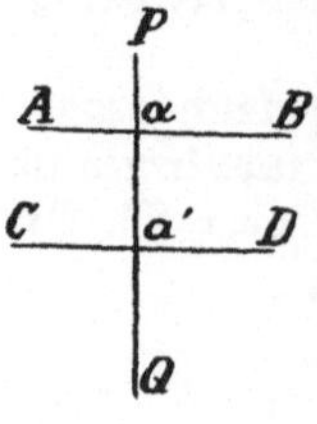

4. Sind zwei Parallelen AB und CD gegeben und wird
auf AB an beliebiger Stelle ein Lot PQ errichtet, so zeigt
die Figur, daß PQ auch senkrecht auf CD steht. Daraus
folgt der

Satz 17. Steht eine Gerade senkrecht auf
einer von zwei Parallelen, so steht sie auch
senkrecht auf der anderen.

Entw. des Bew. PQ steht nur dann senkrecht auf CD, wenn einer der von PQ und CD gebildeten Winkel ein rechter, wenn also $\alpha' = R$ ist. Anwendbar ist nur G. II, dessen Bedingungen aus der Vor. abzuleiten sind.

Beweis. Vor. Es sei $CD \parallel AB$ und $PQ \perp AB$.
Beh. Es ist $PQ \perp CD$.

Aus $CD \parallel AB$ folgt nach Lehrs. IV: $\alpha' = \alpha$
und aus $PQ \perp AB$ nach Erkl. des Lotes: $\alpha = R$.
Demnach ist nach G. II $\alpha' = R$, d. h. $PR \perp CD$.

5. Zu einer Geraden EF, welche die beiden Parallelen AB und CD schneidet, wird eine Parallele GH hergestellt, welche AB nnd CD gleichfalls schneidet. Innerhalb des von den vier Geraden begrenzten Raumes entstehen dann vier Winkel α, β, γ und δ, und die Figur läßt erkennen, daß die einander gegenüber liegenden Winkel α und γ sowie β und δ gleich groß sind. Dies führt zu

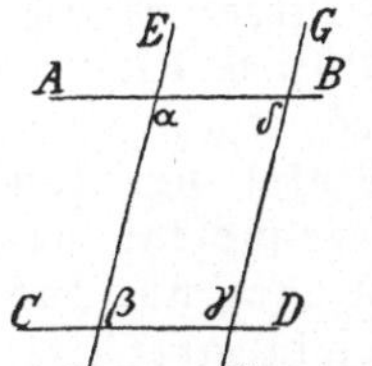

Satz 18. Werden zwei Parallelen durch ein zweites Paar von Parallelen geschnitten, so sind innerhalb des geschlossenen Raumes je zwei gegenüber liegende Winkel gleich groß.

Entw. des Bew. Die Lage der Winkel schließt das Verfahren nach Wink 3 aus. Man muß daher zusehen, ob die Vor. nicht die Verwendnng eines Grundsatzes ermöglicht oder auf die Anwendung des Satzes 11 hinweist.

Beweis: Vor. Es sei $CD \parallel AB$ und $GH \parallel EF$.
Beh. Es ist $\alpha = \gamma$ und $\beta = \delta$.

Aus $AB \parallel CD$ folgt nach Lehrsatz IV: $\quad \alpha + \beta = 2\,R$ (Erg. W.)
und aus $EF \parallel GH$ nach Lehrsatz IV: $\quad \gamma + \beta = 2\,R$ (Erg. W.),
und somit ist nach Satz 11 $\quad \alpha = \gamma$.
Ferner folgt aus $AB \parallel CD$ nach Lehrsatz IV: $\delta + \gamma = 2\,R$ (Erg. W.)
sowie aus $EF \parallel GH$ nach Lehrsatz IV: $\quad \beta + \gamma = 2\,R$ (Erg. W.),
und somit ist nach Satz 11 auch $\quad \beta = \delta$.

6. Gegeben sei der Winkel $BAC = \alpha$. Durch einen beliebigen Punkt P, der jedoch weder auf AB noch auf AC liegen soll, wird die Parallele zu AB gezogen und in P an dieselbe der Winkel α so angetragen (Gradmesser!), daß der zu AB parallele Schenkel PQ in derselben Richtung mit AB und der andere Schenkel PR mit AC in derselben Richtung verläuft. Die Figur läßt dann erkennen, daß PR parallel zu AC ist, und leitet somit zu

Satz 19. Sind die Schenkel zweier gleichen Winkel gleichgerichtet und ist das eine Paar derselben parallel, so ist es auch das andere.

Entw. des Bew. Nach Wink 2 hat man zu zeigen, daß die AC und PR schneidende Gerade PQ mit denselben z. B. gleiche Gl. W. bildet. Zum Beweise der Gleichheit $\alpha' = \gamma$ ist nur G. III anwendbar, dessen Bedingungen aus der Vor. abzuleiten sind.

Anmerkung. Der Winkel α kann in P an die Parallele zu AB auch so angelegt werden, daß PQ zu AB und PR zu AC entgegengesetzt gerichtet ist; es wird auch dann $PR \parallel AC$. Dasselbe tritt ein, wenn das Supplement zu α in P so angelegt wird, daß ein Schenkel des angelegten Winkels mit dem entsprechenden Schenkel von α dieselbe Richtung besitzt, während die beiden anderen Schenkel entgegengesetzt gerichtet sind.

7. Statt den Winkel α oder sein Supplement in P an PQ anzulegen, kann man durch P die Parallele zu AC ziehen; es zeigt sich dann, daß von den vier Winkeln der Geraden PQ und PR zwei gleich α und zwei supplementar zu α sind. Demnach besteht der

Satz 20. Sind die Schenkel zweier Winkel parallel und paarweis gleich oder paarweis entgegengesetzt gerichtet, so sind die Winkel einander gleich; ist aber nur das eine Paar gleich und das andere entgegengesetzt gerichtet, so sind die Winkel supplementar.

Die Behauptungen dieses Satzes werden übereinstimmend aus den Beziehungen des von PQ und AC gebildeten Winkels γ zu den Winkeln α' und α bewiesen.

Mit Benutzung der Lehrsätze III und IV können ferner die folgenden Aufgaben gelöst werden:

Aufgabe 16. Beweise, daß die Halbierungslinien zweier Gl. W. oder W. W. parallel sind.

Aufgabe 17. Beweise, daß die Halbierungslinien zweier Erg. W. sich schneiden.

Aufgabe 18. Beweise, daß zwei Geraden sich schneiden, welche senkrecht auf den Schenkeln eines nicht-flachen Winkels stehen.

Aufgabe 19. Beweise, daß der Winkel zweier Geraden, die senkrecht auf den Schenkeln eines Winkels α stehen, entweder gleich α oder supplementar zu α ist. (Benutze Aufgabe 15.)

7. Kapitel.

Winkel des Dreiecks und Vielecks.

31. Bezeichnungen.

Wenn die beiden von EF geschnittenen Geraden AB und CD nicht parallel sind, wenn also die drei Geraden AB, CD und EF sich gegenseitig schneiden, so entstehen an den Schnittpunkten 12 Winkel, die sich in drei Gruppen zerlegen lassen. Die erste Gruppe umfaßt die drei Winkel im Innern des vollständig begrenzten Raumes, während die zweite die drei Schw. und die dritte die sechs Nw. der ersten Gruppe enthält. Die Bezeichnungen für die Teile der entstandenen Figur werden eingeführt durch die folgenden Erklärungen:

Erklärung 1. Ein von drei Geraden vollständig begrenzter Teil der Ebene wird Dreieck ($\triangle$) genannt und durch seine drei Ecken bezeichnet.

Erklärung 2. Die Strecken zwischen den Schnittpunkten der Begrenzungslinien (den Ecken) werden Seiten des Dreiecks genannt.

Erklärung 3. Die drei Winkel im Innern des Dreiecks heißen Dreieckswinkel oder Winkel des Dreiecks.

Erklärung 4. Die Nebenwinkel der Dreieckswinkel heißen Außenwinkel des Dreiecks.

Erklärung 5. Zwei $\left\{ \begin{matrix} \text{Seiten} \\ \text{Ecken} \end{matrix} \right\}$ des Dreiecks heißen benachbart, wenn sie $\left\{ \begin{matrix} \text{durch eine Ecke gehen.} \\ \text{auf einer Seite liegen.} \end{matrix} \right.$

Erklärung 6. Zwei Seiten schließen einen Winkel ein, wenn sie die Schenkel desselben sind.

Erklärung 7. Eine Seite liegt einem Winkel an und ein Winkel liegt an einer Seite, wenn dieselbe ein Schenkel des Winkels ist.

Erklärung 8. In einem Dreieck liegt eine Seite einem Winkel (einer Ecke) gegenüber, wenn sie nicht ein Schenkel desselben ist (durch dieselbe geht).

Erklärung 9. Ein Außenwinkel liegt den beiden Dreieckswinkeln gegenüber, welche nicht mit ihm an derselben Ecke liegen.

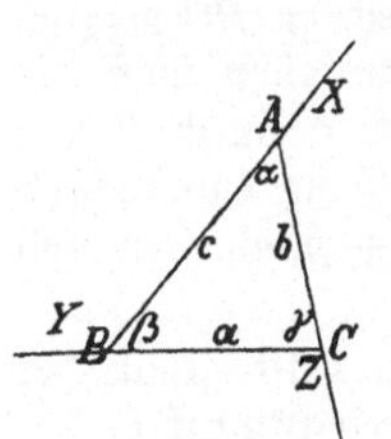

Der Winkel an der Ecke A möge mit α und der zugehörige Außenwinkel mit X bezeichnet werden; entsprechend sollen die Winkel an den anderen Ecken β und Y, γ und Z heißen. Die Seite AB wird mit c, AC mit b und BC mit a benannt.

Aufgabe. Die gegenüberliegenden Stücke eines Dreiecks zusammenzustellen.

Schneiden sich mehr denn drei (n) Geraden, so entstehen im allgemeinen mehrere vollständig begrenzte Räume; aber nur einer von ihnen wird von sämtlichen Geraden gebildet. Die Bezeichnungen für diesen Raum und seine Teile werden wiederum eingeführt durch die Erklärungen:

Erklärung 1a. Ein von n Geraden vollständig begrenzter Teil der Ebene wird n-Eck genannt und durch seine n Ecken bezeichnet.

Erklärung 2a. Die Strecken zwischen je zwei auf einander

folgenden Ecken des n-Ecks heißen Seiten, und die Strecken zwischen zwei nicht auf einander folgenden Ecken heißen Diagonalen.

Erklärung 3a. Die Winkel im Innern des n-Ecks heißen n-Eckswinkel.

Erklärung 4a. Die Nebenwinkel der n-Eckswinkel heißen Außenwinkel.

Zusatz zu Erkl. 4 und 4a. Zu jedem im Innern liegenden Winkel gehören zwei Außenwinkel, die einander gleich sind (Schtw.). So lange es sich also nur um die Größe und nicht auch um die Lage des Winkels handelt, kann man von dem Außenwinkel sprechen, der zu einem Dreiecks- oder Vieleckswinkel gehört.

32. Dreieckswinkel und Außenwinkel.

Der Außenwinkel X ist der Ntw. des Winkels α und deshalb nach Lehrsatz I mit α durch die Gleichheit $X + \alpha = 2\,R$ verbunden. Zu β steht X im allgemeinen in keiner angebbaren Beziehung. Der Lage nach sind zwar X und β Gl. W. an den von AB geschnittenen Geraden AC und BC; da jedoch AC und BC sich schneiden, so kann X nicht gleich β sein. Wird aber die Gerade AC um den Punkt A bis zu der Lage AD gedreht, in der sie parallel zu BC ist, so begrenzt sie mit AB einen Teil δ des Winkels X, der nach Lehrsatz IV gleich β ist. Auch dem Winkel γ kann X nicht gleich sein, weil X und γ als W. W. an den von AC geschnittenen nicht-parallelen Geraden AB und BC liegen. Wird aber wiederum die Gerade AB um den Punkt A gedreht, bis sie zu BC parallel verläuft, so bestimmt sie mit AC einen Teil ε des Winkels X, der nach Lehrsatz IV gleich γ ist. Da nun durch den Punkt A nur eine Parallele zu BC möglich ist, also die zweite Parallele AE mit AD zusammenfallen muß, so sind δ und ε die beiden Teile von X. Ersetzt man aber δ durch β und ε durch γ (G. II), so ergiebt sich $X = \beta + \gamma$. Ganz entsprechend lassen sich die Gleichheiten $Y = \alpha + \gamma$ und $Z = \alpha + \beta$ ableiten und damit der Satz gewinnen:

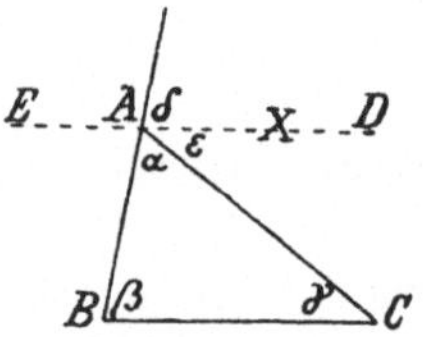

Lehrsatz V. Jeder Außenwinkel eines Dreiecks ist gleich der Summe der beiden ihm gegenüber liegenden Dreieckswinkel.

Entw. des Bew. für $X = \beta + \gamma$. Der Winkel X soll gleich der Summe von β und γ sein; es muß daher zunächst die Summe von β und γ hergestellt werden. Zu dem Zwecke legt man an BC in B einen Winkel ε von der Größe des Winkels γ an und stellt dadurch eine Gerade BE her, welche mit AB einen Winkel ABE von der Größe $\beta + \gamma$ bildet. Der Lage nach sind nun ABE und X Gl. W., und demnach muß (Wink 3!) bewiesen werden, daß BE und AC

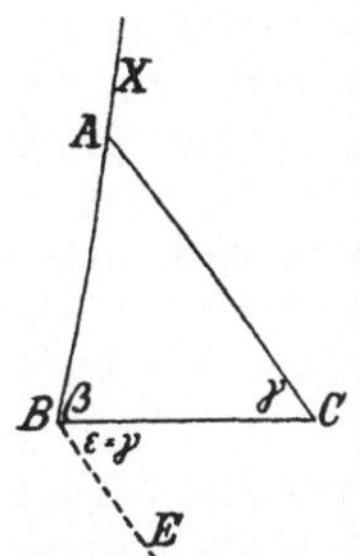

parallel sind. Eine Vor. ist nicht vorhanden; der Beweisgrund (Wink 2!) muß daher aus der ausgeführten Zeichnung abgeleitet werden.

Beweis. Stellt man die Summe $\beta + \gamma$ her, indem man γ in B an BC so anträgt, daß der angelegte Winkel ε W. W. zu γ ist, so entsteht dadurch eine Gerade BE, die nach Lehrsatz III zu AC parallel ist. Da aber X und $\beta + \gamma$ (ABE) Gl. W. an BE und AC sind, so folgt jetzt nach Lehrsatz IV: $X = \beta + \gamma$.

2. Entw. des Bew. Soll $X = \beta + \gamma$ sein, so muß sich X in zwei Teile zerlegen lassen, von denen der eine gleich β und der andere gleich γ ist. Mißt man also auf X das Stück $\delta = \beta$ ab (Gradmesser!), so muß aus der vorgenommenen Zeichnung bewiesen werden, daß der andere Teil gleich γ ist. Zur Anwendung kommt wieder Lehrs. IV. (S. Fig. in der Ableitung des Satzes.)

Folgerung 1. Aus den Gleichheiten $X = \beta + \gamma$, $Y = \alpha + \gamma$ und $Z = \alpha + \beta$ folgen die Beziehungen:

$$\alpha = \begin{cases} Y - \gamma \\ Z - \beta, \end{cases} \quad \beta = \begin{cases} X - \gamma \\ Z - \alpha, \end{cases} \quad \gamma = \begin{cases} X - \beta \\ Y - \alpha. \end{cases}$$

Die Beweise derselben können entsprechend wie der Beweis zu Lehrsatz V entwickelt werden.

Folgerung 2. Jeder Außenwinkel ist größer als einer der ihm gegenüber liegenden Dreieckswinkel.

Wink 4. Um zu beweisen, daß ein Winkel α größer ist als ein zweiter Winkel β, kann man zu zeigen suchen, daß α oder ein ihm gleicher Winkel Außenwinkel und β einer der ihm gegenüber liegenden Winkel eines Dreiecks ist.

Folgerung 3. Da jeder Außenwinkel kleiner als $2\,\mathrm{R}$ ist, so kann ein Dreieck niemals zwei rechte oder zwei stumpfe oder einen rechten und einen stumpfen Winkel besitzen.

Die Beziehungen des Außenwinkels zu den sämtlichen Dreieckswinkeln, die für X die Form besitzen:

$$X + \alpha = 2\,\mathrm{R}$$
$$\text{und} \quad X \quad = \beta + \gamma,$$

führen durch Anwendung des G. II zu der Gleichheit

$$\alpha + \beta + \gamma = 2\,\mathrm{R},$$

und damit zu

Lehrsatz VI. Die Summe der drei Winkel eines Dreiecks beträgt stets $2\,\mathrm{R}$.

Der Beweis dieses Lehrsatzes kann auch ohne Benutzung des Außenwinkels geführt und aus der Behauptung in folgender Weise entwickelt werden:

Entw. des Bew. Die Form der Behauptung verlangt, daß die Summe $\alpha + \beta + \gamma$ hergestellt und dann gezeigt wird, daß dadurch ein flacher Winkel entsteht. Zu dem Zwecke legt man in A an AB den Winkel β und in A an AC den Winkel γ an (Gradmesser!) und leitet aus den ausgeführten Zeichnungen den Beweis dafür ab, daß die beiden neuen Schenkel AD und AE eine gerade Linie bilden.

Beweis. Legt man β in A an AB so an, daß der entstehende Winkel δ W. W. zu β wird, so ist der zweite Schenkel AD parallel zu BC. Ebenso wird $AE \parallel BC$, wenn der von AE und AC gebildete Winkel ε gleich γ gezeichnet wird. (Lehrs. IV.) Da aber durch A nur eine Parallele zu BC möglich ist (Satz 14), so sind AD und AE die beiden Teile einer Geraden. Demnach bildet die Summe $\delta + \alpha + \varepsilon$ einen flachen Winkel, und da δ durch β sowie ε durch γ ersetzt werden kann, so folgt: $\alpha + \beta + \gamma = 2\,\mathrm{R}$.

Addiert man die drei Gleichheiten für die Außenwinkel

$$X = \beta + \gamma, \quad Y = \alpha + \gamma, \quad Z = \alpha + \beta$$

zu einander, so erhält man nach G. IV:

$$X + Y + Z = \underbrace{\alpha + \beta + \gamma}_{2\,\mathrm{R}} + \underbrace{\alpha + \beta + \gamma}_{2\,\mathrm{R}} = 4\,\mathrm{R}$$

und somit die

Folgerung 1. Die Summe der Außenwinkel eines Dreiecks beträgt $4\,\mathrm{R}$.

Weiterhin ergiebt sich aus Lehrs. IV:

Folgerung 2. Ist in einem Dreieck ein Winkel ein stumpfer, so sind die beiden anderen spitz, und ihre Summe ist kleiner als $1\,\mathrm{R}$.

Erklärung: Ein Dreieck mit einem stumpfen Winkel heißt stumpfwinklig.

Folgerung 3. Ist in einem Dreieck ein Winkel ein rechter, so sind die beiden anderen spitz, und ihre Summe beträgt $1\,\mathrm{R}$.

Erklärung: Ein Dreieck mit einem rechten Winkel heißt rechtwinklig. Die Seiten, welche den rechten Winkel einschließen, werden Katheten, und die gegenüber liegende Seite wird Hypotenuse genannt.

Folgerung 4. Es dürfen nur zwei Winkel eines Dreiecks beliebig gewählt werden, doch so, daß ihre Summe kleiner als $2\,\mathrm{R}$ bleibt. Der dritte Winkel ist durch die beiden gegebenen Winkel mitbestimmt.

Die Lehrsätze V und VI gestatten die Berechnung der fehlenden Winkelstücke eines Dreiecks, wenn gegeben sind
1. zwei Dreieckswinkel,

2. ein Dreieckswinkel und ein nicht zugehöriger Außenwinkel,

3. zwei Außenwinkel.

Die Ausführung (durch Addition oder Subtraktion) läßt sich in folgender Weise schematisch darstellen:

$$
\begin{array}{ccc}
\overbrace{\alpha \text{ und } \beta} & \overbrace{X \text{ und } \beta} & \overbrace{X \text{ und } Y} \\
X \quad Z \quad Y & \alpha \quad \gamma \quad Y & \alpha \qquad \beta \\
\mid & \mid & \underbrace{\qquad\qquad}_{Z} \\
\gamma & Z & \gamma
\end{array}
$$

Folgerung 5. Stimmen zwei Dreiecke in der Größe zweier Winkel oder deren Summen überein, so stimmen sie auch in der Größe der dritten Winkel überein.

Denn nach der Vor. ist $\alpha + \beta = \alpha' + \beta'$, und da nach Lehrsatz VI stets $\alpha + \beta + \gamma = \alpha' + \beta' + \gamma'$, so ergiebt die Anwendung des G. IV: $\gamma = \gamma'$.

Wink 5. Um die Gleichheit zweier Winkel zu beweisen, kann man zu zeigen suchen, daß sie zwei Dreiecken angehören, in denen die Summen aus den beiden anderen Winkeln gleich groß sind.

33. Aufgaben.

Aufgabe 20. In einem Dreieck sei $\alpha = 93^0 \ 42' \ 13''$ und $\beta = 46^0 \ 4' \ 52''$; wie groß sind die übrigen Winkel?

Aufgabe 21. Berechne die übrigen Winkel, wenn $X = 143^0 \ 19' \ 24''$ und $\beta = 79^0 \ 46' \ 28''$ ist.

Aufgabe 22. Berechne die Dreieckswinkel, wenn $X = 122^0 \ 34' \ 16''$ und $Y = 157^0 \ 48' \ 12''$ ist.

Aufgabe 23. In einem rechtwinkligen Dreieck sei einer der spitzen Winkel $\alpha = 46^0 \ 37' \ 24''$; wie groß ist β, und wie groß sind die Außenwinkel?

Aufgabe 24. In einem Dreieck mit zwei gleichen Winkeln β und γ sei

$$1. \ \alpha = 76^0 \ 37' \ 48'',$$
$$2. \ \beta = 68^0 \ 19' \ 37'';$$

wie groß sind die fehlenden Winkel?

Aufgabe 25. Beweise, daß die Halbierungslinien zweier Erg. W. bei Parallelen senkrecht auf einander stehen.

Aufgabe 26. Beweise den Satz: Wird in einem Dreieck mit zwei gleichen Winkeln der dritte Winkel halbiert (Gradmesser!), so steht die Halbierungslinie senkrecht auf der Seite, die dem dritten Winkel gegenüber liegt. (Wink 1!).

Aufgabe 27. Beweise den Satz: Wird in einem Dreieck mit zwei gleichen Winkeln von der Spitze des dritten Winkels das Lot auf die gegenüber liegende Seite gefällt (Winkel von 90^0!), so wird dadurch der dritte Winkel halbiert. (Benutze Folgerung 5 zu Lehrsatz VI.)

Aufgabe 28. Beweise den Satz: Wird in einem rechtwinkligen Dreieck vom Scheitelpunkte des rechten Winkels das Lot auf die Hypotenuse gefällt, so wird das Dreieck in zwei Dreiecke zerlegt, welche unter einander und mit dem ursprünglichen Dreieck in der Größe aller Winkel übereinstimmen.

Aufgabe 29. Beweise den Satz: Die Verbindungslinien eines im Innern eines Dreiecks ABC gelegenen Punktes P mit B und C schließen einen Winkel BPC ein, welcher größer ist als der Winkel BAC. (Benutze Folgerung 2 zu Lehrsatz V.)

34. Winkel und Außenwinkel des n-Ecks.

Die Winkel von Vielecken können sämtlich konkav oder zum Teil konvex sein. Im letzteren Falle nennt man die Ecken, an denen die konvexen Winkel liegen, einspringende, und diejenigen, an denen die konkaven Winkel liegen, ausspringende Ecken.

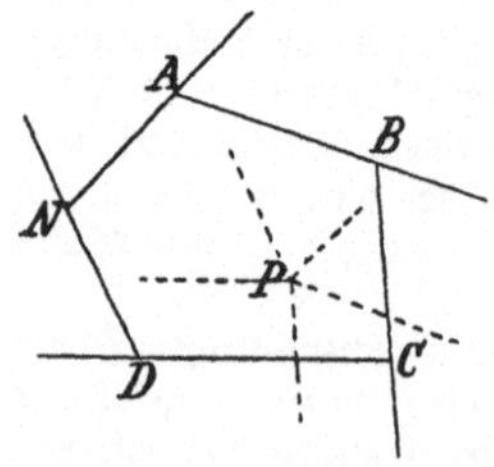

Wird das Gegenteil nicht besonders hervorgehoben, so werden alle Ecken als ausspringende angenommen.

Die Summe der Winkel eines n-Ecks kann mit Benutzung des Lehrsatzes VI berechnet werden. Verbindet man nämlich einen Punkt P im Innern des n-Ecks mit sämtlichen Ecken, so entstehen n Dreiecke, und die Summe der Winkel in denselben beträgt $2\,\mathrm{R} \cdot n = 2\,n\,\mathrm{R}$. Nun sind aber in dieser Summe nicht nur die n-Eckswinkel, sondern auch die Winkel um den Punkt P enthalten, und da die letzteren zusammen $4\,\mathrm{R}$ betragen, so bleiben für die n-Eckswinkel $(2\,n - 4)\,\mathrm{R}$ übrig. Zu demselben Schlusse gelangt man, wenn man von einer Ecke aus die sämtlichen Diagonalen zieht. Weil dadurch die Winkel des n-Ecks auf $n - 2$ Dreiecke verteilt werden, so betragen sie zusammen $(n - 2) \cdot 2\,\mathrm{R} = (2\,n - 4)\,\mathrm{R}$. Man gelangt durch diese Betrachtung zu

Satz 21. Die Summe der Winkel eines n-Ecks beträgt $(2\,n - 4)\,\mathrm{R}$.

Da jeder Außenwinkel mit dem zugehörigen Winkel des n-Ecks einen flachen Winkel bildet, so ist die Summe aller Außen- und n-Eckswinkel gleich $2\,n\,\mathrm{R}$. Da aber die letzteren allein schon $(2\,n - 4)\,\mathrm{R}$ zusammen betragen, so kann die Summe aller Außenwinkel des n-Ecks nur gleich $4\,\mathrm{R}$ sein. Daraus folgt:

Satz 22. Die Summe der Außenwinkel eines Vielecks ist unabhängig von der Seitenzahl und beträgt immer $4\,\mathrm{R}$.

Will man diesen Satz nicht durch Rechnung aus Satz 21 herleiten, so kann man ihn auch auf folgendem Wege gewinnen: Durch einen Punkt P (innerhalb oder außerhalb des Vielecks) zieht man die Parallele zu der Seite AB des Vielecks, legt dann in P an diese Parallele den Außenwinkel zwischen AB und AC so an, daß die Schenkel des entstehenden Winkels mit den Schenkeln des Außenwinkels gleich gerichtet sind, und erhält dadurch die durch P gehende Parallele zu BC (Satz 19). An diese legt man in P den von BC und CD gebildeten Außenwinkel wiederum so an, daß der zweite Schenkel die gleiche Richtung hat wie *CD* und nach Satz 19 zu *CD* parallel wird. In dieser Weise legt man der Reihe nach die Außenwinkel an einander, bis der vorletzte angetragen und dadurch eine zu *NA* parallele Gerade entstanden ist. Mit der zu *AB* parallel gezogenen Geraden bildet dieselbe einen Winkel, dessen Schenkel in gleicher Richtung paarweis parallel sind zu den Schenkeln des von *NA* und *AB* begrenzten Außenwinkels. Nach Satz 20 sind auch diese Winkel einander gleich, und somit wird die Summe aller Außenwinkel durch die Winkel um den Punkt *P* herum dargestellt. Die letzteren betragen aber zusammen 4 R, und folglich beträgt die Summe der Außenwinkel eines Vielecks stets 4 R.

Aufgaben.

Aufgabe 30. Wie groß ist die Summe der Winkel im 5-Eck, 6-Eck, 8-Eck, 24-Eck?

Aufgabe 31. Wie groß ist jeder Winkel in diesen Vielecken, wenn alle Winkel unter einander gleich sind?

Aufgabe 32. Wie groß ist in diesem Falle bei den angegebenen Vielecken jeder Außenwinkel?

III. Abschnitt.
Seiten und Winkel.

8. Kapitel.

Die Kongruenz der Dreiecke. Kongruenzsatz I und II.

Zwei Vielecke werden kongruent (≅) genannt (s. Nr. 15, Erkl.), wenn sie sich zur vollständigen Deckung bringen lassen, und diejenigen Stücke heißen entsprechend, welche bei der Deckung sich gegenseitig bedecken. Daraus folgt:

Folgerung 1. In kongruenten Vielecken sind die entsprechenden Seiten sowie die entsprechenden Winkel gleichgroß.

Nun lassen sich zwei Vielecke zur vollständigen Deckung bringen, wenn die Seiten und Winkel des einen in derselben Reihenfolge gleich den Seiten und Winkeln des anderen sind, und demnach unterscheiden sich zwei kongruente Vielecke nur durch ihre Lage.

In kongruenten Dreiecken sind zwei Seiten entsprechend, welche entsprechenden Winkeln gegenüber liegen, und umgekehrt; da aber die entsprechenden Stücke zweier kongruenten Gebilde gleichgroß sind, so folgt:

Folgerung 2. In kongruenten Dreiecken liegen gleichen Seiten gleiche Winkel und gleichen Winkeln gleiche Seiten gegenüber.

Wink 6. Um die Gleichheit zweier Winkel zu beweisen, kann man zu zeigen suchen, daß sie in kongruenten Dreiecken gleichen Seiten gegenüber liegen.

Wink 7. Um die Gleichheit zweier Seiten zu beweisen, kann man zu zeigen suchen, daß sie in kongruenten Dreiecken gleichen Winkeln gegenüber liegen.

35. Ableitung der Kongruenzsätze.

Sollen zwei Dreiecke ABC und DEF kongruent sein, so müssen sie der Erklärung der Kongruenz gemäß in der Größe aller entsprechenden Seiten und Winkel übereinstimmen. Die Aufgabe, zu dem Dreieck ABC ein kongruentes Dreieck DEF zu zeichnen, enthält also drei Bestimmungen über die drei Seiten und drei Be=

stimmungen über die drei Winkel. Nach Folgerung 5 zu Lehrsatz VI sind jedoch zur Erfüllung der drei letzten Bestimmungen bereits zwei von ihnen ausreichend, und demnach bleiben fünf von einander unabhängige Bedingungen, die bei der Ausführung der Aufgabe befriedigt werden müssen. Es fragt sich nun, ob es möglich ist, dieser Anforderung zu genügen.

1. Zunächst kann man den Winkel A noch einmal zeichnen (Gradmesser!) und ihn D nennen, auf einem der Schenkel des Winkels D die Seite $DE = AB$ abmessen

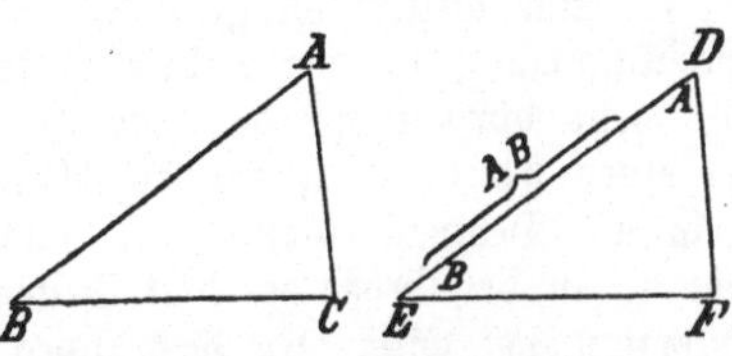

(Zirkel!) und schließlich in E an ED den Winkel B anlegen. Es schneiden sich dann die beiden nicht-gemeinsamen Schenkel der Winkel D und E in einem Punkte F und bestimmen dadurch das Dreieck DEF vollständig. Bei der Zeichnung werden zwar nur drei Forderungen, nämlich die Übereinstimmung der beiden Dreiecke in der Größe zweier entsprechenden Winkel und der ihnen zugleich anliegenden Seite, erfüllt; allein die Figur läßt erkennen, daß auch den beiden übrig gebliebenen Bedingungen genügt wird. Die Anschauung leitet damit zur Erkenntnis des Satzes, daß die Gleichheit aller entsprechenden Stücke (die Kongruenz) zweier Dreiecke durch die Gleichheit zweier entsprechenden Winkel und der ihnen zugleich anliegenden Seite bestimmt ist.

2. Zeichnet man wiederum den Winkel $D = A$ und mißt auf seinen Schenkeln die Strecken $DE = AB$ und $DF = AC$ ab, so ist das Dreieck gleichfalls bestimmt, weil zwischen E und F nur eine Gerade möglich ist. Auch jetzt werden durch die Zeichnung nur drei Forderungen, nämlich die Übereinstimmung der Dreiecke in der Größe eines Winkels und der beiden anliegenden Seiten, erfüllt; allein die Figur läßt erkennen, daß auch den übrig gebliebenen Bedingungen genügt wird. Die Anschauung führt damit zu dem Satze, daß die Gleichheit aller entsprechenden Stücke (die Kongruenz) zweier Dreiecke aus der Gleichheit eines Winkels und der beiden einschließenden Seiten folgt.

3. Wird ferner noch einmal der Winkel $D = A$ und die Seite $DE = AB$ gezeichnet, so kann man den dritten Punkt F mit Benutzung der Bestimmungen ermitteln, daß er auf dem zweiten Schenkel des Winkels D liegen und von E die Entfernung BC haben soll. Beides erreicht man, wenn man um E mit dem Halbmesser BC einen Kreis beschreibt und von den beiden Schnittpunkten F desselben mit dem zweiten Schenkel von D einen als dritte Ecke des neuen Dreiecks annimmt. Wählt man denjenigen, dessen Verbindungslinie mit E bei F einen Dreieckswinkel bestimmt, der mit dem Winkel

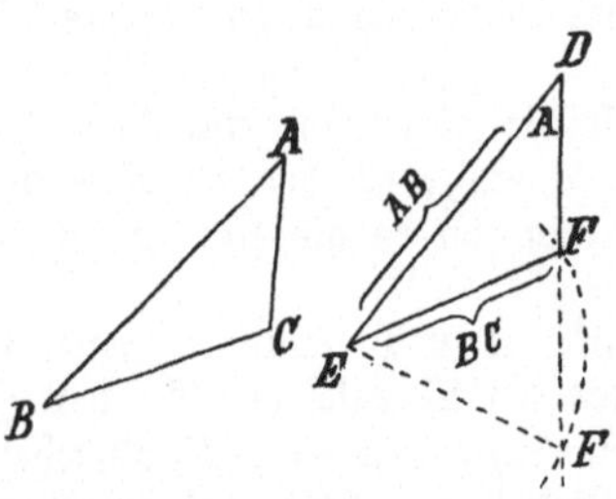

C gleichzeitig spitz oder stumpf[1]) ist, so zeigt sich von neuem, daß die beiden Dreiecke in der Größe aller entsprechenden Stücke übereinstimmen, obwohl nur die Gleichheit zweier entsprechenden Seiten und eines der nicht eingeschlossenen Winkel erzwungen worden ist.

4. Eine weitere Möglichkeit, die Übereinstimmung in den Winkeln für die Zeichnung zu benutzen, ist nicht mehr vorhanden, da eine Vertauschung der Ecken unter einander einen neuen Weg für die Ausführung der Aufgabe nicht liefern kann. Demnach bleibt nur noch der Fall übrig, daß die Übereinstimmung in der Größe der drei Seiten

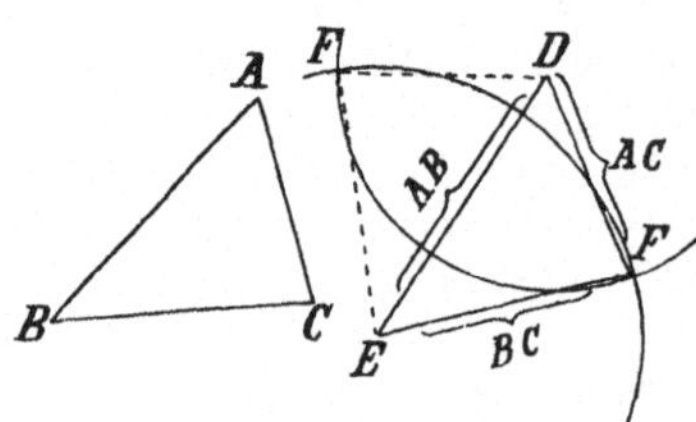

erzwungen wird. Zu dem Zwecke zeichnet man die Seite $DE = AB$ und ermittelt den Punkt F aus den Forderungen, daß $FD = CA$ und $FE = CB$ sein soll, indem man um D mit dem Halbmesser AC und um E mit dem Halbmesser BC Kreise schlägt. Jeder Schnittpunkt derselben kann als dritter Punkt des Dreiecks DEF dienen. Die Anschauung lehrt auch bei dieser Zeichnung, daß die beiden Dreiecke ABC und DEF in allen entsprechenden Stücken übereinstimmen, daß also die Gleichheit aller entsprechenden Stücke (die Kongruenz) zweier Dreiecke sich ergiebt, wenn der Reihe nach die Gleichheit der drei Seiten erzwungen wird.

Von den fünf Forderungen der gestellten Aufgabe können also nicht mehr als drei für die Zeichnung verwandt werden; allein die Anschauung lehrt, daß auf jedem der 4 Wege, auf denen die Zeichnung möglich ist, ein Dreieck entsteht, das mit ABC in allen entsprechenden Stücken übereinstimmt. Die Anschauung leitet damit zu 4 Sätzen, welche die Kongruenz zweier Dreiecke als eine Folge ihrer Übereinstimmung in drei entsprechenden, von einander unabhängigen Stücken darstellen. Diese Sätze sollen Kongruenzsätze (Kz.) genannt werden.

36. Beweis des Kz. I und des Kz. II.

Lehrsatz VII. Kz. I. Stimmen zwei Dreiecke überein in der Größe zweier entsprechenden Winkel und der ihnen zugleich anliegenden Seite, so sind sie kongruent.

---

[1]) Ist C ein rechter Winkel, so entsteht nur ein Punkt F.

Entw. des Bew. Zwei Dreiecke sind kongruent, wenn sie so auf einander gelegt werden können, daß die drei entsprechenden Ecken auf einander fallen, weil dann nach Satz 1 auch die entsprechenden Seiten sich gegenseitig vollständig bedecken. Nun kann man aber die Dreiecke so auf einander legen, daß zwei entsprechende Paare von Ecken zusammenfallen, und hat daher aus der Vor. abzuleiten, daß auch die dritten Ecken auf einander fallen.

Beweis. Vor. Es sei $\sphericalangle D = \sphericalangle A$, $DE = AB$, $\sphericalangle E = \sphericalangle C$*.)

Beh. Es ist $\triangle DEF \cong \triangle ABC$.

Legt man das Dreieck DEF so auf ABC, daß der Punkt D auf A, die Seite DE auf AB und wegen der vorausgesetzten Gleichheit der Seiten

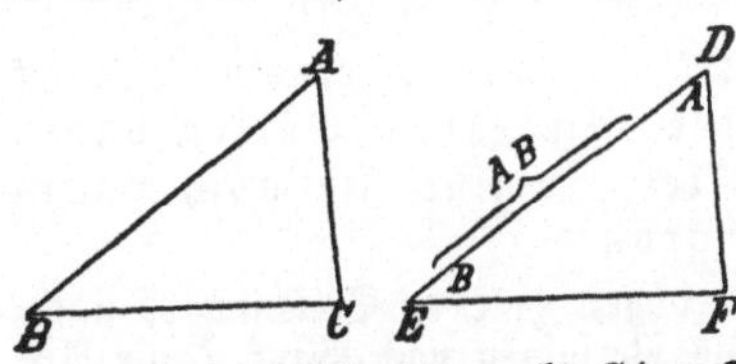

DE und AB auch der Punkt E auf B fällt, so wird der Winkel A von D und der Winkel B von E bedeckt. Da nun $\sphericalangle D = \sphericalangle A$ ist, so fällt die Seite DF auf AC; ebenso fällt die Seite EF auf BC, weil $\sphericalangle E = \sphericalangle B$ ist, und demnach wird auch der Schnittpunkt C der Seiten AC und BC von dem Schnittpunkte F der Geraden DF und EF bedeckt (Satz 2). Es fallen also die entsprechenden Ecken auf einander, und da dieselben Schlußfolgerungen eintreten, wenn $\triangle ABC$ auf $\triangle DEF$ gelegt wird, so folgt: $\triangle DEF \cong \triangle ABC$.

Zusatz. Stimmen zwei Dreiecke überein in der Größe zweier entsprechenden Winkel und einer entsprechend liegenden Seite, so sind sie kongruent.

Der Satz wird mit Benutzung der Folgerung 5 zu Lehrsatz VI auf Kz. I zurückgeführt.

Anmerkung. Der Kz. I kann nicht benutzt werden, um die Gleichheit zweier Winkel nachzuweisen.

Lehrsatz VIII. Kz. II. Stimmen zwei Dreiecke überein in der Größe zweier entsprechenden Seiten und des von diesen eingeschlossenen Winkels, so sind sie kongruent.

Die Entw. des Bew. stimmt mit der Entwicklung zum Beweise des Kz. I überein und führt zu dem

Beweis. Vor. Es sei $\sphericalangle D = \sphericalangle A$, $DE = AB$, $DF = AC$.

Beh. Es ist $\triangle DEF \cong \triangle ABC$.

Legt man das Dreieck DEF so auf ABC, daß der Punkt D auf A,

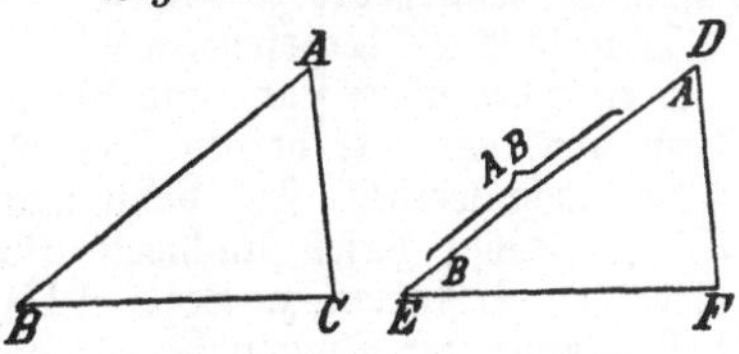

die Seite DE auf AB, und weil $DE = AB$ ist, auch der Punkt E auf B fällt, so wird der Winkel A von D bedeckt. Da nun $\sphericalangle D = \sphericalangle A$ ist, so fällt die Seite DF auf AC; da ferner $DF = AC$ ist, so fällt auch die dritte Ecke F auf C. Die-

____

*) Die Voraussetzungen sind in der durch die Zeichnung gegebenen Reihenfolge aufgestellt.

selben Folgerungen treten ein, wenn $\triangle ABC$ entsprechend auf $\triangle DEF$ gelegt wird, und demnach ist $\triangle DEF \cong \triangle ABC$.

Man kann die beiden Beweise auch so gestalten, daß man aus der Vor. das Zusammenfallen der drei Seiten ableitet, weil dann nach Satz 2 die drei Ecken sich gleichfalls bedecken.

37. Übungsbeispiele zu Kz. I und Kz. II.

Werden zwei parallele Geraden von zwei Parallelen geschnitten, so läßt die Figur erkennen, daß die Abschnitte auf den Parallelen gleichgroß sind, und leitet somit zu

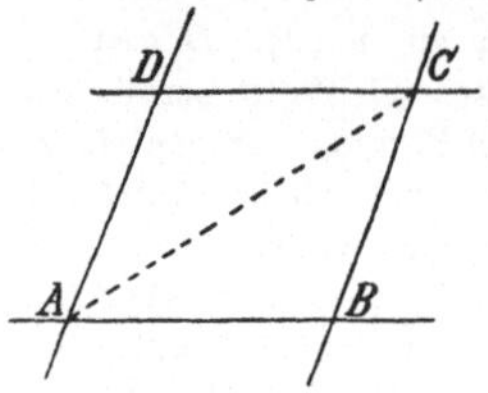

Satz 23. Sind in einem Viereck die gegenüber liegenden Seiten paarweis parallel, so sind sie auch paarweis gleichgroß.

Entw. des Bew. Da die Gleichheit zweier Seitenpaare nachgewiesen werden soll, so verlangt das Verfahren nach Wink 7 die Anwendung des Kz. I. Dreiecke, in denen die Seiten vorkommen, sind noch nicht vorhanden, können aber durch eine der beiden Diagonalen des Vierecks leicht hergestellt werden. Die Diagonale gehört dann beiden Dreiecken an, und die zur Kongruenz noch erforderliche Gleichheit der an derselben liegenden Winkel kann nach Wink 3 bewiesen werden.

Stehen die beiden Geraden AD und BC senkrecht auf den Geraden AB und CD, so sind sie nach Satz 16 parallel; es folgt daher aus Satz 16 und 23 der

Zusatz zu Satz 23. Lote zwischen Parallelen sind gleichgroß.

2. Werden auf dem ersten Parallelenpaare die gleichen Stücke AB und DC abgemessen und die Verbindungslinien AD und BC gezogen, so lehrt die Anschauung, daß AD parallel und gleich BC ist, und führt damit zu

Satz 24. Ist in einem Viereck ein Paar gegenüber liegender Seiten parallel und gleich, so ist es auch das andere.

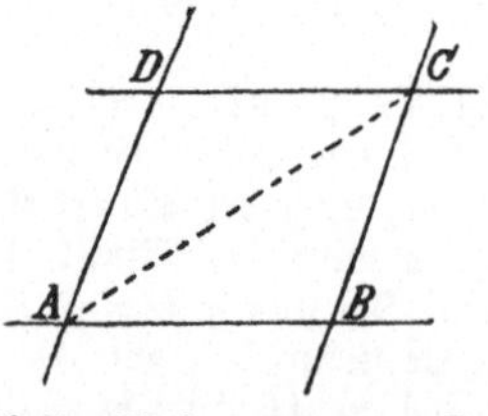

Entw. des Bew. Es soll zunächst bewiesen werden, daß AD parallel zu BC ist. Nach Wink 2 hat man zu dem Zwecke zu zeigen, daß die durch die Diagonale AC hergestellten W. W. CAD und ACB einander gleich sind, und hierzu nach Wink 6 die Kongruenz der beiden Dreiecke ABC und CDA nachzuweisen. Da dann auch $AD = BC$ ist, so genügt dieser Nachweis für beide Behauptungen. Kz. I ist nicht anwendbar (s. Anmerk. zu Lehrf. VII), und demnach sind aus der Vor. mit Benutzung der Diagonale AC die Bedingungen des Kz. II abzuleiten.

Steht das Parallelenpaar AB und CD gemeinschaftlich senkrecht auf *AD*, so steht es nach Satz 24 und Satz 17 auch senkrecht auf *BC*. Daraus folgt:

Zusatz zu Satz 24. Sind zwei auf einer Geraden nach derselben Seite errichtete Lote gleichlang, so liegen ihre Endpunkte auf einer Parallelen zu der Geraden.

Erklärung: Fällt man von einem Punkte *P* das Lot *PQ* auf eine Gerade *AB*, so begrenzen *P* und der Fußpunkt *Q* ein Stück des Lotes, das Entfernung oder Abstand des Punktes *P* von der Geraden *AB* genannt wird.

Mit Benutzung dieser Erklärung können die beiden Zusätze zu Satz 23 und 24 in der Form vereinigt werden:

Satz 25. Errichtet man auf einer Geraden *AB* ein Lot von vorgeschriebener Länge *l* und zieht durch seinen Endpunkt die Parallele zu *AB*, so enthält diese Parallele alle auf derselben Seite von *AB* liegenden Punkte, welche von *AB* die Entfernung *l* haben.

oder unter Anwendung der in Nr. 17 gegebenen Erklärung des geometrischen Ortes:

Geometrischer Ort 2. Die im Abstande *l* zu *AB* gezogene Parallele ist der geometrische Ort für alle auf derselben Seite von *AB* liegenden Punkte, welche von *AB* die Entfernung *l* haben.

Anmerkung 1. Soll also ein Punkt gesucht werden, der von einer gegebenen Geraden die Entfernung *l* besitzt, so weiß man, daß derselbe auf der im Abstande *l* zu der Geraden gezogenen Parallelen liegt.

Anmerkung 2. Der Satz 24 kann zur Zeichnung einer Parallelen ausgenutzt werden. Man errichtet auf der Geraden zwei gleiche Lote und verbindet ihre Endpunkte durch eine gerade Linie.

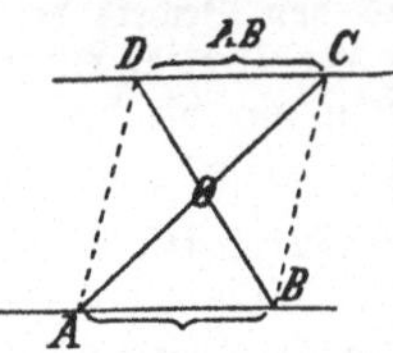

3. Werden auf zwei Parallelen die gleichen Stücke *AB* und *DC* abgemessen und die Verbindungslinien *AC* und *BD* gezogen, so läßt die Figur erkennen, daß diese Linien sich gegenseitig halbieren. Daraus folgt der

Satz 26. Sind in einem Viereck zwei gegenüber liegende Seiten gleich und parallel, so halbieren sich die Diagonalen gegenseitig.

Entw. des Bew. Da bewiesen werden soll, daß $AO = CO$ und $BO = DO$ ist, so hat man nach Anleitung des Wink 7 die Kongruenz der beiden Dreiecke *AOB* und *COD* aus der Vor. abzuleiten. Kz. II ist nicht anwendbar, weil die Gleichheit zweier Seitenpaare nachgewiesen werden soll. Die Bedingungen des Kz. I ergeben sich aber aus der Vor. durch Anwendung des Lehrsatzes IV.

4. Vertauscht man in dem vorhergehenden Satze die Voraussetzung und Behauptung mit einander, so ergiebt sich der

Satz 27. Halbieren sich die Diagonalen eines Vierecks

gegenseitig, so sind die gegenüber liegenden Seiten desselben paarweis parallel und nach Satz 23 auch paarweis gleichgroß.

Entw. des Bew. Figur des vorhergehenden Satzes. AB ist nur dann parallel zu CD, wenn die durch AC hergestellten W. W. BAO und DCO oder die durch BD hergestellten W. W. ABO und CDO einander gleich sind. Nach Wink 6 ist zum Beweise dieser Gleichheit zu zeigen, daß $\triangle ABO \cong \triangle CDO$ ist. Ferner ist AD nur dann parallel zu BC, wenn $\sphericalangle DAO = \sphericalangle BCO$ oder $\sphericalangle ADO = \sphericalangle CBO$ ist, und zum Beweise dieser Gleichheit muß wiederum die Kongruenz der beiden Dreiecke ADO und BDO aus der Vor. abgeleitet werden. Kz. I ist nicht anwendbar; die Bedingungen das Kz. II ergeben sich aber aus der Vor., wenn der Lehrsatz II benutzt wird.

Anmerkung. Dieser Satz kann zur Zeichnung von Parallelen benutzt werden.

5. Schneidet man auf jeder von zwei auf einander senkrecht stehenden Geraden von dem Schnittpunkte aus gleiche Stücke ab und verbindet die Endpunkte mit einander, so läßt die Figur erkennen, daß je zwei auf einander folgende Seiten des Vierecks gleichgroß sind, und leitet dadurch zu

Satz 28. Halbieren sich die Diagonalen eines Vierecks gegenseitig und stehen sie senkrecht auf einander, so sind alle Seiten des Vierecks gleichgroß.

Entw. des Bew. Zum Beweise der Gleichheit $AB = BC$ muß nach Wink 7 die Kongruenz der Dreiecke AOB und BOC nachgewiesen werden; ebenso ist für den Beweis der Gleichheit $BC = CD$ die Kongruenz der Dreiecke BOC und COD und schließlich für den Beweis der Gleichheiten $CD = DA$, bez. $DA = AB$ die Kongruenz der Dreiecke COD und DOA, bez. DOA und AOB erforderlich. Da man nur die bei O liegenden Winkel kennt, so ist Kz. I nicht anwendbar.

Beweis. Vor. Es sei $AO = CO$, $BO = DO$ und $BD \perp AC$.
Beh. Es ist $AB = BC = CD = DA$.

Da die Diagonalen senkrecht auf einander stehen, so sind die Winkel bei O rechte, also unter einander gleich. Demnach ist nach der Vor.:

$$AO = CO, \text{ bez. } BO = DO \quad \text{u. s. w.}$$
$$BO = BO \qquad CO = CO$$
$$\sphericalangle AOB = \sphericalangle COB \qquad \sphericalangle BOC = \sphericalangle DOC, \text{ und somit}$$
$$\triangle AOB \cong \triangle COB \qquad \triangle BOC \cong \triangle DOC \ (\text{Kz. II}) \text{ u. s. w.}$$

Daraus folgt aber $AB = BC$, $BC = CD$ u. s. w., also $AB = BC = CD = DA$.

Anmerkung. Dieser Satz kann benutzt werden zur Zeichnung eines Vierecks mit parallelen Gegenseiten, dessen Seiten unter einander gleich sind.

6. Halbiert man einen Winkel A (Gradmesser!) und fällt von irgend
einem Punkte P der Halbierungslinie die Lote PQ und PR auf die
Schenkel, so zeigt die Figur, daß die Lote gleichlang
sind, und leitet damit zu

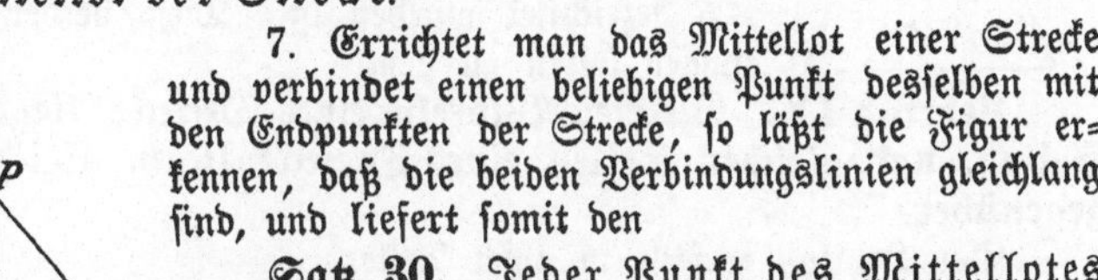

Satz 29. Jeder Punkt der Halbierungs=
linie eines Winkels ist von den Schenkeln
desselben gleichweit entfernt.

Entw. des Bew. Zum Beweise der Gleichheit
$PQ = PR$ muß nach Wink 7 die Kongruenz der Dreiecke
APQ und APR nachgewiesen werden. Da man eine Be=
ziehung zwischen AQ und AR nicht kennt, so ist nur
Kz. I anwendbar. Die Bedingungen desselben können aus der Vor. nach
S. III und Folgerung 5 zu Lehrsatz VI abgeleitet werden.

Erklärung. Das im Mittelpunkte einer Strecke errichtete Lot
heißt **Mittellot der Strecke.**

7. Errichtet man das Mittellot einer Strecke
und verbindet einen beliebigen Punkt desselben mit
den Endpunkten der Strecke, so läßt die Figur er=
kennen, daß die beiden Verbindungslinien gleichlang
sind, und liefert somit den

Satz 30. Jeder Punkt des Mittellotes
einer Strecke ist von den Endpunkten der=
selben gleichweit entfernt.

Entw. des Bew. Die behauptete Gleichheit der Strecken PA
und PB tritt ein, wenn $\triangle PAD \cong \triangle PBD$ ist. Da die Vor. nur
über die Winkel bei D Aufschluß giebt, so muß Kz. II angewandt werden.

Beweis: Vor. Es sei $AD = BD$ und $PD \perp AB$.

Beh. Es ist $PA = PB$.

Da $PD \perp AB$, also $\quad\sphericalangle PDA = \sphericalangle PDB$ (beide $= R$),
und weiter nach Vor. $\quad AD = BD$,
sowie nach S. I $\quad PD = PD$,
so ist nach Kz. II $\quad \triangle PAD \cong \triangle PBD$,
und folglich $\quad PA = PB$ (entsprechende Stücke).

9. Kapitel.

Das gleichschenklige Dreieck.

38. Lehrsatz über das gleichschenklige Dreieck.

Erklärung 1. Sind in einem Dreieck zwei Seiten gleichgroß,
so heißt dasselbe **gleichschenklig.** Die beiden unter einander gleichen
Seiten werden **Schenkel,** und die dritte Seite wird **Grundlinie**
genannt. Die von den beiden Schenkeln gebildete Ecke heißt **Spitze**
des gleichschenkligen Dreiecks.

Erklärung 2. Sind in einem Dreieck alle Seiten gleichgroß, so heißt dasselbe gleichseitig.

Anmerkung. Die beiden Aufgaben, 1. ein gleichseitiges Dreieck von gegebener Seitenlänge und 2. ein gleichschenkliges Dreieck, dessen Grundlinie und Schenkel gegeben sind, zu zeichnen, sind besondere Formen der Aufgabe 2 in Nr. 18.

Die Winkel und Seiten des bei Kz. I und Kz. II benutzten Dreiecks ABC sind im allgemeinen von einander verschieden. Werden jedoch bei der Zeichnung zwei gleiche Winkel, etwa B und C, hergestellt, so läßt die Figur erkennen, daß auch die diesen Winkeln gegenüber liegenden Seiten AC und AB einander gleich sind. Ebenso lehrt die Anschauung, daß die Winkel B und C einander gleich sind, wenn die Seite AC gleich der Seite AB gezeichnet worden ist. Diese beiden Beobach= tungen leiten zu dem

Lehrsatz IX. Gleichen Winkeln eines Dreiecks liegen gleiche Seiten, und gleichen Seiten eines Dreiecks liegen gleiche Winkel gegenüber.

Der Lehrsatz zerfällt in zwei Teile:

a) Gleichen Winkeln eines Dreiecks liegen gleiche Seiten gegenüber.

Entw. des Bew. Da die Seiten AB und AC demselben Dreieck angehören, so kann zunächst nicht nach Wink 7 verfahren werden. Nach G. III sind aber AB und AC auch dann einander gleich, wenn

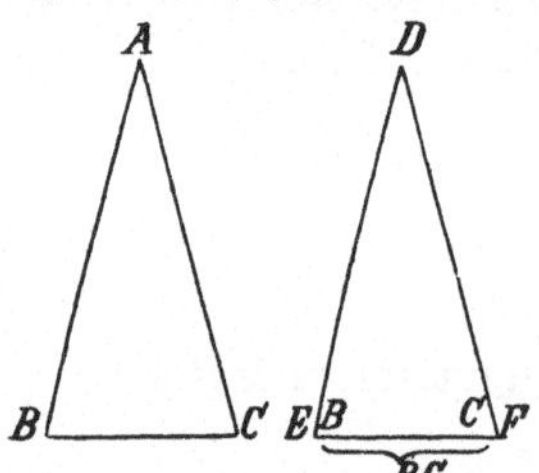

beide einer dritten Strecke gleich sind. Nun ist nach Kz. I die Seite DE eines Dreiecks DEF, das den Forderungen $EF = BC$, $\angle E = \angle B$ und $\angle F = \angle C$ gemäß ge= zeichnet worden ist, gleich der entsprechenden Seite AB, und demnach muß aus der Vor. ab= geleitet werden, daß DE auch gleich AC ist. Die Vor. gestattet aber eine Ver= tauschung der Winkel B und C und damit eine Änderung in der Zuordnung der Seiten und Winkel. Der Beweis nimmt daher die Form an:

Beweis. Vor. Es sei $\angle B = \angle C$.

Beh. Es ist $AC = AB$.

Stellt man das Dreieck DEF den Bedingungen $EF = BC$, $\angle E = \angle B$ und $\angle F = \angle C$ gemäß her, so ist dasselbe kongruent zu ABC und somit ist $DE = AB$. Da aber nach Vor. $\angle B = \angle C$ ist, also der Winkel B mit dem Winkel C vertauscht werden kann, so ist auch $\angle F = \angle B$ und $\angle E = \angle C$ und folglich $\triangle DFE \cong \triangle ABC$. Bei dieser Kongruenz sind die beiden Seiten DE und AC entsprechend, also gleichgroß. Aus $DE = AB$ und $DE = AC$ folgt aber nach G. III: $AC = AB$.

b) Gleichen Seiten eines Dreiecks liegen gleiche Winkel gegenüber.

Die Entw. des Bew. schließt sich eng an die Entwicklung im Teile a) an; nur müssen Seiten und Winkel mit einander vertauscht werden. Ein anderes Mittel zum Beweise ist bei der Lage der Winkel B und C nicht anwendbar.

Beweis. Vor. Es sei $AB = AC$.

Beh. Es ist $\sphericalangle C = \sphericalangle B$.

Stellt man das Dreieck DEF (s. Figur zu Teil a) den Bedingungen $\sphericalangle D = \sphericalangle A$, $DE = AB$ und $DF = AC$ gemäß her, so ist dasselbe kongruent zu ABC (Kz. II) und somit $\sphericalangle E = \sphericalangle B$. Da aber nach der Vor. $AB = AC$ die Seiten AB und AC mit einander vertauscht werden können (G. II), also auch $\sphericalangle D = \sphericalangle A$, $DE = AC$ und $DF = AB$ ist, so ist auch $\triangle DFE \cong \triangle ABC$. Bei dieser Kongruenz sind die beiden Winkel E und C entsprechend und somit gleichgroß. Aus $\sphericalangle E = \sphericalangle B$ und $\sphericalangle E = \sphericalangle C$ folgt aber nach G. III: $\sphericalangle C = \sphericalangle B$.

Die wiederholte Anwendung des Lehrsatzes IX führt zu der

Folgerung 1. Sind in einem Dreieck alle Winkel gleichgroß, so ist dasselbe gleichseitig.

Folgerung 2. Im gleichseitigen Dreieck sind alle Winkel gleichgroß und jeder von ihnen beträgt 60°.

Sind die beiden Seiten AB und AC eines Dreiecks von einander verschieden, so sind es auch die Winkel B und C, und umgekehrt erweisen sich die Seiten AB und AC als ungleich, wenn die Winkel B und C ungleich sind. Die Figur leitet also zu dem

Zusatz zu Lehrsatz IX. In einem Dreieck liegt der größeren von zwei Seiten der größere Winkel und dem größeren von zwei Winkeln die größere Seite gegenüber.

Der Zusatz zerfällt in zwei Teile:

a) Der größeren von zwei Seiten eines Dreiecks liegt der größere Winkel gegenüber.

Entw. des Bew. Da die Winkel B und C demselben Dreieck angehören, so kann zunächst nicht nach Wink 4 verfahren werden. Da aber ein anderes Mittel für den Beweis nicht zur Verfügung steht, so muß der Versuch gemacht werden, einen Hilfswinkel zu zeichnen, der mit B oder mit C durch Folgerung 2 zu Lehrsatz V verbunden ist und gleichzeitig mit dem zweiten der beiden Winkel verglichen werden kann, um aus dessen Beziehungen zu B und C das Größenverhältnis dieser Winkel selbst zu ermitteln. Nun kann man dadurch, daß man entweder auf AC das Stück $AD = AB$ oder auf AB (und der Verlängerung von AB) das Stück $AE = AC$ abmißt und D mit B, bez. E mit C verbindet, einen Winkel ADB, bez. AEC

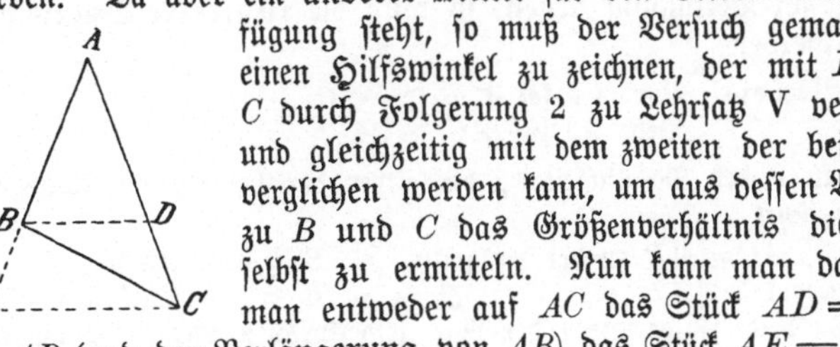

herstellen, der mit B und C verglichen werden kann, und erhält somit auf Grund der Vor. den Beweis in einer der beiden Formen:

Beweis. Vor. Es sei $AC > AB$.

Beh. Es ist $\sphericalangle B > \sphericalangle C$.

Mißt man auf AC das Stück $AD = AB$ ab und verbindet D mit B, so ist der Winkel ADB ein Außenwinkel des Dreiecks BDC und somit (Folgerung 2 zu Lehrsatz V)

1. $\sphericalangle ADB > \sphericalangle C$.

Mißt man auf AB das Stück $AE = AC$ ab und verbindet E mit C, so ist der Winkel B (ABC) ein Außenwinkel des Dreiecks BEC und somit

1. $\sphericalangle B > \sphericalangle BEC$.

Da aber nach der Zeichnung und nach Lehrsatz IX a

$\sphericalangle ADB = \sphericalangle ABD$

und der Vor. gemäß D zwischen A und C liegt, also $\sphericalangle ABD$ nur ein Teil des Winkels B ist, so folgt:

2. $\sphericalangle B > \sphericalangle ADB$.

$\sphericalangle BEC = \sphericalangle ACE$

und der Vor. gemäß B zwischen A und E liegt, also der Winkel C nur ein Teil von ACE ist, so folgt:

2. $\sphericalangle BEC > \sphericalangle C$.

Aus den Beziehungen 1. und 2. ergiebt sich aber:

$\sphericalangle B > \sphericalangle C$.

b) **Dem größeren von zwei Winkeln eines Dreiecks liegt die größere Seite gegenüber.**

Entw. des Bew. Da keiner der vorausgegangenen Sätze von der Ungleichheit zweier Seiten spricht, so ist es nicht möglich, die Be

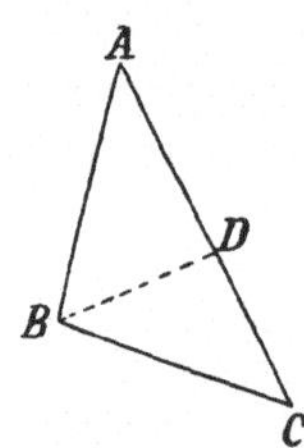

hauptung mit Benutzung bekannter Sätze zu begründen. Der Versuch, mit Hilfe des Lehrsatzes IX b nachzuweisen, daß AB gleich einem Teile von AC, also kleiner als AC sei, führt gleichfalls nicht zum Ziele. Man kann zwar infolge der Vor. $\sphericalangle B > \sphericalangle C$ den Winkel C von B so abtragen, daß ein gleichschenkliges Dreieck DBC entsteht, in welchem der Schenkel DB gleich einem Teile von AC ist, aber man weiß nichts über die Beziehung zwischen DB und AB, und daher bleibt der Versuch erfolglos. Da andere Hilfsmittel nicht zur Verfügung stehen, so muß die indirekte Beweisform angewandt werden.

Beweis. Vor. Es sei $\sphericalangle B > \sphericalangle C$.

Beh. Es ist $AC > AB$.

Von den beiden Möglichkeiten, die außer der behaupteten Beziehung denkbar sind, führt

die erste $AC = AB$ zu der Folgerung $\sphericalangle B = \sphericalangle C$ (IX b),

und die andere $AC < AB$ „ „ „ $\sphericalangle B < \sphericalangle C$ (Teil a dieses Zusatzes). Da beide Folgerungen der Vor. widersprechen, und somit die Annahmen $AC = AB$ und $AC < AB$ unzulässig sind, so bleibt nur übrig, daß $AC > AB$ ist.

Wink 8. Um zu beweisen, daß $\begin{Bmatrix}\text{ein Winkel}\\\text{eine Seite}\end{Bmatrix}$ größer ist als $\begin{Bmatrix}\text{ein anderer,}\\\text{eine andere,}\end{Bmatrix}$ kann man beide in ein Dreieck bringen und zu beweisen suchen, daß $\begin{Bmatrix}\text{er der größeren Seite}\\\text{sie dem größeren Winkel}\end{Bmatrix}$ gegenüber liegt.

39. Übungssätze zur Anwendung des Lehrsatzes **IX.**

Für das gleichschenklige Dreieck gelten die Sätze:

a) Der Winkel an der Grundlinie ist stets kleiner als 1 R.

b) **Satz 31.** Der Außenwinkel an der Spitze ist doppelt so groß wie ein Winkel an der Grundlinie.

c) Die Halbierungslinie des Außenwinkels an der Spitze ist parallel zu der Grundlinie.

d) Jede Parallele zur Grundlinie, welche die Schenkel trifft, schneidet ein gleichschenkliges Dreieck von dem gegebenen Dreieck ab.

e) Jede Parallele zu einem Schenkel, welche den anderen trifft, schneidet ein gleichschenkliges Dreieck ab.

f) Die Halbierungslinien der Winkel an der Grundlinie sind die Schenkel eines gleichschenkligen Dreiecks.

g) Wird der Winkel an der Spitze halbiert und ein Punkt der Halbierungslinie mit den Endpunkten der Grundlinie verbunden, so entsteht ein gleichschenkliges Dreieck.

h) Die Lote von den Endpunkten der Grundlinie auf die gegenüber liegenden Schenkel sind gleichgroß. (Beweis nach Kz. I, Zuf.)

i) Die Verbindungslinien der Endpunkte der Grundlinie mit den Mittelpunkten der gegenüber liegenden Schenkel sind gleichgroß. (Beweis nach Kz. II.)

Mit Benutzung des Zusatzes zu Lehrsatz IX können die Sätze bewiesen werden:

Satz 32. Der Abstand eines Punktes von einer Geraden ist kleiner als jede andere von dem Punkte nach derselben gezogene Verbindungslinie.

Satz 33. In einem rechtwinkligen (stumpfwinkligen) Dreieck ist die dem rechten (stumpfen) Winkel gegenüber liegende Seite größer als jede der beiden anderen.

Erklärung: Das Lot von einer Ecke auf die gegenüber liegende Dreiecksseite wird Höhe des Dreiecks genannt. Zu jeder Seite gehört eine Höhe.

Satz 34. Die zu einer Dreiecksseite gehörige Höhe ist kleiner als jede der beiden anderen Seiten.

Satz 35. Die Summe zweier Seiten eines Dreiecks ist größer als die dritte.

Entw. des Bew. (für $(AB + AC) > BC$). Die Form der Behauptung verlangt die Herstellung der Summe $AB + AC$. Ist nun AC an AB von A aus angetragen und dadurch die Strecke BD gleich $AB + AC$ geworden, so hat man nach Wink 8 zu zeigen, daß in dem Dreieck BDC, das durch die Verbindung der Punkte D und C entsteht, der Winkel BCD größer ist als der Winkel BDC. Eine Vor. ist nicht vorhanden, und demnach muß die Ungleichheit $\sphericalangle BCD > \sphericalangle BDC$ aus der ausgeführten Zeichnung (gleichschenkliges Dreieck!) abgeleitet werden.

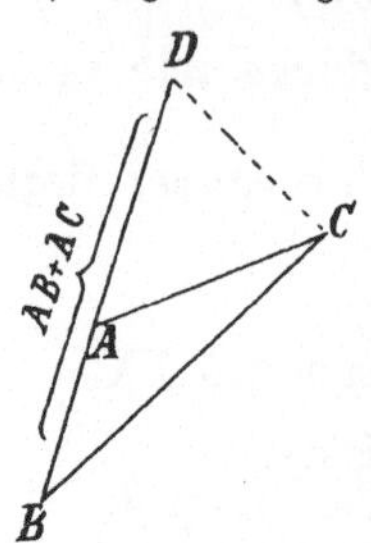

Aus Satz 35 kann durch Rechnung abgeleitet werden:

Satz 36. Die Differenz zweier Seiten eines Dreiecks ist stets kleiner als die dritte.

Den geometrischen Beweis liefert die folgende

Entw. des Bew. Die Form der Behauptung $(BC - AB) < AC$ verlangt die Herstellung der Differenz $BC - AB$ und dann der Wink 8 den Vergleich der beiden Winkel CAD und ADC des Dreiecks ADC, das durch die Verbindung der Punkte A und D entsteht. Da in dem gleichschenkligen Dreieck BAD der Winkel BDA stets kleiner als 1 R, sein Nw. ADC also ein stumpfer ist, so ergiebt sich die Richtigkeit des Satzes entweder nach Satz 33 oder nach Zusatz zu Lehrsatz IX.

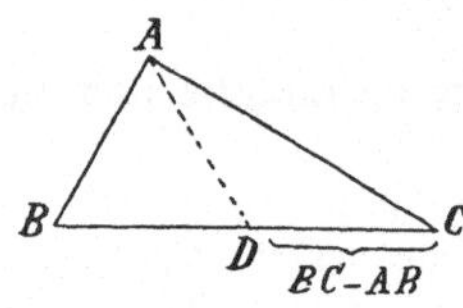

Durch Benutzung der beiden vorhergehenden Sätze läßt sich der Satz gewinnen:

Satz 37. Verbindet man einen Punkt im Innern eines Dreiecks mit den Endpunkten einer Seite, so ist die Summe der Verbindungslinien kleiner als die Summe der beiden anderen Dreiecksseiten.

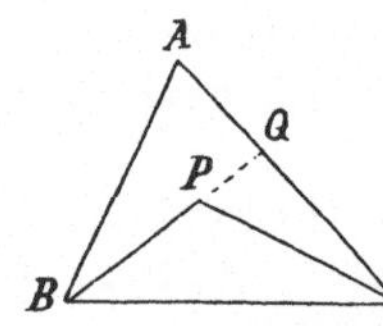

Die Ableitung geschieht in folgender Weise: Man verlängert die Strecke BP, bis sie sich in Q mit der Seite AC schneidet, und wendet bei dem Dreieck BAQ den Satz 35 und bei dem Dreieck CPQ den Satz 36 an. Man erhält dann:

$$1.\ (AB + AQ) > (BP + PQ),$$
$$2.\ (PQ + QC) > PC,$$

und somit $(AB + AQ + PQ + QC) > (BP + PQ + PC),$
$$\text{und da } PQ = PQ,$$

so folgt durch Subtraktion:

$$(AB + AQ + QC) > (PB + PC),$$
$$\text{d. h. } (AB + AC) > (PB + PC).$$

Aufgabe. Verbinde P auch mit A und beweise dann (mit Benutzung des Satzes 37), daß $(AB + AC + BC) > (PA + PB + PC)$ ist.

40. Zwei gleichschenklige Dreiecke. (Drachensatz.)

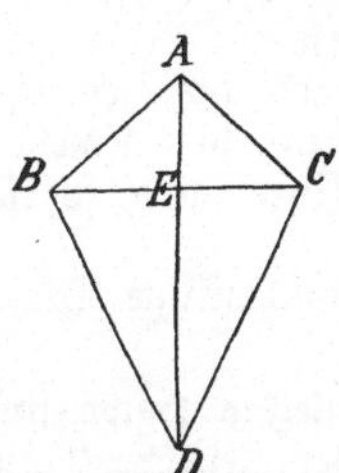

Wird über der Grundlinie BC eines gleichschenkligen Dreiecks ABC ein zweites gleichschenkliges Dreieck DBC gezeichnet, dessen Spitze D mit der Spitze A auf verschiedenen Seiten von BC liegt, und wird die Verbindungslinie AD gezogen, so läßt die Figur erkennen, daß die auf den beiden Seiten von AD liegenden Dreiecke kongruent sind, daß die Grundlinie sowie die Winkel an den Spitzen halbiert sind und daß AD senkrecht auf BC steht. Die Anschauung führt damit zu dem

Lehrsatz X. Die Verbindungslinie der Spitzen zweier über derselben Grundlinie stehenden gleichschenkligen Dreiecke

a) **bestimmt mit den Schenkeln zwei kongruente Dreiecke,**

b) **halbiert die Winkel an den Spitzen,**

c) **steht senkrecht auf der Grundlinie und**

d) **halbiert dieselbe.**

Entw. des Bew. Zum Beweise der Kongruenz ist nur Kz. II verwendbar, dessen Bedingungen zum Teil in der Vor. enthalten und zum Teil aus derselben nach G. IV mit Hilfe des Lehrsatzes IX ableitbar sind. Die Behauptung b) ist eine Folge der Behauptung a). Dasselbe gilt nach Folg. 5, Lehrs. VI von der Behauptung c). Der Teil d) verlangt den Beweis für die Kongruenz der Dreiecke BAE und CAE, der nach Kz. I und auch nach Kz. II geführt werden kann.

Beweis. Da $AB = AC$, also auch $\sphericalangle ABC = \sphericalangle ACB$,

und $DB = DC$, also auch $\sphericalangle DBC = \sphericalangle DCB$,

und somit $\sphericalangle ABD = \sphericalangle ACD$ nach G. IV ist, so sind die Bedingungen des Kz. II erfüllt, und demnach ist

a) $\triangle ABD \cong \triangle ACD$.

Daraus folgt $\sphericalangle BAD = \sphericalangle CAD$ und $\sphericalangle BDA = \sphericalangle CDA$, d. h. b) die Winkel A und D sind halbiert.

Ferner stimmen nun die Dreiecke BAE und CAE in zwei Winkeln überein, und daher ist $\sphericalangle AEB = \sphericalangle AEC$, also $\sphericalangle AEB = 1$ R, und folglich c) $AD \perp BC$.

Schließlich ist jetzt in den Dreiecken BAE und CAE entweder

$$AB = AC, \text{ oder } \sphericalangle BAE = \sphericalangle CAE,$$
$$\sphericalangle ABE = \sphericalangle ACE, \qquad AB = AC,$$
$$\sphericalangle BAE = \sphericalangle CAE, \qquad AE = AE,$$

und somit $\triangle BAE \cong \triangle CAE$ nach Kz. I oder Kz. II.

Daraus folgt d) $BE = CE$.

Anmerkung. Eine Änderung in den Beziehungen tritt nicht ein, wenn D mit A auf derselben Seite von BC liegt.

Erklärung. Die Ähnlichkeit der Figur mit einem Drachen (Spielzeug!) giebt Veranlassung, den Lehrsatz X als Drachensatz zu bezeichnen.

41. Aufgaben.

Der Inhalt des Drachensatzes gestattet, ohne Benutzung des Maßstabes und Gradmessers die folgenden (Grund=) Aufgaben auszuführen.

Aufgabe 33. Eine Strecke AB zu halbieren.

Auflösung. In der Figur des Drachensatzes wird die gemeinschaftliche Grundlinie halbiert. Kann man also die Figur dieses Lehrsatzes so herstellen, daß AB die gemeinschaftliche Grundlinie wird, so ist die Aufgabe gelöst.

Zeichnung. Man errichtet über AB zwei gleichschenklige Dreiecke und verbindet deren Spitzen mit einander.

Anmerkung 1. Durch zwei um A und B mit demselben Halbmesser beschriebene Kreise, die sich schneiden, werden die Spitzen der gleichschenkligen Dreiecke am einfachsten bestimmt.

Anmerkung 2. Die Lösung der Aufgabe 33 liefert gleichzeitig das Mittellot der Strecke AB.

Aufgabe 34. Einen Winkel A zu halbieren.

Auflösung. Nach dem Drachensatze wird der Winkel A halbiert, wenn die Figur so hergestellt wird, daß A einer der Winkel an den Spitzen ist.

Zeichnung. Auf den Schenkeln des Winkels A mißt man die beiden gleichen Stücke AB und AC ab, verbindet B mit C und errichtet über BC ein zweites gleichschenkliges Dreieck DBC. Die Verbindungslinie DA halbiert dann den Winkel A.

Aufgabe 35. In einem Punkte P einer Geraden AB das Lot auf derselben zu errichten.

Auflösung. Das Lot in P bildet mit AB zwei rechte Winkel, und da ein rechter Winkel die Hälfte eines flachen ist, so besteht die Aufgabe darin, den flachen Winkel APB zu halbieren. S. Aufg. 34.

Anmerkung. Damit ist gleichzeitig die Aufgabe gelöst, mit Hilfe des Zirkels und Lineals einen rechten Winkel zu zeichnen. Durch weitere Halbierungen erhält man 45^0, $22^1/_2{}^0$ u. s. w. Ebenso lassen sich aus 60^0 (gleichseitiges Dreieck!) durch Halbierungen die Winkel von 30^0, 15^0, $7^1/_2{}^0$ u. s. w. herstellen.

Aufgabe 36. Von einem Punkte P außerhalb einer Geraden AB das Lot auf dieselbe zu fällen.

Auflösung. In der Figur zum Drachensatze steht die Verbindungslinie der Spitzen senkrecht auf der gemeinschaftlichen Grundlinie. Läßt sich also bewirken, daß P die Spitze eines gleichschenkligen Dreiecks wird, dessen Grundlinie auf AB liegt (Aufgabe 4), so hat man über dieser Grundlinie ein zweites gleichschenkliges Dreieck zu zeichnen und dessen Spitze mit P zu verbinden, um das verlangte Lot herzustellen.

Zeichnung. Man beschreibt um P einen Kreis, der AB in den Punkten Q und R schneidet, errichtet über QR ein gleichschenkliges Dreieck und verbindet die Spitze desselben mit P.

Aufgabe 37. Durch einen Punkt P außerhalb einer Geraden AB die Parallele zu AB zu ziehen.

Auflösung. Zwei Geraden sind parallel, wenn sie mit einer dritten Geraden z. B. gleiche W. W. bilden. Die Größe dieser Winkel ist beliebig, kann also auch gleich R angenommen werden. Fällt man demnach von P auf AB das Lot PQ und errichtet dann in P auf PQ das Lot PR (Aufgabe 35), so ist $PR \parallel AB$.

Weitere Aufgaben.

Aufgabe 38. Einen rechten Winkel in drei gleiche Teile zu zerlegen.

Aufgabe 39. Einen Winkel von 120^0, 135^0, 150^0, 165^0, 105^0, $67^1/_2{}^0$, $52^1/_2{}^0$ zu zeichnen.

Aufgabe 40. Ein Dreieck ABC zu zeichnen, in welchem

$$AB = 5 \text{ cm}, \quad \angle A = 90^0, \quad \angle B = 60^0,$$
oder $$AB = 6 \text{ cm}, \quad \angle A = 45^0, \quad \angle B = 105^0,$$
oder $$AB = 4 \text{ cm}, \quad \angle A = 67^1/_2{}^0, \quad \angle B = 82^1/_2{}^0 \text{ ist.}$$

Aufgabe 41. Ein gleichschenkliges Dreieck zu zeichnen, in welchem der Winkel an der Spitze $52^1/_2{}^0$ und der Schenkel 5 cm groß ist.

Aufgabe 42. Ein gleichschenkliges Dreieck zu zeichnen, dessen Grundlinie 8 cm und dessen Winkel an der Grundlinie $37^1/_2{}^0$ (oder dessen Winkel an der Spitze 75^0) groß ist.

10. Kapitel.

Die Kongruenzsätze III und IV.

42. Beweis zu Kz. III und Kz. IV.

Nach dem Zusatze zu Lehrsatz IX liegt der größeren von zwei Seiten eines Dreiecks der größere Winkel gegenüber. Der Winkel, welcher in einem Dreieck der kleineren von zwei Seiten gegenüber liegt, ist daher stets ein spitzer, und demnach kann man den dritten der in Nr. 35 gewonnenen Sätze in der folgenden Form aussprechen:

Lehrsatz XI. Kz. III. Stimmen zwei Dreiecke überein in der Größe zweier entsprechenden Seiten und des Gegenwinkels der größeren, so sind sie kongruent.

Unter der Annahme $AC > AB$ und $DF > DE$ lautet die

Vor. Es sei $DE = AB$, $\angle E = \angle B$, $DF = AC$.

Beh. Es ist $\triangle DEF \cong \triangle ABC$.

Entw. des Bew. Dem bei Kz. I und Kz. II angewandten Verfahren entsprechend, kann man das Dreieck DEF so auf ABC legen, daß der Punkt E auf B, die Seite ED auf BA und wegen der Gleichheit der Seiten DE und AB auch der Punkt D auf A fällt. Es liegt dann auch die Seite EF auf BC, weil $\angle E = \angle B$ ist. Da aber die Vor. weder über das Größenverhältnis der Seiten EF und BC, noch über die Winkel D und A etwas aussagt, so kann nicht bewiesen werden, daß auch die dritten Ecken, und ebenso nicht, daß die dritten Seiten zusammenfallen, und demnach ist ein Beweis der Kongruenz durch Deckung nicht möglich. Man muß daher versuchen, aus der Vor. die Bedingungen zu einem bereits bewiesenen Satze abzuleiten. Legt man aber das Dreieck DEF so an das Dreieck ABC, daß die Seite DF auf AC, der Punkt D auf A und wegen der Gleichheit der Seiten DF und AC auch der Punkt F auf C fällt, und verbindet man dann E mit B, so weist die Figur auf den Drachensatz hin. Man hat daher zum Beweise der Kongruenz aus der Vor. die Bedingungen des Drachensatzes abzuleiten.

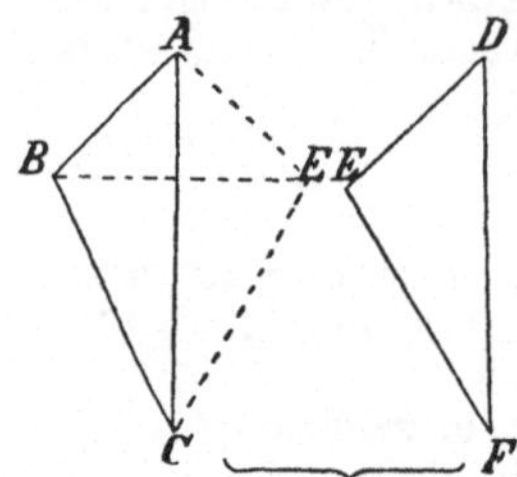

Beweis. Ist das Dreieck DEF in der angegebenen Weise an das Dreieck ABC gelegt und E mit B verbunden, so ist das Dreieck ABE gleichschenklig, also

$$\angle AEB = \angle ABE.$$

Da aber nach der Vor.

$$\angle AEC = \angle ABC,$$

so ergiebt die Anwendung des G. IV:

$$\angle CEB = \angle CBE,$$

und somit ist nach Lehrsatz IX a

$$CE = CB.$$

Es stehen also über BE zwei gleichschenklige Dreiecke, und daher ist nach Lehrsatz Xa $\triangle AEC \cong \triangle ABC$, also auch $\triangle DEF \cong \triangle ABC$.

Lehrsatz XII. Kz. IV. Stimmen zwei Dreiecke überein in der Größe aller entsprechenden Seiten, so sind sie kongruent.

Entw. des Bew. Ein Deckungsbeweis ist auch hier nicht ausführbar. Man kann zwar das zweite Dreieck so auf das erste legen, daß z. B. die Seite DE auf AB, der Punkt D auf A, und weil $DE = AB$ ist, auch der Punkt E auf B fällt; allein da die Vor. eine Beziehung zwischen den Winkeln D und A, sowie zwischen E und B nicht enthält, so läßt sich das Zusammenfallen der zweiten Schenkel dieser Winkelpaare nicht beweisen, und folglich auch nicht die Deckung der dritten Eckpunkte. Die weitere Entwicklung wie bei Kz. III. Die Bedingungen des Drachensatzes folgen ohne weiteres aus der Vor.

Anmerkung 1. Die Beweise zu Kz. III und Kz. IV können auch mit Benutzung des Kz. II geführt werden.

Anmerkung 2. Kz. IV ist nicht anwendbar, wenn die Gleichheit zweier Strecken bewiesen werden soll.

43. Übungsbeispiele zu Kz. III und Kz. IV.

Wird in einem gleichschenkligen Dreieck die zur Grundlinie gehörige Höhe gefällt, so lehrt die Anschauung, daß durch die Höhe die Grundlinie und der Winkel an der Spitze halbiert wird, und führt somit zu

Satz 38. In einem gleichschenkligen Dreieck halbiert die zur Grundlinie gehörige Höhe den Winkel an der Spitze und die Grundlinie.

Entw. des Bew. Den Beweis für den ersten Teil der Behauptung liefert die Lösung der Aufgabe 27. Für den zweiten Teil ist nach Wink 7 zu verfahren, also die Kongruenz der beiden neben der Höhe liegenden Dreiecke zu beweisen. Die Benutzung des Kz. III, dessen Bedingungen aus der Vor. mit Anwendung des G. I und G. III abgeleitet werden können, führt am einfachsten zum Ziele.

Erklärung: Die Verbindungslinie einer Ecke mit dem Mittelpunkte der gegenüber liegenden Dreiecksseite heißt Mittellinie. Zu jeder Seite gehört eine Mittellinie.

2. Wird weiter*) die Spitze eines gleichschenkligen Dreiecks mit dem Mittelpunkte der Grundlinie verbunden, so leitet die Figur (s. Fig. zu Satz 38) zu dem

Satz 39. In einem gleichschenkligen Dreieck steht die zur Grundlinie gehörige Mittellinie senkrecht auf der Grundlinie und halbiert den Winkel an der Spitze.

Entw. des Bew. Vor. Es sei $AB = AC$ und $BD = CD$.

Beh. Es ist $AD \perp BC$ und $\sphericalangle BAD = \sphericalangle CAD$.

Nach Wink 1 ist zunächst zu beweisen, daß $\sphericalangle ADB = \sphericalangle ADC$ ist. Bei der Lage der Winkel muß zu dem Zwecke gezeigt werden, daß $\triangle ADB \cong \triangle ADC$ ist. Da dann aber auch $\sphericalangle BAD = \sphericalangle CAD$ ist, so genügt diese Kongruenz für beide Behauptungen. Am bequemsten gestaltet sich die Anwendung des Kz. IV; indessen kann auch Kz. II benutzt werden.

Da in einem Punkte einer Geraden nur ein Lot auf derselben möglich ist, also das Mittellot der Grundlinie BC des gleichschenkligen Dreiecks ABC nach Satz 38 mit der Höhe AD zusammenfallen muß, so ergiebt sich der

Zusatz zu Satz 38 oder 39. In einem gleichschenkligen Dreieck geht das Mittellot der Grundlinie stets durch die Spitze.

und hieraus die

Folgerung. Die Spitzen aller über derselben Grundlinie stehenden gleichschenkligen Dreiecke liegen auf dem Mittellote der Grundlinie.

In Verbindung mit Satz 30 führt diese Folgerung zu dem

Geometr. Ort 3. Das Mittellot einer Strecke ist der geometrische Ort für alle Punkte, die von den beiden Endpunkten der Strecke gleichweit entfernt sind.

3. Wird schließlich in einem gleichschenkligen Dreieck der Winkel an der Spitze halbiert, so leitet die Figur zu

Satz 40. In einem gleichschenkligen Dreieck steht die Halbierungslinie des Winkels an der Spitze senkrecht auf der Grundlinie und halbiert dieselbe.

---

*) Die Sätze 39 und 40 sind natürlich als Folgerungen aus Satz 38 anzusehen (s. Satz 41). Hier dienen sie lediglich als Übungsbeispiele.

Entw. des Bew. Vor. Es sei $AB = AC$ und $\angle BAD = \angle CAD$.
Beh. Es ist $AD \perp BC$ und $BD = CD$.

Den Beweis für den ersten Teil der Behauptung liefert die Lösung der Aufgabe 26. Für den zweiten Teil ist nach Wink 7 die Kongruenz der Dreiecke ADB und ADC aus der Vor. abzuleiten. Zur Verwendung können Kz. I, Kz. II und nach einem kleinen Umwege auch Kz. III gelangen.

Die Sätze 38—40 können mit dem Zus. zu Satz 38 vereinigt werden in dem folgenden

Satz 41. In einem gleichschenkligen Dreieck sind
a) das zur Grundlinie gehörige Mittellot,
b) die „ „ „ Mittellinie,
c) die „ „ „ Höhe
und d) die Halbierungslinie des Winkels an der Spitze stets dieselbe Linie.

4. Auf den Schenkeln eines Winkels A werden gleichlange Lote errichtet und durch die Endpunkte derselben Parallelen zu den Schenkeln gezogen, auf denen sie senkrecht stehen. Wird dann der Schnittpunkt P dieser Parallelen mit der Spitze A verbunden, so lehrt die Anschauung, daß die Verbindungslinie PA den Winkel A halbiert, und leitet damit zu

Satz 42. Sind die Abstände eines Punktes von den Schenkeln eines Winkels gleichgroß, so liegt der Punkt auf der Halbierungslinie des Winkels.

Entw. des Bew. Vor. Es sei $PQ \perp AQ$, $PR \perp AR$, $PQ = PR$.
Beh. Es ist $\angle PAQ = \angle PAR$.

Bei der Lage der Winkel ist nach Wink 6 zu verfahren und die Kongruenz der Dreiecke PAQ und PAR zu beweisen. Man weiß, daß die Winkel PQA und PRA rechte sind; man weiß ferner, daß die Lote gleichlang sind und daß PA beiden Dreiecken angehört, und kann daraus die Bedingungen des Kz. III leicht ableiten.

Die Verbindung dieses Satzes mit Satz 29 liefert den

Geometr. Ort 4. Die Halbierungslinie eines Winkels ist der geometrische Ort für alle Punkte, welche von seinen Schenkeln gleichen Abstand haben.

Anmerkung. Zwei sich schneidende Geraden bilden mit einander vier Winkel, deren Halbierungslinien ein sich rechtwinklig schneidendes Geradenkreuz (Satz 8) zusammensetzen. Dieses Geradenkreuz enthält alle Punkte, welche von den beiden ersten Geraden gleichweit entfernt sind.

5. Durch Umkehrung des Satzes 23 erhält man:
Satz 43. Sind in einem Viereck die gegenüber liegenden Seiten paarweis gleichgroß, so sind sie auch paarweis parallel.

Entw. des Bew. Vor. Es sei $AB = CD$ und $AD = BC$.
Beh. Es ist $AB \parallel CD$ und $AD \parallel BC$.

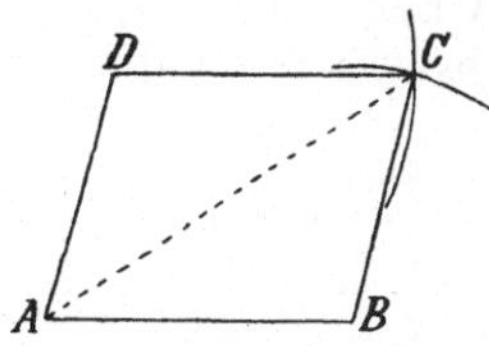

Nach Wink 2 hat man zu zeigen, daß die Geraden AB und CD mit einer dritten Geraden gleiche Gl. W. oder W. W. bilden, und dasselbe gilt von den Geraden AD und BC. Nimmt man als schneidende Gerade für beide Paare eine der Diagonalen, etwa AC, so muß man beweisen, daß $\angle BAC = \angle DCA$ und $\angle BCA = \angle DAC$ ist. Dies kann nach Wink 6 dadurch geschehen, daß man die Kongruenz der beiden Dreiecke ABC und CDA nachweist. Anwendbar ist nur Kz. IV, da Kz. I, Kz. II und Kz. III die Gleichheit von Winkeln bereits voraussetzen und hier alle Winkel unbekannt sind.

6. Auch der Satz 28 kann umgekehrt werden und führt dann zu

Satz 44. Sind alle Seiten eines Vierecks gleichgroß, so stehen seine Diagonalen senkrecht auf einander und halbieren sich gegenseitig.

Entw. des Bew. Vor. Es sei $AB = BC = CD = DA$.
Beh. Es ist $AC \perp BC$, $AO = CO$ und $BO = DO$.

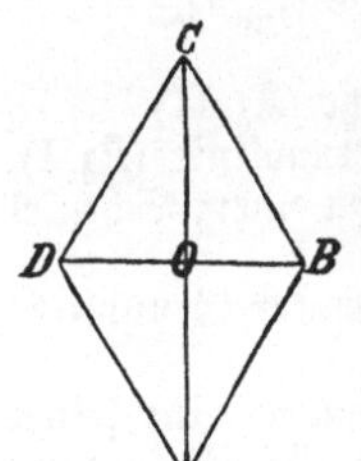

Die Figur erinnert an den Drachensatz, dessen Anwendung am bequemsten zum Ziele führt. Die Bedingungen desselben sind in der Vor. erfüllt, einerlei ob man A und C oder B und D als Spitzen der gleichschenkligen Dreiecke wählt. Nach Teil c) des Lehrs. X ist deshalb $AC \perp BD$ und nach Teil d) $AO = CO$, sowie $BO = DO$.

7. Wenn in der Figur des Satzes 27 die beiden Diagonalen gleichgroß gezeichnet werden, so lehrt die Anschauung, daß nicht nur die gegenüber liegenden, sondern auch die auf einander folgenden Winkel gleichgroß sind. Da nun die Summe aller Winkel eines Vierecks 4 R beträgt, so ist jeder der unter einander gleichen Winkel ein rechter, und somit ergiebt sich der

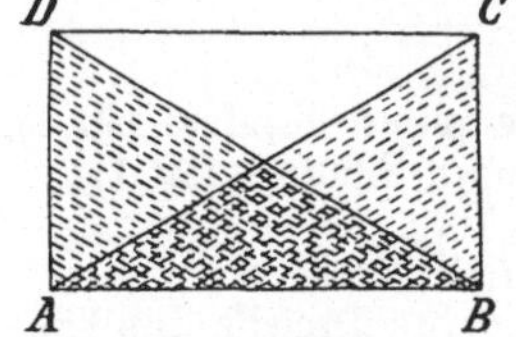

Satz 45. Sind in einem Viereck mit paarweis gleichen (und deshalb nach Satz 43 auch paarweis parallelen) Gegenseiten die Diagonalen gleichgroß, so sind alle Winkel desselben rechte Winkel.

Entw. des Bew. Vor. Es sei $AB = CD$, $AD = BC$ und $AC = BD$.
Beh. Es ist $\angle A = \angle B = \angle C = \angle D = R$.

Da $\angle C = \angle A$ und $\angle D = \angle B$ ist (Satz 18), so genügt es, zu beweisen, daß $\angle A = \angle B = R$ ist. Nun sind A und B Erg. W. bei den Parallelen AD und BC. Nach Lehrs. IV ist daher $A + B = 2R$, und demnach bleibt der Nachweis zu liefern, daß $\angle A = \angle B$ ist. Bei der Lage der Winkel kann nur nach Wink 6 verfahren werden. Die beiden

Winkel liegen in den Dreiecken BAD und ABC den gleichen Seiten BD und AC gegenüber und sind deshalb gleichgroß, wenn diese Dreiecke kongruent sind. Zur Verwendung kann nur Kz. IV ($AB = AB$, $AD = BC$ und $BD = AC$) gelangen, da die Beziehungen zwischen den entsprechenden Winkeln sämtlich unbekannt sind.

Die Umkehrung des vorhergehenden Satzes lautet:

Satz 46. Sind die Winkel in einem Viereck mit paarweis parallelen Gegenseiten rechte Winkel, so sind die Diagonalen gleichgroß.

Der Beweis dieses Satzes wird mit Benutzung derselben Dreiecke ABC und BAD durch Anwendung des Kz. II geliefert.

44. Übungsbeispiele zu Kz. I bis Kz. IV.

1. Für das gleichschenklige Dreieck gelten die folgenden, leicht zu beweisenden Sätze:

Satz 47. Gleichschenklige Dreiecke sind kongruent, wenn sie übereinstimmen in der Größe

    a) der Grundlinie und eines Winkels an der Grundlinie (Kz. I),
    b) der Grundlinie und des Winkels an der Spitze (Kz. I),
    c) der Grundlinie und eines Schenkels (Kz. IV),
    d) eines Schenkels und des Winkels an der Spitze (Kz. II),
    e) eines Schenkels und eines Winkels an der Grundlinie (Kz. I),
    f) der Grundlinie und der zur Grundlinie oder zu einem Schenkel
       gehörigen Höhe (Kz. II und Kz. I),
    g) eines Schenkels und der zu einem Schenkel oder der Grundlinie
       gehörigen Höhe (Kz. III).

Satz 47a. Ein Dreieck ist gleichschenklig, wenn a) eine seiner Höhen mit der zugehörigen Mittellinie zusammenfällt (Kz. II) und b) zwei seiner Höhen gleichgroß sind (Kz. III).

2. Für das rechtwinklige Dreieck gelten die Sätze:

Satz 48. Rechtwinklige Dreiecke sind kongruent, wenn sie übereinstimmen in der Größe

    a) der beiden Katheten (Kz. II),
    b) einer Kathete und des ihr anliegenden spitzen Winkels (Kz. I),
    c) einer Kathete und des gegenüber liegenden Winkels (Kz. I),
    d) der Hypotenuse und einer Kathete (Kz. III),
    e) der Hypotenuse und eines spitzen Winkels (Kz. I).

Folgerung aus 48b oder c. Gleichseitige Dreiecke sind kongruent, wenn sie in der Größe einer Höhe übereinstimmen.

3. **Satz 49.** Sind in einem Viereck zwei gegenüber liegende Seiten parallel und zwei gegenüber liegende Winkel gleichgroß, so ist auch das zweite Paar der gegenüber liegenden Seiten parallel.

Die Entwicklung führt dazu, die Diagonale, welche den gleichen Winkeln gegenüber liegt, zu ziehen und dann Kz. I, Zus. zu benutzen.

Satz 50. Wird ein Viereck durch jede seiner Diagonalen

in zwei kongruente Dreiecke zerlegt, so sind seine gegen=
über liegenden Winkel paarweis gleich und seine gegenüber
liegenden Seiten paarweis parallel.

Der Satz ist ein Übungsbeispiel zur Bestimmung der entsprechenden
Stücke in zwei kongruenten Dreiecken.

45. Aufgaben.

Aufgabe 43. (Grund=Aufgabe). In einem gegebenen Punkte P
einer Geraden G. (ohne Benutzung des Gradmessers) einen ge=
gebenen Winkel α an dieselbe anzulegen.

Auflösung. Angenommen, die Zeichnung sei ausgeführt, so muß nach=
gewiesen werden können, daß der angelegte Winkel QPR gleich α ist. Bei
der beliebigen Lage des Winkels α kann
dieser Beweis nur nach Wink 6 geliefert
werden. Demnach hat man zwei kongruente
Dreiecke herzustellen, in denen α und QPR
als entsprechende Winkel vorkommen. Dieser
Forderung genügt man, wenn man die
Schenkel des Winkels α durch eine Gerade
in den Punkten B und C schneidet und das

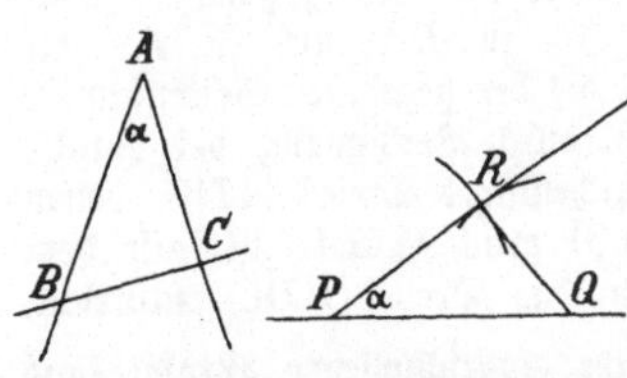

Dreieck ABC noch einmal so zeichnet, daß P der Ecke A entspricht und die
AB entsprechende Seite auf der gegebenen Geraden liegt. Zur Anwendung
kann nur Kz. IV gelangen, und daher ist das zweite Dreieck so herzustellen,
daß es mit ABC in der Größe aller Seiten übereinstimmt. Werden die
Punkte B und C so gewählt, daß $AB = AC$ ist, so erhält man hiernach die

Zeichnung. Man beschreibt um den Scheitelpunkt A des Winkels α
einen Kreis, der die Schenkel in B und C trifft, schlägt um P mit demselben
Halbmesser einen Kreis, der die Gerade in Q schneidet, zeichnet dann um Q
mit dem Halbmesser BC einen weiteren Kreis, der den um P beschriebenen
Kreis in R trifft, und verbindet schließlich R mit P.

Aufgabe 44. Durch einen Punkt P außerhalb einer Geraden AB
(ohne Benutzung des Gradmessers) die Parallele zu derselben zu ziehen.

Auflösung. Nach Lehrsatz III sind zwei Geraden parallel, wenn sie
mit einer dritten Geraden gleiche Gl. W. bilden. Zieht man also durch P
eine Gerade, welche AB schneidet, und legt einen der entstandenen Winkel in
P an die schneidende Gerade so an, daß Gl. W. entstehen, so ist der zweite
Schenkel des angelegten Winkels die gesuchte Parallele.

Erklärung. Zur Abkürzung sollen bei dem Dreieck ABC bezeichnet werden

die Seite BC mit a, AC mit b, AB mit c,

der Winkel A mit α, B mit β, C mit γ,

die Höhe zu BC mit h_a, zu AC mit h_b, zu AB mit h_c,

die Mittellinie zu BC mit m_a, zu AC mit m_b, zu AB mit m_c,

und entsprechend die drei Winkelhalbierenden mit w_α, w_β, w_γ.

Aufgabe 45. Ein Dreieck zu zeichnen aus a, β, γ.

Aufgabe 46. Ein Viereck mit paarweis parallelen Gegenseiten zu
zeichnen aus

1. zwei (benachbarten) Seiten und dem Winkel zwischen denselben,

2. zwei (benachbarten) Seiten und einer Diagonale,

3. einer Seite und den beiden Diagonalen (Satz 27),

4. den beiden Diagonalen und dem von ihnen gebildeten Winkel.

Aufgabe 47. Ein gleichschenkliges Dreieck zu zeichnen aus der Grundlinie und der dazu gehörigen Höhe (Ort 2 und 3).

Aufgabe 48. Ein gleichseitiges Dreieck aus der Höhe zu zeichnen.

Aufgabe 49. Ein rechtwinkliges Dreieck zu zeichnen aus

1. den beiden Katheten,

2. einer Kathete und der Hypotenuse,

3. einer Kathete und einem der spitzen Winkel,

4. der Hypotenuse und einem der spitzen Winkel.

Aufgabe 50. Ein Dreieck zu zeichnen aus a, $b + c = s$, α.

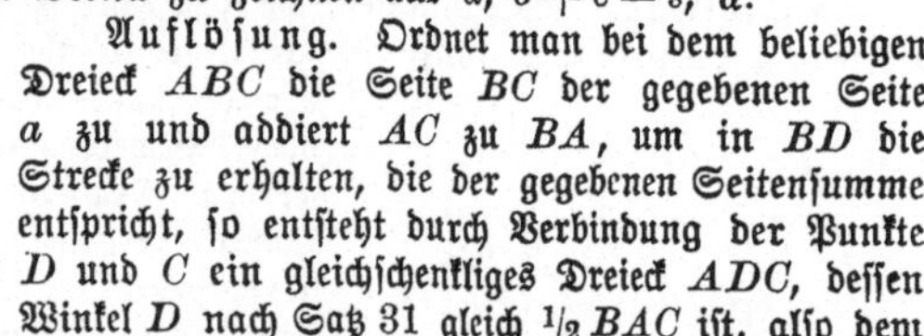

Auflösung. Ordnet man bei dem beliebigen Dreieck ABC die Seite BC der gegebenen Seite a zu und addiert AC zu BA, um in BD die Strecke zu erhalten, die der gegebenen Seitensumme entspricht, so entsteht durch Verbindung der Punkte D und C ein gleichschenkliges Dreieck ADC, dessen Winkel D nach Satz 31 gleich $\frac{1}{2} BAC$ ist, also dem Winkel $\frac{\alpha}{2}$ entspricht. Von dem Dreieck, dem das Dreieck BDC entspricht, kennt man also zwei Seiten und einen der nicht eingeschlossenen Winkel, und demnach kann dasselbe gezeichnet werden. (Stelle $BD = s$ her, lege in D an DB den Winkel $\frac{\alpha}{2}$ an und beschreibe den Kreis B, a, der den zweiten Schenkel des Winkels D in C trifft. Zwei Lösungen.) Sobald BDC gefunden ist, ergiebt sich A durch Anwendung des Ortes 3.

Aufgabe 51. Ein Dreieck zu zeichnen aus a, $b - c = d$, α.

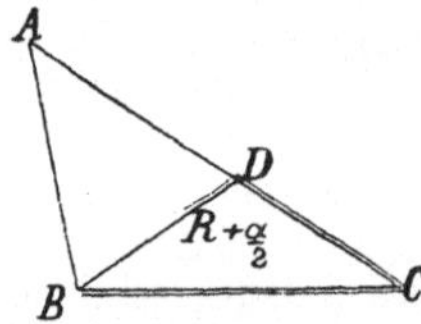

Auflösung. In dem Dreieck ABC möge die Seite BC der Seite a entsprechen. Zieht man AB von AC ab, um in CD die Strecke zu erhalten, die der gegebenen Differenz entspricht, so entsteht durch Verbindung der Punkte D und B das gleichschenklige Dreieck ABD mit der Spitze A, und daher ist der Winkel $BDC = R + \frac{1}{2}A$. Von dem Dreieck, dem BDC entspricht, kennt man also zwei Seiten und einen der nicht eingeschlossenen Winkel. Das weitere wie bei Aufgabe 50. Eine Lösung.

Aufgabe 52. Ein Dreieck zu zeichnen aus $a + b + c = s$, β, γ.

Auflösung. Stellt man bei einem Dreieck ABC die Summe seiner Seiten dadurch her, daß man an BC von B aus die Seite BA und von C

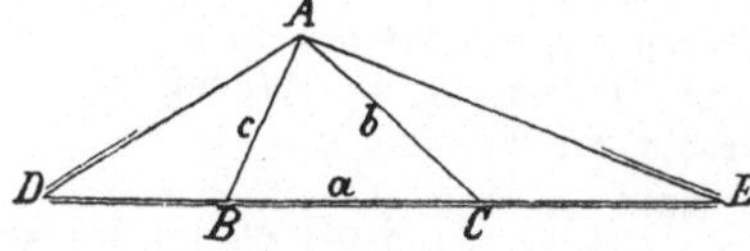

aus die Seite CA anträgt, und verbindet man A mit den neuen Endpunkten D und E, so sind die Dreiecke BDA und CEA gleichschenklig, also $\angle D = \frac{1}{2} B$ und $\angle E = \frac{1}{2} C$. Das Dreieck ADE ist daher bestimmt (Aufgabe 45), und damit sind es auch die Punkte B und C, weil sie die Spitzen der gleichschenkligen Dreiecke sind (Ort 3).

Die geometrischen Örter 1 und 2 gelangen besonders zur Verwendung bei der Lösung der folgenden Aufgaben:

Aufgabe 53. Ein gleichschenkliges Dreieck zu zeichnen aus einem Schenkel und der dazu gehörigen Höhe.

Aufgabe 54. Ein Dreieck zu zeichnen aus 1) a, b, h_a. 2) a, β, h_a. 3) a, h_a, m_a. 4) α, b, h_b. 5) α, b, m_b. 6) α, b, m_c. 7) α, h_b, h_c. 8) α, h_b, m_b. 9) α, h_b, m_c.

Aufgabe 55. Ein Dreieck zu zeichnen aus $b+c$, α, h_c.

S. Aufgabe 50. Der Punkt C ist bestimmt durch h_c und $\sphericalangle D = \dfrac{\alpha}{2}$.

Aufgabe 56. Ein Dreieck zu zeichnen aus $b+c$, α, h_b.

Aufgabe 57. Ein Dreieck zu zeichnen aus $a+b+c$, h_a, β oder γ.

S. Aufgabe 52. Bleibt BC bei der Bildung der Summe liegen, so ergeben sich für A aus h_a und β zwei geometrische Örter.

Eine weitere Reihe von Aufgaben knüpft sich an eine Beziehung an, die zwischen zwei Dreiecksseiten und den zu ihnen gehörigen Höhen besteht. Addiert man nämlich zunächst bei einem Dreieck ABC die Seiten

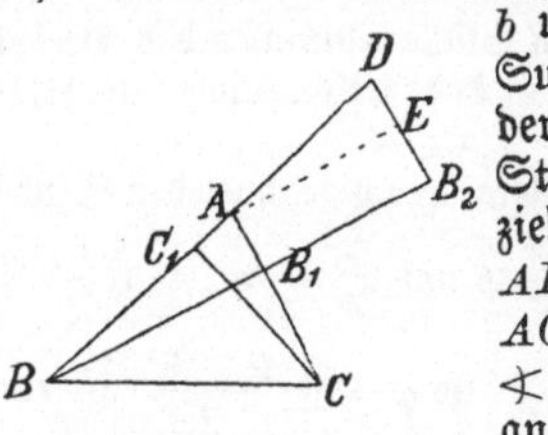

b und c und fällt von dem Endpunkte D der Summe das Lot DB_2 auf (die Verlängerung der Höhe) BB_1, so wird dadurch auf BB_1 ein Stück B_1B_2 begrenzt, das gleich CC_1 ist. Denn zieht man AE parallel zu B_1B_2, so ist zunächst $AE = B_1B_2$ (Satz 23). Da ferner die Dreiecke ACC_1 und ADE nach Kz. I kongruent sind (weil $\sphericalangle C_1 = \sphericalangle E \,(= \mathrm{R})$, $\sphericalangle C_1AC = \sphericalangle D$ (Gl. W. an Parallelen) und $AC = AD$ ist), so ist AE auch gleich CC_1, und daraus folgt die Gleichheit $B_1B_2 = CC_1$. Demnach ist $BB_2 = h_b + h_c$. Aus der angegebenen Kongruenz ergiebt sich ferner die Gleichheit $AC_1 = DE$, und da $EB_2 = AB_1$ ist (Satz 23), so folgt $DB_2 = AC_1 + AB_1$.

Erklärung: Die zu einer Dreiecksseite gehörige Höhe teilt dieselbe in zwei Teile, welche Projektionen der andern Seiten auf die erste genannt werden.

Bezeichnet man die Projektion der Seite a auf b durch p_{ab}, also AB_1 durch p_{cb} und AC_1 durch p_{bc}, so ist $DB_2 = p_{cb} + p_{bc}$. Die Seiten des rechtwinkligen Dreiecks DBB_2 sind demnach gleich $b+c$, $h_b + h_c$, $p_{bc} + p_{cb}$.

Zieht man dagegen AB von AC ab und fällt von dem Endpunkte

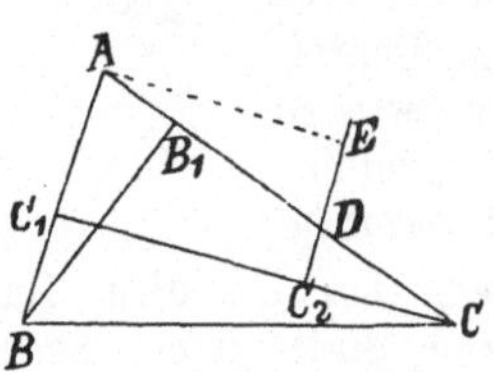

D der Differenz $b-c$ das Lot DC_2 auf CC_1, so wird dadurch auf CC_1 ein Stück C_1C_2 abgeschnitten, das gleich BB_1 ist. Denn zieht man wieder die Parallele AE zu CC_1, so ist zunächst $AE = C_1C_2$ (Satz 23). Da aber die Dreiecke ABB_1 und ADE (weil $\sphericalangle B_1 = \sphericalangle E \,(= \mathrm{R})$, $\sphericalangle A = \sphericalangle D$ (W.W. an Parallelen) und $AB = AD$ ist), kongruent sind, also $BB_1 = AE$ ist, so folgt wiederum $C_1C_2 = BB_1$. Es ist daher $CC_2 = h_c - h_b$. In gleicher Weise ergiebt sich $DC_2 = EC_2 - ED = AC_1 - AB_1 = p_{bc} - p_{cb}$. Die Seiten des rechtwinkl. Dreiecks CDC_2 sind demnach gleich $b-c$, $h_c - h_b$, $p_{bc} - p_{cb}$. Es besteht daher der

Satz 51. Die Summe (Differenz) zweier Dreiecksseiten bildet mit den Summen (Differenzen) der zu ihnen gehörigen Höhen und ihrer Projektionen auf einander ein rechtwinkliges Dreieck. Die Seitensumme (-differenz) ist die Hypotenuse dieses Dreiecks, während der Winkel, welcher der Höhensumme (-differenz) gegenüber liegt, gleich dem von den beiden Seiten eingeschlossenen Winkel ist.

Aufgabe 58. Ein Dreieck zu zeichnen aus 1) $b+c$, h_b, h_c. 2) $b+c$, p_{bc}, p_{cb}. 3) b, c, h_b+h_c. 4) b, c, $p_{bc}+p_{cb}$. 5) b, h_b+h_c, $p_{bc}+p_{cb}$. 6) h_b+h_c, p_{bc}, p_{cb}. 7) h_b, h_c, $p_{bc}+p_{cb}$.

Anleitung zur Lösung. Die gegebenen Stücke bestimmen das Dreieck BDB_2 und einen der Punkte A, B_1 oder E. Der weitere Verlauf der Zeichnung ergiebt sich aus der Eigenschaft der Höhe.

Aufgabe 59. Ein Dreieck zu zeichnen aus 1) $b-c$, h_b, h_c. 2) $b-c$, p_{bc}, p_{cb}. 3) b, c, h_b-h_c. 4) b, c, $p_{bc}-p_{cb}$. 5) b, h_b-h_c, $p_{cb}-p_{bc}$. 6) h_b-h_c, p_{bc}, p_{cb}. 7) h_b, h_c, $p_{bc}-p_{cb}$.

Anleitung zur Lösung. Die gegebenen Stücke bestimmen das Dreieck CDC_2 und einen der Punkte A, C_1 oder E. Das weitere wie in Aufgabe 58.

Zieht man in einem Dreieck die Linien w_α und h_a und bezeichnet den Winkel zwischen w_α und h_a mit φ, so ist $\dfrac{\alpha}{2} \pm \varphi = R - \beta$ und $\dfrac{\alpha}{2} \mp \varphi = R - \gamma$.

Es folgt daher durch Subtraktion: $2\varphi = \pm(\beta-\gamma)$, also $\varphi = \pm\dfrac{\beta-\gamma}{2}$. Hieran schließt sich:

Aufgabe 60. Ein Dreieck zu zeichnen aus 1) h_a, $\beta-\gamma$, a, 2) w_α, $\beta-\gamma$, a.

11. Kapitel.

Die besonderen Punkte im Dreieck und Viereck.

46. **Der Schnittpunkt der Mittellote und Winkelhalbierungslinien.**

Von den vier geometrischen Örtern liefert

Ort 1 eine Linie für alle von einem Punkte,
Ort 2   „   „   „   „   „   einer Geraden,
Ort 3   „   „   „   „   „   zwei Punkten,
Ort 4   „   „   „   „   „   zwei Geraden

gleichweit entfernten Punkte. Naturgemäß reiht sich an diese Zusammenstellung die Frage an, ob es auch eine Linie giebt, deren sämtliche Punkte von drei und mehr gegebenen Punkten, bez. von drei und mehr gegebenen Geraden stets die gleiche Entfernung besitzen.

1. Ein Punkt, der von A und B gleichweit entfernt sein soll, liegt nach Ort 3 auf dem Mittellote von AB; ebenso liegt ein von 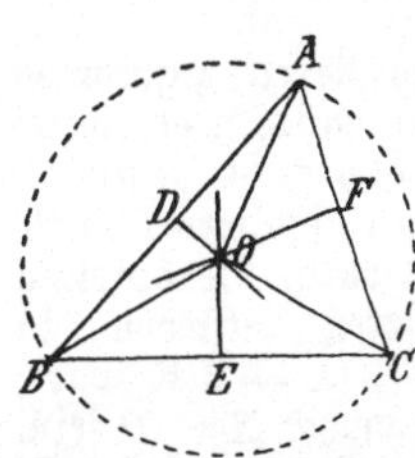 B und einem dritten Punkte C gleichweit entfernter Punkt auf dem Mittellote von BC. Es ist daher nur dann ein Punkt vorhanden, der von A, B und C die gleiche Entfernung besitzt, wenn die Mittellote von AB und BC sich schneiden, d. h. wenn A, B und C nicht auf einer Geraden liegen, sondern die Ecken eines Dreiecks sind. Bestimmen aber A, B und C ein Dreieck, so ist der Schnittpunkt O der Mittellote von AB und BC einer der gesuchten Punkte. Ein weiterer Punkt könnte nur dadurch entstehen, daß man die Mittellote von AB und AC oder von BC und AC wählte. Verbindet man aber O mit dem Mittelpunkte F von AC und beachtet, daß die dadurch entstehenden Dreiecke OFA und OFC nach Kz. IV kongruent sind und demnach $\sphericalangle OFA = \sphericalangle OFC$ ist, so sieht man, daß OF das dritte Mittellot ist, daß also die veränderte Wahl der Mittellote keinen weiteren Punkt liefert. Die Frage nach dem Vorhandensein eines geometrischen Ortes muß daher verneint werden; die Untersuchung liefert vielmehr den

Satz 52. Die drei Mittellote eines Dreiecks schneiden sich in **einem** Punkte, der von den drei Ecken gleichweit entfernt ist.

Folgerung 1. Die drei Ecken eines Dreiecks liegen auf einem Kreise, dessen Mittelpunkt der Schnittpunkt zweier Mittellote ist. Dieser Kreis heißt der dem Dreieck umgeschriebene Kreis.

Folgerung 2. Durch drei nicht in einer Geraden liegende Punkte ist ein einziger Kreis bestimmt, der durch dieselben hindurch geht.

Aufgabe 61. (Grund-Aufgabe.) Beschreibe den Kreis, der durch drei nicht in einer Geraden liegende Punkte geht.

Von vier Punkten A, B, C und D kann hiernach nur dann ein Punkt gleichweit entfernt sein, wenn D auf dem durch A, B und C bestimmten Kreise liegt. Zieht man in diesem Falle die Seiten des Vierecks $ABCD$ und verbindet die Ecken desselben mit dem Mittelpunkte O des Kreises, so entstehen vier gleichschenklige Dreiecke, und daher ist nach Lehrsatz IXb

$$\sphericalangle OAB = \sphericalangle OBA,$$
$$\sphericalangle OAD = \sphericalangle ODA,$$
$$\sphericalangle OCB = \sphericalangle OBC,$$
$$\sphericalangle OCD = \sphericalangle ODC.$$

Nach G. IV ist deshalb $\sphericalangle BAD + \sphericalangle BCD = \sphericalangle ABC + \sphericalangle ADC$, und da die Summe der Winkel eines Vierecks 4 R beträgt, so sind in dem Viereck $ABCD$ die gegenüber liegenden Winkel supplementar. Hieraus ergiebt sich zunächst der

Satz 53. Liegen die Ecken eines Vierecks auf einem Kreise, so sind seine gegenüber liegenden Winkel paarweis supplementar.

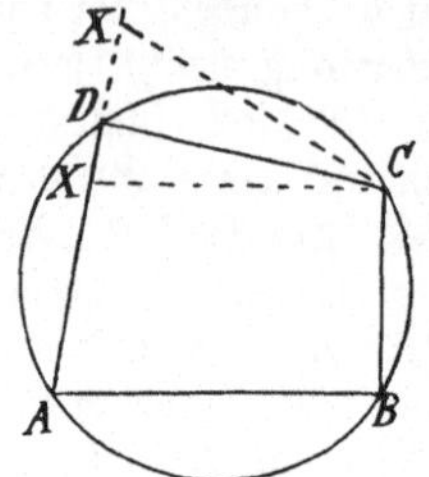

Betragen aber zwei gegenüber liegende Winkel eines Vierecks zusammen 2R, so ist auch stets ein Kreis vorhanden, der durch seine Ecken geht. Denn ginge der durch A, B und C bestimmte Kreis nicht auch durch D, sondern schnitte die Seite AD in X, so würde durch Verbindung des Punktes X mit C ein Viereck entstehen, in welchem die Winkelsumme $B + X = 2\,\mathrm{R}$ wäre, und da $B + D = 2\,\mathrm{R}$ ist, so müßte $X = D$ sein. Dies ist aber nach Folgerung 2 zu Lehrsatz V unmöglich, und daher muß der Kreis durch D hindurchgehen. Demnach besteht auch der

Satz 54. Betragen in einem Viereck zwei gegenüber liegende Winkel zusammen 2 R, so liegen seine Ecken stets auf einem Kreise.

2. Soll ein Punkt von zwei Geraden $\mathfrak{G}_1$ und $\mathfrak{G}_2$ gleichweit entfernt sein, so muß er nach Ort 4 auf der Halbierungslinie des

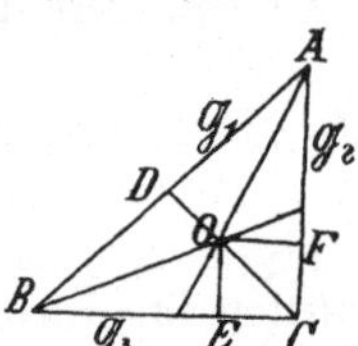

Winkels A dieser Geraden liegen; ebenso muß ein Punkt auf der Halbierungslinie des Winkels B zwischen $\mathfrak{G}_1$ und $\mathfrak{G}_3$ oder des Winkels C zwischen $\mathfrak{G}_3$ und $\mathfrak{G}_2$ liegen, wenn er von $\mathfrak{G}_1$ und $\mathfrak{G}_3$ oder von $\mathfrak{G}_3$ und $\mathfrak{G}_2$ gleichweit entfernt sein soll. Es ist daher nur dann ein Punkt vorhanden, der von $\mathfrak{G}_1$, $\mathfrak{G}_2$ und $\mathfrak{G}_3$ die gleiche Entfernung besitzt, wenn sich mindestens zwei der Halbierungslinien schneiden, d. h. wenn nicht die drei Geraden parallel verlaufen. Bilden die drei Geraden ein Dreieck, so schneiden sich hiernach die Halbierungslinien der Winkel A und B in einem Punkte O, der von den drei Seiten gleichweit entfernt ist. Ein weiterer Punkt mit derselben Eigenschaft könnte nur dann entstehen, wenn man einen der Winkel A und B mit C vertauschte. Verbindet man aber O mit C, so entstehen zwei kongruente Dreiecke OEC und OFC (Kz. III), und da hiernach $\sphericalangle OCE = \sphericalangle OCF$, also OC die dritte Winkelhalbierungslinie ist, so zeigt sich, daß innerhalb des Dreiecks O der einzige Punkt ist, der von den drei Seiten gleichen Abstand hat. Es besteht daher der

Satz 55. Die drei Winkelhalbierungslinien eines Dreiecks schneiden sich innerhalb desselben in einem Punkte, der von den drei Seiten gleichweit entfernt ist.

Nach der Anmerkung zu Ort 4 (Seite 58) sind auch die Halbierungslinien der Außenwinkel in Betracht zu ziehen. Dieselben schneiden sich gegenseitig in drei Punkten O_a, O_b und O_c, die gleichfalls von den drei Geraden gleichweit entfernt sind. Ganz in derselben Weise wie bei dem Punkte O läßt sich zeigen, daß

O_a auf der Halbierungslinie des Dreieckswinkels A,
O_b „ „ „ „ „ B,
O_c „ „ „ „ „ C
liegt, und damit der Satz gewinnen:

Satz 56. Die Halbierungslinie eines Dreieckswinkels schneidet die Halbierungslinien der nicht=zugehörigen Außen= winkel in einem Punkte außerhalb des Dreiecks, der von den drei Seiten gleichweit entfernt ist.

Zusatz. Außerhalb eines Dreiecks giebt es drei Punkte, die von den drei Seiten gleichweit entfernt sind.

Innerhalb eines Vierecks $ABCD$ ist hiernach nur dann ein Punkt vorhanden, der von seinen Seiten gleichen Abstand hat, wenn die 4. Seite so liegt, daß der durch die 3 ersten Seiten be= stimmte Punkt O von ihr dieselbe Entfernung be= sitzt wie von den anderen. Verbindet man aber in diesem Falle O mit A, B, C und D und zeichnet die Abstände OE, OF, OG und OH, so entstehen vier Paare von kongruenten Dreiecken (Kz. III), und daher ist

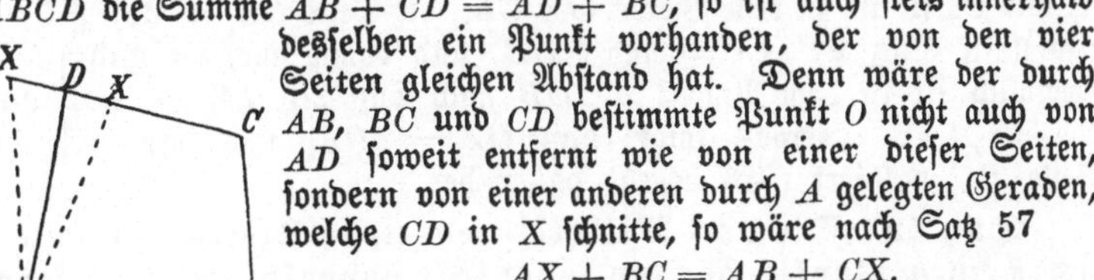

$$AE = AH,$$
$$BE = BF,$$
$$CG = CF,$$
$$DG = DH.$$

Nach G. IV ist deshalb $AB + CD = AD + BC$.
Hieraus folgt der

Satz 57. Sind die Seiten eines Vierecks von einem Punkte innerhalb desselben gleichweit entfernt, so sind die Summen der gegenüber liegenden Seiten gleichgroß.

Auch dieser Satz kann umgekehrt werden. Ist in dem Viereck $ABCD$ die Summe $AB + CD = AD + BC$, so ist auch stets innerhalb desselben ein Punkt vorhanden, der von den vier Seiten gleichen Abstand hat. Denn wäre der durch AB, BC und CD bestimmte Punkt O nicht auch von AD soweit entfernt wie von einer dieser Seiten, sondern von einer anderen durch A gelegten Geraden, welche CD in X schnitte, so wäre nach Satz 57

$$AX + BC = AB + CX,$$

und da $AD + BC = AB + CD$ ist, so würde sich nach G. IV ergeben $\pm (AX - AD) = \pm (CX - CD)$ $= DX$. Diese Gleichheit ist nach Satz 36 unmöglich, und daher be= steht der

Satz 58. Sind die Summen aus den gegenüber liegenden Seiten eines Vierecks gleichgroß, so ist innerhalb desselben stets ein Punkt vorhanden, der von den vier Seiten die gleiche Entfernung besitzt.

47. Der Schnittpunkt der Mittellinien und Höhen.

Außer den Mittelloten und Winkelhalbierungslinien eines Dreiecks sind auch seine Mittellinien und Höhen als besondere Linien eingeführt worden.

1. Zieht man in dem Dreieck ABC zwei Mittellinien, etwa BB_1 und CC_1, und mißt die Entfernungen ihres Schnittpunktes O von

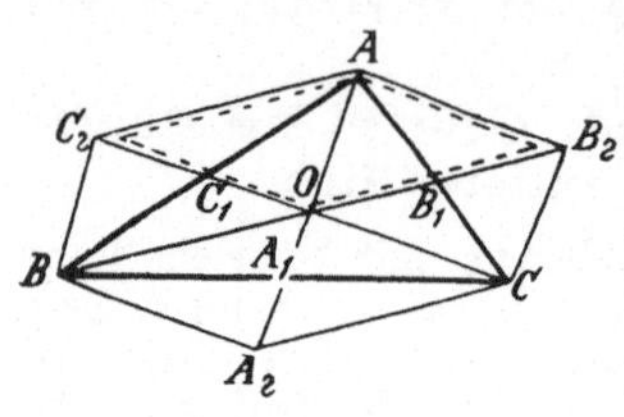

B und B_1, sowie von C und C_1, so zeigt sich, daß $OB = 2.OB_1$ und $OC = 2.OC_1$ ist. Um diese Beziehung zu beweisen, hat man zunächst OB_1 um sich selbst bis B_2, sowie OC_1 um sich selbst bis C_2 zu verlängern und dann, da bei der Lage der Strecken eine unmittelbare Verwendung der Kongruenz ausgeschlossen ist, eine Anwendung des G. III zu versuchen. Nun entstehen durch die Linien $B_2 A$, $B_2 C$, AO, $C_2 A$ und $C_2 B$ zwei Vierecke $AC_2 BO$ und $AB_2 CO$, deren Diagonalen sich gegenseitig halbieren, deren Gegenseiten also nach Satz 27 paarweis gleich sind, und daraus folgen die Gleichheiten:

$$\text{a) } AC_2 = OB \text{ und } AB_2 = OC.$$

Da aber nach demselben Satze $AC_2 \parallel OB$, also auch $\parallel OB_2$ und in gleicher Weise $AB_2 \parallel OC_2$ ist, so folgt nach Satz 23, daß in dem Viereck $AB_2 OC_2$

$$\text{b) } AC_2 = OB_2 \text{ und } AB_2 = OC_2$$

ist, und demnach liefert die Anwendung des G. III:

$$OB = OB_2 = 2.OB_1 \text{ und } OC = OC_2 = 2.OC_1.$$

Verlängert man jetzt AO um sich selbst bis A_2 und verbindet A_2 mit C, so ist in dem Viereck $OA_2 CB_2$ die Seite $OA_2 =$ und $\parallel CB_2$, also nach Satz 24 $A_2 C =$ und $\parallel OB_2$ und damit auch $=$ und $\parallel OB$. Demnach ist in dem Viereck $A_2 COB$ nach Satz 26 $OA_1 = A_1 A_2$ und $BA_1 = A_1 C$. Hieraus folgt, daß $OA = 2 OA_1$ und daß AA_1 die Seite BC halbiert. Es besteht daher der

Satz 59. Die drei Mittellinien eines Dreiecks schneiden sich in **einem Punkte**, der von jeder Ecke doppelt so weit entfernt ist wie von dem Mittelpunkte der gegenüber liegenden Seite.

Aufgabe 62. Ein Dreieck zu zeichnen aus a, m_b, m_c.

Aufgabe 63. Ein Dreieck zu zeichnen aus m_a, m_b, m_c.

Aufgabe 64. Beweise, daß ein Dreieck gleichschenklig ist, wenn es zwei gleiche Mittellinien besitzt.

2. Die Höhe zu einer Dreiecksseite BC teilt BC im allgemeinen in ungleiche Teile und wird durch eine zweite Höhe in ungleiche Abschnitte zerlegt, zwischen denen eine Beziehung nicht erkennbar ist. Nun wird

gleichgroßen Winkeln DFC und DCF liefert den Beweis für die Ungleichheit $\angle FCE > \angle CFE$ und damit auch für die Richtigkeit der hauptung $EF > BC$.

3. Wird schließlich das Dreieck DEF so gezeichnet, daß $DE = AB$, $DF = AC$ und $EF > BC$ ist (f. Fig. zu Satz 62), so wird der Winkel D größer als A, und daraus folgt:

Satz 63. Stimmen zwei Dreiecke überein in der Größe zweier entsprechenden Seiten, während die dritten Seiten verschieden sind, so liegt der größeren von diesen Seiten der größere Winkel gegenüber.

Entw. des Bew.

Vor. Es sei $DE = AB$, $DF = AC$, $EF > BC$.

Beh. Es ist $\angle D > \angle A$.

Die Ungleichheit $\angle D > \angle A$ tritt ein, wenn gezeigt werden kann, daß ein Teil des Winkels D gleich A ist. Der Beweis hierfür müßte aus der Vor. nach Wink 6 abgeleitet werden. Legt man aber das Dreieck ABC so auf DEF, daß AB auf DE fällt, und verbindet man C mit F, so ist zwar in dem Dreieck ECF der Winkel C größer als CFE und in dem gleichschenkligen Dreieck DCF der Winkel $DCF = DFC$; aber daraus läßt sich noch nicht ableiten, daß DC den Winkel C teilen muß, und demnach führt dieser Weg nicht zum Ziele. Ein anderes Beweismittel ist nicht vorhanden, und daher muß der Satz mit Benutzung des Satzes 62, dessen Umkehrung er ist, indirekt bewiesen werden.

4. Ein Satz, der in entsprechender Weise aus Kz. III abgeleitet würde, ist nicht vorhanden. Wird der Winkel $D > A$ gezeichnet, so ist das Dreieck DEF nicht einmal immer möglich, weil der Kreis E, BC den zweiten Schenkel des Winkels D nicht notwendig schneiden muß.

Anmerkung. Die Sätze 62 und 63 werden gelegentlich benutzt, um die Ungleichheit zweier Seiten oder Winkel nachzuweisen.

49. Besondere Fälle und Übungsbeispiele.

Satz 64. Stimmen zwei rechtwinklige Dreiecke überein in der Größe der Hypotenuse, während ein Paar der spitzen Winkel verschieden ist, so liegt dem größeren von diesen Winkeln die größere Kathete gegenüber.

Entw. des Bew.

Vor. Es sei $\angle D = \angle A = R$, $EF = BC$, $\angle E > \angle B$.

Beh. Es ist $DF > AC$.

Nach Wink 8 muß man die beiden Katheten AC und DF in ein Dreieck bringen und zu beweisen suchen, daß DF dem größeren Winkel gegenüber liegt. Nun kann man das Dreieck ABC so auf DEF legen, daß die Hypotenusen zusammenfallen, und erhält dann durch Verbindung

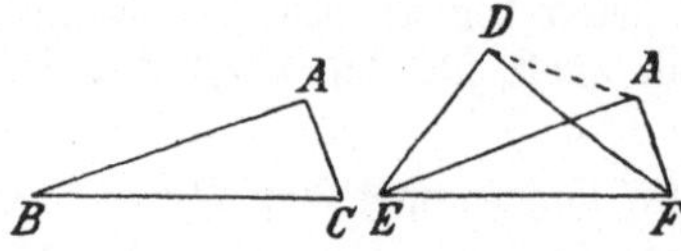

der Punkte D und A ein Dreieck DAF, dem die beiden Katheten AC (AF) und DF als Seiten angehören. Demnach muß bewiesen werden, daß $\sphericalangle DAF > \sphericalangle ADF$ ist. Ein unmittelbarer Vergleich dieser beiden Winkel ist durch die Vor. nicht gegeben; dagegen läßt sich aus der Vor. ableiten, daß der Winkel DAF ein stumpfer ist. Der Schenkel EA liegt nämlich im Raume des Winkels E, weil $\sphericalangle AEF (B) < \sphericalangle E$ ist, und da der Winkel $AFE (C) > \sphericalangle F$ ist, also A außerhalb des Dreiecks DEF liegt, so bildet DA mit AF einen Winkel, der größer als $\sphericalangle A$, d. h. ein stumpfer Winkel ist. Die Behauptung ergiebt sich dann aus Satz 33.

Satz 65. Stimmen zwei rechtwinklige Dreiecke überein in der Größe der Hypotenuse und ist das eine Paar der Katheten ungleich, so ist von den beiden anderen Katheten diejenige die größere, welche mit der kleineren des ersten Paares demselben Dreiecke angehört.

Entw. des Bew.
    Vor.   Es sei $\sphericalangle D = \sphericalangle A = R$, $EF = BC$, $DE < AB$.
    Beh.   Es ist $DF > AC$.

Um nach Wink 8 zu verfahren, könnte man wieder das Dreieck ABC so auf DEF legen, daß BC sich mit EF deckt, und A mit D verbinden; allein man würde nicht zum Ziele gelangen, da die Lage des

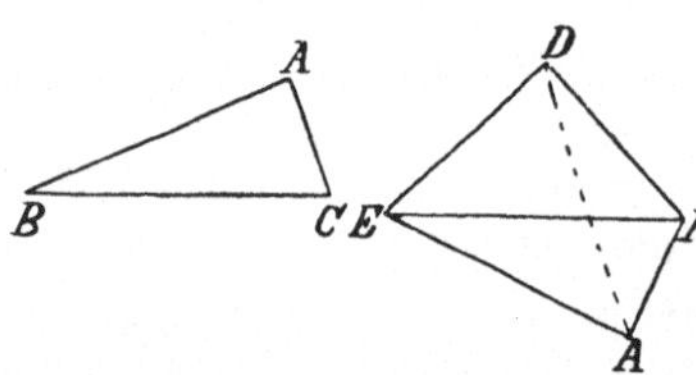

Punktes A durch die Vor. nicht bestimmt ist. Man kann aber auch dadurch nach Wink 8 verfahren, daß man die beiden Dreiecke an einander legt, so daß die Hypotenusen sich decken, den Punkt D mit A verbindet und zu beweisen sucht, daß $\sphericalangle DAF > \sphericalangle ADF$ ist. Nun ergänzen sich diese Winkel mit EAF resp. EDA nach Vor. zu einem rechten Winkel, und daher ist $\sphericalangle DAF > \sphericalangle ADF$, wenn $\sphericalangle EAD > \sphericalangle EDA$ ist. Da aber die letztere Ungleichheit infolge der Vor. $DE < AB (AE)$ eintritt, so ergiebt sich der folgende

Beweis. Wird das Dreieck ABC so an DEF gelegt, daß BC auf EF fällt, und wird A mit E verbunden, so ist

$$\sphericalangle EAD < \sphericalangle EDA, \text{ weil } DE < AB (AE),$$
$$\text{und da} \quad \underline{\sphericalangle A = \sphericalangle D} \quad \text{nach Vor., so bleibt}$$
$$\sphericalangle DAF > \sphericalangle ADF, \text{ und demnach ist } DF > AC (AF).$$

Satz 66. Stimmen zwei rechtwinklige Dreiecke überein in der Größe einer Kathete und sind die spitzen Winkel an diesen Katheten ungleich, so sind auch die $\begin{cases}\text{anderen Katheten}\\ \text{Hypotenusen}\end{cases}$

ungleich, und zwar ist diejenige die größere, welche dem größeren Winkel $\begin{Bmatrix} \text{gegenüber=} \\ \text{an=} \end{Bmatrix}$ liegt.

Beweis zunächst nach Satz 61 und dann nach Satz 33.

Satz 67. Von zwei gleichschenkl. Dreiecken mit gleichen Grundlinien hat dasjenige die größere zur Grundlinie gehörige Höhe und die größeren Schenkel, welches den $\begin{Bmatrix} \text{größeren} \\ \text{kleineren} \end{Bmatrix}$ Winkel an der $\begin{Bmatrix} \text{Grundlinie} \\ \text{Spitze} \end{Bmatrix}$ besitzt.

Benutze zum Beweise Satz 61 oder Satz 66.

Satz 68. Von zwei gleichschenkl. Dreiecken mit gleichen Schenkeln hat dasjenige $\begin{Bmatrix} \text{den größeren Winkel an der Spitze,} \\ \text{die größere Grundlinie,} \end{Bmatrix}$ welches $\begin{Bmatrix} \text{die größere Grundlinie} \\ \text{den größeren Winkel an der Spitze} \end{Bmatrix}$ besitzt.

Satz 69. Zu der größeren von zwei Seiten eines Dreiecks gehört die kleinere Höhe und die kleinere Mittellinie.

Satz 70. In einem Viereck mit paarweis parallelen Seiten, dessen Winkel nicht rechte sind, ist diejenige Diagonale die größere, welche die Scheitelpunkte der spitzen Winkel mit einander verbindet.

Beweis nach Satz 62. Satz 70 ist umkehrbar.

13. Kapitel.

Das Parallelogramm und das Trapez.

50. Sätze über das Parallelogramm.

Von allen Vierecken verdient dasjenige eine besondere Beachtung, dessen gegenüber liegende Seiten paarweis parallel sind.

Erklärung. Ein Viereck mit paarweis parallelen Seiten wird Parallelogramm genannt.

a) Sätze über das allgemeine Parallelogramm.

Über das Parallelogramm ist bereits in den vorhergehenden Abschnitten bei den Übungsbeispielen bewiesen worden oder kann leicht bewiesen werden:

Satz 71. a) In einem Parallelogramm sind je zwei aufeinander folgende Winkel supplementar und je zwei gegenüber liegende Winkel gleich. (Satz 18.)

b) Ein Parallelogramm wird durch jede seiner Diagonalen in zwei kongruente Dreiecke zerlegt. (Kz. I.)

c) In einem Parallelogramm sind je zwei gegenüber liegende Seiten gleich. (Satz 23.)

d) In einem Parallelogramm halbieren sich die Diagonalen gegenseitig. (Satz 26.)

Dasselbe gilt von den Umkehrungen der allgemeinen Parallelogrammsätze:

Satz 72. Ein Viereck ist ein Parallelogramm,

a) wenn je zwei gegenüber liegende Winkel desselben gleich sind. (Nach Satz 21 und Lehrs. III.)

b) wenn je zwei gegenüber liegende Seiten desselben gleich sind. (Satz 43.)

c) wenn zwei gegenüber liegende Seiten desselben parallel und gleich sind. (Satz 24.)

d) wenn zwei gegenüber liegende Seiten desselben parallel und zwei gegenüber liegende Winkel gleich sind. (Satz 49.)

e) wenn seine Diagonalen sich gegenseitig halbieren. (Satz 27.)

f) wenn es durch jede seiner Diagonalen in zwei kongruente Dreiecke zerlegt wird. (Satz 50.)

b) Sätze über besondere Parallelogrammformen.

Da in jedem Parallelogramm je zwei gegenüber liegende Winkel, bez. Seiten gleich sind, so können besondere Parallelogrammformen nur eintreten, wenn

entweder die auf einander folgenden Winkel gleich, also alle Winkel rechte,

oder die auf einander folgenden und damit alle Seiten gleich,

oder alle Winkel rechte und alle Seiten gleich sind.

Erklärung. a) Ein Parallelogramm mit rechten Winkeln wird Rechteck genannt.

b) Ein gleichseitiges Parallelogramm wird Rhombus genannt.

c) Ein rechtwinkliges und zugleich gleichseitiges Parallelogramm wird Quadrat genannt.

Für die besonderen Parallelogrammformen sind bereits die Eigenschaften bewiesen worden:

Satz 73. a) In einem Rechteck sind die Diagonalen gleich. (Satz 46.)

Zusatz. In einem schiefwinkligen Parallelogramm ist die Diagonale die größere, welche die Scheitelpunkte der spitzen Winkel mit einander verbindet. (Satz 70.)

b) Im Rhombus stehen die Diagonalen senkrecht auf einander. (Satz 44.)

c) Im Quadrat stehen die Diagonalen senkrecht auf einander und sind gleich. (Folgerung aus a und b.)

Die Umkehrungen dieser Sätze lauten:

Satz 74. a) Sind die Diagonalen eines Parallelogramms gleich, so ist dasselbe ein Rechteck. (Satz 45.)

Zusatz. Sind die Diagonalen eines Parallelogramms ungleich, so verbindet die größere von ihnen die Scheitelpunkte von spitzen Winkeln. (Nach Satz 63.)

b) Stehen die Diagonalen eines Parallelogramms senkrecht auf einander, so ist dasselbe ein Rhombus. (Satz 28.)

c) Sind die Diagonalen eines Parallelogramms gleich und stehen sie senkrecht auf einander, so ist dasselbe ein Quadrat. (Folgerung aus a und b.)

Anmerkung. Die Sätze 74 a—c führen zu einer bequemen Herstellung eines Rechtecks, bez. Rhombus' und Quadrats.

51. Weitere Sätze und Übungsbeispiele.

a) Der Mittelpunkt eines Parallelogramms.

Wird durch den Schnittpunkt der Diagonalen in beliebiger Richtung eine Gerade gezogen, so werden auf derselben durch den Schnittpunkt und zwei gegenüber liegende Parallelogrammseiten zwei Stücke begrenzt, die einander gleich sind. (Kz. I.) Daraus folgt:

Satz 75. Der Schnittpunkt der Diagonalen eines Parallelogramms halbiert jede durch ihn gehende Verbindungslinie von zwei auf den Seiten liegenden Punkten. In diesem Sinne wird er Mittelpunkt des Parallelogramms genannt.

b) Kongruente Parallelogramme.

Erklärung. Der Abstand zweier gegenüber liegenden Seiten eines Parallelogramms wird Höhe genannt. Jede der zugehörigen Seiten heißt Grundlinie.

Zusatz. In jedem Parallelogramm sind zwei Höhen vorhanden.

Folgerung 1. In einem Rechteck ist jede Höhe gleich der nicht zu ihr gehörigen Seite.

Folgerung 2. In einem Rhombus sind die Höhen gleich. (Kz. I, Zusatz.)

Folgerung 3. In einem Quadrat sind die beiden Höhen gleichgroß und gleich der Seite.

Satz 76. Parallelogramme sind kongruent, wenn sie übereinstimmen

a) in zwei anstoßenden Seiten und dem von diesen gebildeten Winkel;

b) in zwei anstoßenden Seiten und der zu einer von diesen gehörigen Höhe;

(Durch Benutzung des Kz. III auf Teil a) zurückzuführen.)

c) in zwei anstoßenden Seiten und einer entsprechend liegenden Diagonale;

(Durch Benutzung des Kz. IV auf Teil a) zurückzuführen.)

d) in einer Seite, einem anliegenden Winkel und der zu der Seite gehörigen Höhe;

(Durch Benutzung des Kz. I, Zus. auf Teil a) zurückzuführen.)

e) in den beiden Diagonalen und einem der Winkel, die dieselben mit einander bilden;

(Durch zweimalige Benutzung des Kz. II auf Teil c) zurückzuführen.)

f) in einer Seite und den beiden Diagonalen.

(Durch Benutzung des Kz. IV auf Teil e) zurückzuführen.)

c) Die Winkelhalbierungslinien eines Parallelogramms.

Die Winkelhalbierungslinien eines Parallelogramms sind entweder parallel oder stehen senkrecht auf einander. (Nach Satz 71a und Lehrs. VI.) Daraus folgt:

Satz 77. Die vier Winkelhalbierungslinien eines Parallelogramms begrenzen ein Rechteck.

Ist das Parallelogramm rechtwinklig, so erweisen sich die Abschnitte auf den Halbierungslinien zwischen ihren Ausgangs= und Schnittpunkten als gleich. (Lehrs. IXa.) Die Benutzung des Kz. 1 und des G. IV führt daher zu dem

Satz 78. Die vier Winkelhalbierungslinien eines Recht= ecks begrenzen ein Quadrat.

Anmerkung. Bei einem gleichseitigen Parallelogramm fallen die Winkel= halbierungslinien mit den Diagonalen zusammen.

d) Die Mitten der Seiten in einem Dreieck, Parallelogramm und Viereck.

Zieht man durch die Mitte einer Dreiecksseite die Parallele zu einer zweiten Seite, so läßt die Figur erkennen, daß die dritte Seite durch die Parallele halbiert wird, und die Ver= gleichung der Parallelen mit der zweiten Seite zeigt, daß diese doppelt so groß ist wie das durch die beiden anderen Seiten begrenzte Stück der Parallelen. Dies führt zu

Satz 79. In einem Dreieck halbiert die durch die Mitte einer Seite zu einer zweiten Seite gelegte Parallele die dritte und ist halb so groß als die zweite.

Vor. Es sei $AD = BD$ und $DE \parallel BC$.

Beh. Es ist $AE = CE$ und $DE = \frac{1}{2} BC$.

Entw. des Bew. Zunächst ist die Gleichheit $AE = CE$ zu be= weisen. Um nach Wink 7 verfahren zu können, stellt man das Dreieck EFC her, indem man $EF \parallel AB$ zieht, weil dann $\angle FEC = \angle A$ und $\angle C = \angle DEF$ (Lehrs. IV) ist. Die zu Kz. I fehlende Gleichheit zweier Seiten erhält man aus dem Vergleich der Strecke BD mit EF (Satz 71c) und AD (Vor.). — Eine zweite Folgerung der zu beweisenden Kongruenz ist die Gleichheit $DE = FC$, und da $DE = BF$ (Satz 71c), also

$BF = CF$ ist, so ergiebt sich auch die Richtigkeit der zweiten Behauptung $DE = \frac{1}{2} BC$.

Zusatz 1. Mißt man auf einem von zwei Schenkeln eines Winkels vom Scheitelpunkte aus n gleiche Stücke ab und zieht durch ihre Endpunkte Parallelen, so schneiden dieselben auf dem zweiten Schenkel n gleiche Stücke ab.

Als Hilfslinien werden durch die Teilpunkte des ersten Schenkels die Parallelen zu dem zweiten Schenkel gezogen.

Zusatz 2. Mißt man auf einer Geraden n gleiche Stücke ab und zieht durch die Endpunkte Parallelen, so schneiden dieselben auf jeder anderen Geraden, die sie treffen, n gleiche Stücke ab.

Nach Zusatz 1. Hilfslinie ist die Parallele, die durch den ersten Begrenzungspunkt auf der ersten Geraden zu der zweiten gezogen wird.

Vertauscht man in dem Satze 79 den ersten Teil der Behauptung mit der Voraussetzung, so erhält man

Satz 80. Die Verbindungslinie der Mitten zweier Dreiecksseiten ist parallel zu der dritten und halb so groß wie dieselbe.

Entw. des Bew. Da keins der bekannten Hilfsmittel den Beweis für die hier notwendige Gleichheit der Gl. W. ADE und B ermöglicht, so muß der erste Teil der Behauptung indirekt mit Berufung auf Satz 79 bewiesen werden. Der zweite Teil der Behauptung folgt aus dem ersten nach Satz 79.

Durch wiederholte Anwendung der Sätze 79 und 80 können weiterhin für die Seitenmitten in Dreiecken, Parallelogrammen und Vierecken leicht die Beziehungen nachgewiesen werden:

Satz 81. Jedes Dreieck wird durch die Verbindungslinien seiner Seitenmitten in vier kongruente Dreiecke zerlegt.

Satz 82. In einem Dreieck sind die Mitten zweier Seiten von der dritten gleichweit entfernt.

Satz 83. Die Mitten der Seiten

a) eines Vierecks sind die Ecken eines Parallelogramms,

b) eines Parallelogramms sind die Ecken eines Parallelogramms,

c) eines Rhombus' „ „ „ „ Rechtecks,

d) eines Rechtecks „ „ „ „ Rhombus',

e) eines Quadrats „ „ „ „ Quadrats.

Satz 84. Die Mitten zweier gegenüber liegenden Seiten und die Endpunkte einer Diagonale eines Parallelogramms sind die Ecken eines Parallelogramms.

Satz 85. In einem Parallelogramm teilen die Verbindungslinien der Mitten zweier gegenüber liegenden Seiten mit den Ecken einer Diagonale die zweite Diagonale in drei gleiche Teile. (Nach Satz 84 und 79.)

e) Sätze über das gleichschenklige und gleichseitige Dreieck.

Satz 86. Ein Dreieck ist gleichschenklig, wenn zwei seiner Mittellinien gleich sind.

Wende der Reihe nach an Satz 82, Kz. III, G. IV und Kz. IV. Bequemer allerdings ist die Anwendung des Satzes 59. S. Aufg. 64.

Satz 87. In einem gleichschenkligen Dreieck ist die Summe aus den Entfernungen eines Punktes der Grundlinie von den Schenkeln gleich der zu einem Schenkel gehörigen Höhe.

Vor. Es sei $AB = AC$, $PQ \perp AB$, $PR \perp AC$ und $CD \perp AB$.
Beh. Es ist $PQ + PR = CD$.

Entw. des Bew. Die Form der Behauptung weist darauf hin, daß zunächst die Summe $PQ + PR$ gebildet wird. Trägt man aber

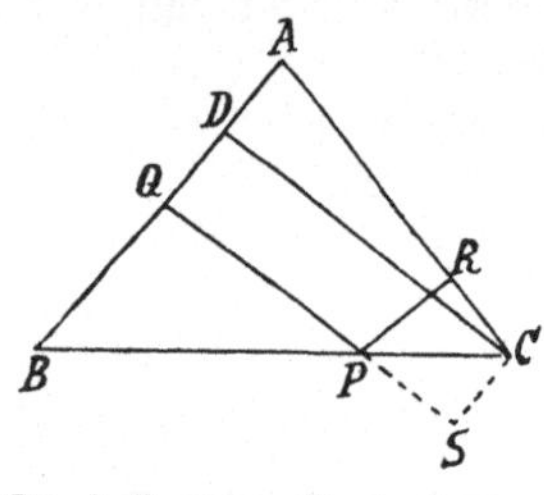

PR auf der Verlängerung von QP ab, so daß $QS = PQ + PR$ ist, und verbindet S mit C, so erweisen sich QS und CD als parallele gegenüber liegende Seiten des Vierecks $CDQS$ und sind deshalb einander gleich (Satz 71c), wenn $CS \parallel QD$ ist. QD steht nun senkrecht auf QS, und daher kann die Beziehung $CS \parallel QD$ dadurch nachgewiesen werden, daß man die Gleichheit $\angle CSQ = R$ aus der Vor. ableitet. Da aber $\angle CSQ$ in dem Dreieck CSQ liegt, das mit dem rechtwinkligen Dreieck CRP in der Größe zweier Seiten übereinstimmt, so hat man nach Wink 6 zu zeigen, daß $\triangle CSQ \cong \triangle CRQ$ ist, und zu diesem Zwecke noch die Gleichheit der Winkel CPR und CPS zu beweisen. Dieselbe ergiebt sich aus dem Vergleich des Winkels BPQ mit CPS (Schtw.) und mit CPR (Komplemente der gleichen Winkel B und C).

Satz 88. Die Summe aus den Entfernungen eines Punktes innerhalb eines gleichseitigen Dreiecks ist gleich der Höhe des Dreiecks.

Wird durch den Punkt die Parallele zu einer Dreiecksseite gezogen, so kann der Satz 87 angewandt werden.

52. Aufgaben.

Aufgabe 65. Ein Quadrat aus seiner Diagonale zu zeichnen.

Aufgabe 66. Ein Rechteck zu zeichnen aus
1. einer Seite a (8 cm) und der Diagonale e (10 cm);
2. der Diagonale e (12 cm) und dem spitzen Winkel φ (60°) der Diagonalen.

Aufgabe 67. Einen Rhombus zu zeichnen aus
1. der Seite a (4 cm) und einer Diagonale e (6 cm);
2. der Seite a (8 cm) und dem anliegenden spitzen Winkel α (75°);
3. den beiden Diagonalen e (8 cm) und f (6 cm);
4. einer Diagonale e (12 cm) und dem ihr gegenüber liegenden Winkel β (135°). (S. Anmerk. zu Satz 78.)

Aufgabe 68. Ein Parallelogramm $ABCD$ zu zeichnen aus
1. $AB = 8$ cm, $AD = 6$ cm, $\angle BAD = 67\frac{1}{2}°$;
2. $AB = 5$ cm, $AD = 6$ cm, AC oder $BD = 8$ cm;
3. $AC = 10$ cm, $BD = 12$ cm, $\angle AOD = 105°$;
4. $AB = 9$ cm, $AC = 10$ cm, $BD = 14$ cm.

Aufgabe 69. Eine Strecke AB in n gleiche Teile zu teilen.

Auflösung. Nach Zusatz 1 zu Satz 79 wird AB in n gleiche Teile zerlegt, wenn auf irgend einer anderen durch A gehenden Geraden von A aus n gleiche Stücke abgemessen und durch die Endpunkte dieser Stücke Parallelen so gelegt werden, daß die letzte derselben durch B geht.

53. Sätze und Aufgaben über das Trapez.

Ein weiteres, gleichfalls beachtenswertes Viereck ist dasjenige, in welchem zwei gegenüber liegende Seiten parallel sind, während die Verlängerungen der beiden anderen Seiten sich schneiden.

Erklärung. Ein Viereck mit zwei parallelen Seiten wird Trapez genannt. Die beiden parallelen Seiten desselben heißen Grundlinien, ihr Abstand Höhe, die beiden anderen Seiten Schenkel und die Verbindungslinie ihrer Mitten Mittellinie des Trapezes. Sind die beiden Schenkel gleich, so wird das Trapez als gleichschenklig bezeichnet.

a) Die Mittellinie des Trapezes.

Zieht man in einem Trapez $ABCD$ durch die Mitte E des Schenkels AD die Parallele zu den Grundlinien, so teilt dieselbe nach Satz 79 eine der beiden Diagonalen, etwa BD, in zwei gleiche Teile BG und DG, und ihr Abschnitt EG ist gleich $\frac{1}{2}\,AB$. Nach demselben Satze teilt nun auch die Parallele GF den Schenkel BC in zwei gleiche Teile und ist gleich $\frac{1}{2}\,CD$, so daß EF oder $EG + GF$ gleich $\frac{1}{2}(AB + CD)$ ist. Demnach besteht der

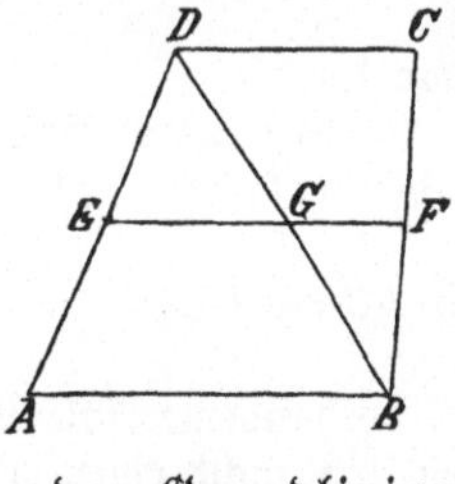

Satz 89. In einem Trapez ist die Parallele durch die Mitte eines Schenkels zu den Grundlinien die Mittellinie und halb so groß wie die Summe der Grundlinien.

Vor. Es sei $CD \parallel AB$, $AE = DE$ und $EF \parallel AB$.

Beh. Es ist $BF = CF$ und $EF = \frac{1}{2}(AB + CD)$.

Entw. des Bew. Will man den Satz unabhängig von seiner Ableitung beweisen, so hat man zunächst, um nach Wink 7 verfahren zu können, zwei Dreiecke herzustellen, in denen BF und CF entsprechend liegen, und dann die Kongruenz dieser Dreiecke aus der Vor. abzuleiten. Zieht man aber, um die wesentliche Eigenschaft des Trapezes zu benutzen, die Gerade DF, welche AB in G trifft und zwei in der Größe aller

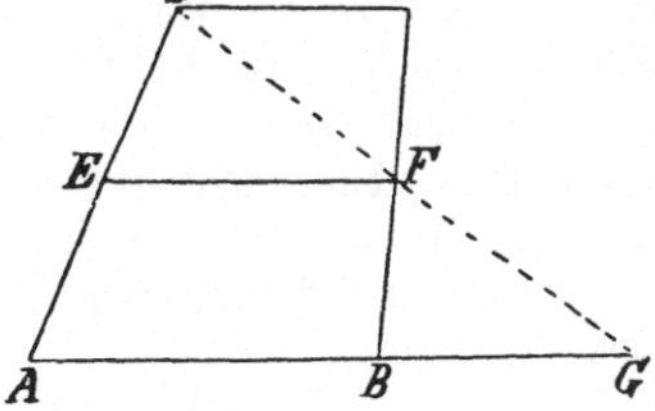

Winkel übereinstimmende Dreiecke BFG und CFD herstellt, in denen BF und CF gleichen Winkeln gegenüber liegen, so ist zum Nachweis der Kongruenz nur noch erforderlich, daß aus den übrigen Teilen der Vor. die Gleichheit zweier entsprechenden Seiten dieser Dreiecke abgeleitet wird. Die Anwendung des Satzes 79, auf den die Vor. $AE = DE$ und $EF \parallel AB$ (AG) hinweist, führt nun zum Beweise für die beiden Teile der Behauptung.

Die Umkehrung des Satzes 89 lautet:

Satz 90. Die Mittellinie eines Trapezes ist parallel zu den Grundlinien und halb so groß wie die Summe derselben.

Der Satz kann für den ersten Teil der Behauptung nur indirekt bewiesen werden; der zweite Teil ergiebt sich dann nach Satz 89 als eine Folgerung aus dem ersten.

b) Die Verbindungslinien der Diagonalenmitten.

Bei der Ableitung des Satzes 89 wurde bereits bemerkt, daß die Diagonale BD durch EF halbiert wird; hätte man die Diagonale AC benutzt, so wäre auch diese durch EF in zwei gleiche Teile geteilt. Daraus folgt der

Zusatz zu Satz 90. Die Mittellinie eines Trapezes geht auch durch die Mitten der beiden Diagonalen.

Durch Umkehrung dieses Zusatzes erhält man den

Satz 91. In einem Trapez ist die Verbindungslinie der Diagonalenmitten (ein Stück der Mittellinie, also) parallel zu den Grundlinien.

Vor. Es sei $CD \parallel AB$, $AH = CH$ und $BG = DG$.

Beh. Es ist $HG \parallel AB$.

Entw. des Bew. Da die Gleichheit der vorhandenen Gl. W. sich nicht nachweisen läßt, so muß man zusehen, ob nicht einer der vorausgegangenen Sätze benutzt werden kann. Nun ist $AH = CH$ und daher nach Satz 80 $HG \parallel AB$, wenn G die Mitte einer zweiten von C ausgehenden Seite eines Dreiecks ist, dessen dritte Seite auf AB liegt. Verbindet man demnach C mit G und verlängert CG bis

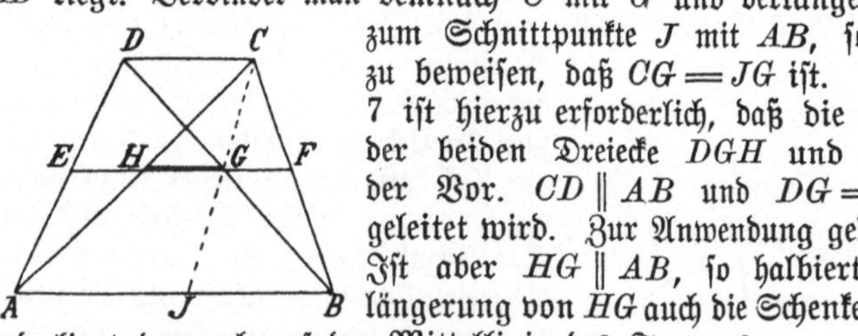

zum Schnittpunkte J mit AB, so hat man zu beweisen, daß $CG = JG$ ist. Nach Wink 7 ist hierzu erforderlich, daß die Kongruenz der beiden Dreiecke DGH und BGJ aus der Vor. $CD \parallel AB$ und $DG = BG$ abgeleitet wird. Zur Anwendung gelangt Kz. I. Ist aber $HG \parallel AB$, so halbiert die Verlängerung von HG auch die Schenkel (Satz 79) und liegt demnach auf der Mittellinie des Trapezes.

Aus der Kongruenz der Dreiecke BGJ und DGC folgt ferner

$JB = CD$, also $AJ = AB — CD$, und da $HG = \frac{1}{2} AJ$ ist, so ergiebt sich der

Zusatz. In einem Trapez ist die Verbindungslinie der Diagonalenmitten gleich der halben Differenz der Grundlinien.

c) Das gleichschenklige Trapez.

Satz 92. In einem gleichschenkligen Trapez sind die Winkel an den Grundlinien gleichgroß.

Wird die wesentliche Eigenschaft des Trapezes ausgenutzt, indem von den Ecken einer Grundlinie die Lote auf die andere gefällt werden (Zus. zu Satz 23), so führt das Verfahren nach Wink 6 bei Benutzung des Kz. III rasch zum Ziele.

Folgerung 1. Die Mitten der Seiten eines gleichschenkligen Trapezes sind die Ecken eines Rhombus (Satz 83a und Kz. II).

Folgerung 2. In einem gleichschenkligen Trapez sind die Diagonalen gleichgroß.

Beim Beweise für die Umkehrung des Satzes 92

Satz 93. Sind in einem Trapez die Winkel an einer Grundlinie gleich, so ist dasselbe gleichschenklig.

sind wie bei Satz 92 die Lote von den Endpunkten einer Grundlinie auf die andere zu benutzen, während der Zusatz zu Kz. I zur Anwendung gelangt.

d) Aufgaben.

Aufgabe 70. Beweise, daß die Winkelhalbierungslinien eines gleichschenkligen Trapezes ein Viereck bilden, dessen gegenüber liegende Winkel supplementar sind und dessen gegenüber liegende Seiten gleiche Summen ergeben.

Aufgabe 71. Ein Trapez zu zeichnen aus

1. $AB = 8$ cm, $AD = 5$ cm, $CD = 6$ cm, $h = 4$ cm.
2. $AB = 5$ cm, $\sphericalangle A = 75^0$, $\sphericalangle B = 90^0$, $AC = 6$ cm.
3. $AB = 6$ cm, $AD = 4$ cm, $CD = 5$ cm, $\sphericalangle D = 135^0$.
4. $AB = 6$ cm, $CD = 4$ cm, $AD = 7$ cm, $BC = 5$ cm.

14. Kapitel.

Der Kreis.

54. Bogen, Mittelpunktswinkel und Sehnen.

Wiederhole die Erklärung des Kreises in Nr. 17 und die Bemerkungen über Kreisbogen in Nr. 19.

Erklärung. Der Winkel, den die Begrenzungsradien eines Bogens mit einander bilden, wird Mittelpunktswinkel genannt.

Zusatz 1. Zu jedem Bogen gehört nur ein Mittelpunktswinkel.

Zusatz 2. Zu jedem Mittelpunktswinkel gehört nur ein Bogen.

Zusatz 3. Der zu einem Halbkreise gehörige Mittelpunktswinkel ist ein flacher Winkel.

Da die Maßzahl für einen Kreisbogen dieselbe ist wie für den zugehörigen Mittelpunktswinkel (beide werden mit dem Gradmesser ausgemessen!), so folgen unmittelbar aus der Erklärung die Sätze:

Satz 94. Zu gleichen Bogen eines Kreises oder zweier Kreise mit demselben Halbmesser*) gehören gleiche Mittelpunktswinkel.

Zusatz. Zu dem größeren von zwei Bogen eines Kreises gehört der größere Mittelpunktswinkel.

Satz 95. Zu gleichen Mittelpunktswinkeln eines Kreises gehören gleiche Bogen.

Zusatz. Zu dem größeren von zwei Mittelpunktswinkeln eines Kreises gehört der größere Bogen.

Erklärung. Die Verbindungslinie der Endpunkte eines Kreisbogens wird Sehne genannt.

Zusatz 1. Zu jedem Bogen, bez. Mittelpunktswinkel gehört nur eine Sehne.

Zusatz 2. Durch jede Sehne sind zwei Bogen bez., zwei Mittelpunktswinkel bestimmt, von denen der kleinere als der zur Sehne gehörige bezeichnet werden soll.

Die Schenkel des gleichschenkligen Dreiecks, in welchem ein Mittelpunktswinkel und eine Sehne sich gegenüber liegen, sind Radien und haben daher stets dieselbe Länge. Demnach bestimmen zwei gleiche Mittelpunktswinkel, bez. zwei gleiche Sehnen eines Kreises stets zwei nach Kz. II, bez. nach Kz. IV kongruente Dreiecke, und daraus folgt:

Satz 96. Zu gleichen Mittelpunktswinkeln eines Kreises gehören gleiche Sehnen.

Zusatz. Zu dem größeren von zwei Mittelpunktswinkeln eines Kreises gehört die größere Sehne.

Die beiden gleichschenkligen Dreiecke erfüllen die Bedingungen des Satzes 62.

Satz 97. Zu gleichen Sehnen eines Kreises gehören gleiche Mittelpunktswinkel.

Zusatz. Zu der größeren von zwei Sehnen eines Kreises gehört der größere Mittelpunktswinkel.

Die beiden gleichschenkligen Dreiecke erfüllen die Bedingungen des Satzes 63.

Für die Abhängigkeit der Sehnen und Bogen von einander folgen aus den Sätzen 94—97 die Gesetze:

---

*) Auch bei den folgenden Sätzen ist diese Erweiterung hinzuzufügen.

Satz 98. Zu gleichen Bogen eines Kreises gehören gleiche Sehnen.

Zusatz. Zu dem größeren von zwei Bogen eines Kreises gehört die größere Sehne.

Satz 99. Zu gleichen Sehnen eines Kreises gehören gleiche Bogen.

Folgerung. Jeder Durchmesser halbiert den Kreis.

Zusatz. Zu der größeren von zwei Sehnen eines Kreises gehört der größere Bogen.

55. Die Sehne und ihr Abstand vom Mittelpunkte.

Wendet man auf das durch eine Sehne bestimmte gleichschenklige Dreieck den Satz 41 an, so ergiebt sich:

Satz 100. In einem Kreise bilden eine **einzige** Linie

a) das zu einer Sehne gehörige Mittellot,

b) das vom Mittelpunkte auf dieselbe gefällte Lot,

c) die Verbindungslinie ihrer Mitte mit dem Mittelpunkte und

d) die Halbierungslinie des zu ihr gehörigen Mittelpunktswinkels.

Folgerung 1. Auch die Verbindungslinie des Mittelpunktes mit der Mitte des zu der Sehne gehörigen Bogens fällt mit dieser Linie zusammen. (Satz 94 und Teil d.)

Folgerung 2. Dasselbe gilt von der Geraden, welche die Mitten der Sehne und des zugehörigen Bogens verbindet. (Satz 98, 39 und Teil a.)

Zusatz. Der Abstand einer Sehne vom Mittelpunkte ist kleiner als der Halbmesser.

Der Satz für den geometr. Ort 3 kann nach Satz 100 den Wortlaut erhalten:

Geometr. Ort 3a. **Das Mittellot einer Strecke ist der geometr. Ort für die Mittelpunkte aller Kreise, welche durch die Endpunkte der Strecke gehen.**

Werden in einem Kreise zwei gleiche Sehnen und ihre Abstände vom Mittelpunkte gezeichnet, so leitet die Figur zu dem

Satz 101. Gleiche Sehnen eines Kreises haben gleiche Abstände vom Mittelpunkte.

Vor. Es sei Sehne $AB =$ Sehne CD, $ME \perp AB$ und $MF \perp CD$.
Beh. Es ist $ME = MF$.

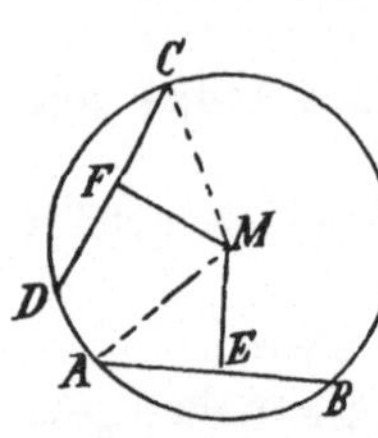

Entw. des Bew. Da AB und CD Sehnen und ME, bez. MF die von M auf dieselben gefällten Lote sind, so liegt es nahe, zum Beweise der nach Wink 7 erforderlichen Kongruenz der Dreiecke AME und CMF den Satz 100 anzuwenden, um aus der Vor. abzuleiten, daß die Bedingungen des Kz. III erfüllt sind. Es können indessen nach einem kleinen Umwege (Kz. IV) auch Kz. I und Kz. II zur Anwendung gelangen.

Folgerung. Die Mitten aller gleichen Sehnen eines Kreises liegen auf einem Kreise, der mit dem ersten den Mittelpunkt gemeinsam hat.

Zusatz. Die größere von zwei Sehnen eines Kreises hat den kleineren Abstand vom Mittelpunkte.

(Mit Benutzung des Satzes 100 auf Satz 65 zurückzuführen.)

Werden umgekehrt zwei Sehnen eines Kreises gezeichnet, die gleichen Abstand vom Mittelpunkte haben (indem man gleichweit vom Mittelpunkte auf zwei beliebigen Radien die Lote errichtet), so leitet wiederum die Figur zu dem

Satz 102. Haben zwei Sehnen eines Kreises gleiche Abstände vom Mittelpunkte, so sind sie gleich.

Vor. Es seien AB u. CD Sehnen, $ME \perp AB$, $MF \perp CD$ u. $ME = MF$.
Beh. Es ist $AB = CD$.

Entw. des Bew. (S. Fig. des Satzes 101.) Da AB und CD Sehnen und ME, bez. MF die Lote von M auf dieselben sind, so weist die Vor. darauf hin, die Hälften (Satz 100) der Sehnen AB und CD mit einander zu vergleichen und zu diesem Zwecke nach Wink 7 die Kongruenz der Dreiecke MAE und MCF nachzuweisen. Zur Anwendung gelangt Kz. III.

Zusatz. Von zwei Sehnen eines Kreises ist diejenige die größere, welche den kleineren Abstand vom Mittelpunkte hat.

(Mit Benutzung des Satzes 100 auf Satz 65 zu stützen.)

Folgerung. Der Durchmesser ist die größte Sehne.

Sein Abstand vom Mittelpunkte ist gleich Null.

56. Mittelpunkts- und Umfangswinkel.

Erklärung. Die Verbindungslinien der Endpunkte einer Sehne mit einem Punkte des Kreises schließen einen Winkel ein, der Umfangswinkel genannt wird und zu (auf) dem Bogen gehört (steht) der zwischen seinen Schenkeln liegt.

Zusatz 1. Zu jedem Bogen gehören unbegrenzt-viele Umfangswinkel.

Zusatz 2. Zu jedem Umfangswinkel gehört nur ein Bogen.

Zusatz 3. Mit jedem Mittelpunktswinkel stehen unbegrenzt-viele Umfangswinkel auf demselben Bogen.

Will man das Gesetz für die Abhängigkeit aller auf einem Bogen stehenden Umfangswinkel von dem Bogen, oder was auf dasselbe hinauskommt, von dem zu dem letzteren gehörigen Mittelpunktswinkel ermitteln, so muß man zusehen, ob sie nicht in eine begrenzte Anzahl von Gruppen eingeteilt werden können, für welche eine Beziehung zu dem Mittelpunktswinkel herstellbar ist. Bewegt sich aber ihr Scheitel-punkt P auf dem Kreise von dem einen Endpunkte A des Bogens AB, auf dem er liegt, bis zu dem anderen, so befindet sich M an-fänglich ganz außerhalb des Winkels, fällt dann auf den Schenkel PB,

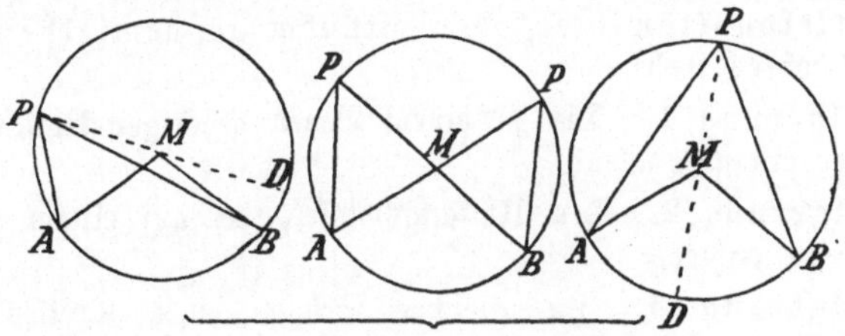

bleibt in dem Winkelraume, bis ihn der Schenkel PA erreicht, und liegt schließlich wieder außerhalb des Winkels. Demnach kann man die sämtlichen zu einem Bogen gehörigen Umfangswinkel in drei Gruppen einteilen, die sich dadurch von einander unterscheiden, daß der Mittel-punkt des Kreises

bei der ersten außerhalb des Winkels,

bei der zweiten auf einem der Schenkel und

bei der dritten in dem Winkel, d. h. innerhalb der beiden Schenkel liegt.*) Für die beiden Winkel der zweiten Gruppe ist die Beziehung zu dem Mittelpunktswinkel am einfachsten erkennbar, weil bei der Lage der Schenkel der letztere der Außenwinkel an der Spitze eines gleich-schenkligen Dreiecks ist, in welchem einer der beiden Umfangswinkel an der Grundlinie liegt. Es besteht daher nach Satz 31 die Gleichheit

$$\sphericalangle\, APB = \tfrac{1}{2}\, \sphericalangle\, AMB.$$

Es liegt nahe, den Satz 31 auch bei den Winkeln der beiden anderen Gruppen zu benutzen, weil durch die Verbindung des Punktes P mit M stets ein gleichschenkliges Dreieck entsteht. Zieht man aber den Durchmesser PMD, so werden zwei neue Umfangswinkel APD

---

*) Ist der zugehörige Bogen nicht kleiner als ein Halbkreis, so befinden sich alle Winkel in der dritten Gruppe.

und *DPB* gebildet, deren Differenz, bez. Summe gleich $\measuredangle APB$ ist, während durch Subtraktion, bez. Addition der zu ihnen gehörigen Mittelpunktswinkel *AMD* und *DMB* der Winkel *AMB* entsteht. Die nach Satz 31 eintretenden Gleichheiten

$$\measuredangle APD = \tfrac{1}{2} \measuredangle AMD$$
$$\text{und} \quad \measuredangle DPB = \tfrac{1}{2} \measuredangle DMB$$

liefern daher bei der ersten Gruppe durch Subtraktion und bei der dritten durch Addition nach G. IV für die Winkel die Beziehung

$$\measuredangle APB = \tfrac{1}{2} \measuredangle AMB.$$

Demnach sind die sämtlichen auf einem Bogen stehenden Umfangs=winkel mit dem zu ihnen gehörigen Mittelpunktswinkel durch den Satz verbunden:

Satz 103. Jeder Umfangswinkel ist halb so groß wie der Mittelpunktswinkel, der mit ihm auf demselben Bogen eines Kreises steht.

Folgerung 1. Die zu einem Bogen gehörigen Umfangswinkel sind unter einander gleich.

Folgerung 2. Der Umfangswinkel, der auf einem Halbkreise steht, ist ein rechter.

Folgerung 3. Zu gleichen Sehnen eines Kreises gehören gleiche Umfangswinkel (Satz 94).

Zusatz. Zu der größeren von zwei Sehnen eines Kreises ge=hören die größeren Umfangswinkel.

Folgerung 4. Zu gleichen Umfangswinkeln eines Kreises ge=hören gleiche Bogen (Satz 95).

Zusatz. Zu dem größeren von zwei Umfangswinkeln eines Kreises gehört der größere Bogen.

Aufgabe. Beweise, daß zwischen Parallelen liegende Bogen eines Kreises gleich sind.

Für die Umfangswinkel besteht hiernach der

Lehrsatz XIII. Alle Umfangswinkel auf demselben oder gleichen Bogen eines Kreises oder auf gleichen Bogen zweier Kreise mit demselben Halbmesser sind unter einander gleich.

Wink 9. Um die Gleichheit zweier Winkel zu beweisen, kann man zu zeigen suchen, daß sie als Umfangswinkel auf dem=selben oder gleichen Bogen eines Kreises oder auf gleichen Bogen zweier Kreise mit demselben Halbmesser stehen.

Kehrt man die Folgerung zu Satz 103 um, so folgt

Satz 104. Die Scheitelpunkte aller auf derselben Seite über einer Strecke stehenden gleichen Winkel liegen mit den Endpunkten der Strecke auf einem Kreise.

Vor. Es sei $\angle APB = \angle AQB = \angle ARB$ u. s. w.

Beh. Es liegen, P, Q, R u. s. w. mit A und B auf einem Kreise.

Entw. des Bew. Wird der einzige, durch die drei Punkte A, B und P bestimmte Kreis (Folgerung 2, Satz 52) gezeichnet, so hat man zu zeigen, daß derselbe auch durch Q, R u. s. w. geht. Der zunächst liegende Versuch, nachzuweisen, daß die Entfernungen dieser Punkte von dem Mittelpunkte des Kreises gleich dem Halbmesser seien, gelingt nicht, und da andere Hilfsmittel fehlen, so muß der Satz indirekt bewiesen werden. Nimmt man aber an, der Kreis ginge z. B. nicht durch R, sondern träfe den Schenkel AR in X, so würde der Winkel AXB nach Folgerung 1, Satz 103 gleich $\angle APB$, nach Vor. also auch gleich $\angle ARB$ sein, und dies ist nach Lehrsatz V unmöglich, einerlei ob X zwischen A und R oder auf der Verlängerung von AR angenommen wird.

Folgerung. Die Scheitelpunkte aller über einer Strecke stehenden rechten Winkel liegen auf dem Kreise, der die Strecke zum Durchmesser hat.

Aus Satz 104 und Folgerung 1, Satz 103 ergiebt sich:

Geometr. Ort 5. In einem Kreise, welcher über einer Strecke AB als Sehne einen Umfangswinkel von der Größe φ besitzt, ist der zu dem Winkel nicht zugehörige Bogen der geometr. Ort für die Scheitelpunkte aller auf derselben Seite über AB stehenden Winkel, welche die Größe φ haben.

Aus Folgerung 2, Satz 103 und Folgerung, Satz 104 ergiebt sich weiter:

Geometr. Ort 6. Der Kreis mit dem Durchmesser AB ist der geometr. Ort für die Scheitelpunkte aller über AB stehenden rechten Winkel.

Die Herstellung des Ortes 6 ist einfach. Die Zeichnung des Ortes 5 erfordert die Ausführung der

Aufgabe 72 (Grund=Aufgabe). Einen Kreis zu zeichnen, der über einer Strecke AB als Sehne einen Umfangswinkel von der Größe φ besitzt.

Auflösung. Da AB eine Sehne des Kreises sein soll, so liegt der Mittelpunkt M auf dem Mittellote von AB (Ort 3ª).

Da ferner der Umfangswinkel über dem Bogen AB gleich φ, der Mittelpunktswinkel über AB also gleich $2\,\varphi$ und demnach in dem gleichschenkligen Dreieck AMB der für die Zeichnung brauchbare Winkel MAB gleich $R - \varphi$ sein soll, so liegt M auch auf dem zweiten Schenkel des in A an AB angelegten Winkels $R - \varphi$.

Anmerkung. Für $\varphi > R$ ist der Winkel MAB gleich $\frac{1}{2}\,(2\,R - \angle AMB)$ oder $\frac{1}{2}\,[2\,R - (4\,R - 2\,\varphi)]$ oder $\varphi - R$. Der Fall $\varphi = R$ führt auf Ort 6.

Die geometrischen Oerter 5 und 6 werden benutzt bei der Ausführung der Aufgaben:

Aufgabe 73. Ein rechtwinkliges Dreieck zu zeichnen aus
1. der Hypotenuse und einer Kathete,
2. „   „   „ der zu ihr gehörigen Höhe,
3. „   „   „ dem Fußpunkt der zu ihr gehörigen Höhe.
Aufgabe 74. Ein Dreieck zu zeichnen aus
1) a, h_a, h_b. 2) a, h_b, h_c. 3) a, h_b, m_a. 4) a, h_b, m_b.
Aufgabe 75. Ein Dreieck zu zeichnen aus
1) a, α, h_a. 2) a, α, m_a. 3) a, α, h_b. 4) $a, \alpha, b \pm c$. (S. Aufg. 50 u. 51.)
5) $a + b + c, \alpha, h_a$. (S. Aufl. der Aufg. 52. Der Winkel EAF ist gleich $R + \dfrac{\alpha}{2}$).

57. Sekante und Tangente.

a) Sätze über die Tangente.

Erklärung. Eine Gerade, welche mit einem Kreise zwei Punkte gemein hat, schneidet den Kreis und wird deshalb Sekante (Schneidende) genannt.

Zusatz 1. Eine Sekante entsteht durch Verlängerung einer Sehne.

Zusatz 2. Zu jeder Sehne gehört nur eine Sekante.

Zusatz 3. Zu jeder Sekante gehört nur eine Sehne.

Zusatz 4. Durch einen Punkt können unbegrenzt viele Sekanten eines Kreises gelegt werden, von denen eine einzige durch den Mittelpunkt geht.

Aus Zusatz 1 ergiebt sich die

Folgerung. Der Abstand einer Sekante von dem Mittelpunkte des Kreises ist kleiner als der Halbmesser.

Wird eine Sekante um einen ihrer Punkte außerhalb des Kreises gedreht, so wird dadurch die Größe der zugehörigen Sehne und ihres Abstandes vom Mittelpunkte nach dem Zusatz zu Satz 101 in umgekehrtem Sinne geändert. Je näher die Schnittpunkte an einander

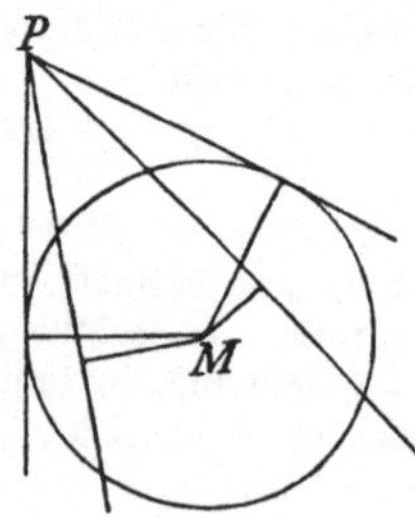

rücken, um so mehr nähert sich die Größe des Abstandes dem Halbmesser. Fallen die beiden Schnittpunkte des Kreises und der Sekante in einem Punkte zusammen, so führt auch der Abstand nach diesem Punkte, weil er stets die Mitte der Sehne mit dem Mittelpunkte verbindet, und erreicht deshalb die Größe des Halbmessers. In dieser Lage, die von der gedrehten Strecke zweimal eingenommen werden kann, erhält die Sekante einen besonderen Namen.

Erklärung. Hat eine Sekante mit einem Kreise nur einen Punkt gemein, so wird sie Tangente (Berührende) genannt. Man sagt dann, sie berühre den Kreis in dem gemeinschaftlichen Punkte, dem Berührungspunkte, und nennt den nach demselben führenden Radius den Berührungsradius.

Folgerung. Durch jeden Punkt außerhalb eines Kreises können zwei Tangenten an denselben gelegt werden.

Da der Berührungsradius zugleich der Abstand der Tangente vom Mittelpunkte des Kreises ist, so ergiebt sich der

Satz 105. Die Tangente steht im Berührungspunkte auf dem Berührungsradius senkrecht.

Folgerung 1. Durch einen Punkt eines Kreises kann nur eine Tangente an denselben gelegt werden. (Satz 6.)

Folgerung 2. Das im Endpunkte eines Radius auf demselben errichtete Lot ist eine Tangente.

Folgerung 3. Das im Berührungspunkte einer Tangente auf derselben errichtete Lot geht durch den Mittelpunkt des Kreises.

Es besteht daher auch der Satz:

Geometr. Ort 7. Das in einem Punkte einer Geraden auf derselben errichtete Lot ist der geometr. Ort für die Mittelpunkte aller Kreise, welche die Gerade in diesem Punkte berühren.

Zusatz 1. Die Mittelpunkte aller Kreise mit demselben Halbmesser, welche eine Gerade berühren, liegen auf der im Abstande des Halbmessers zu dieser Geraden gezogenen Parallelen.

Zusatz 2. Die Mittelpunkte aller Kreise, welche zwei Parallelen berühren, liegen auf einer Geraden, welche in gleichem Abstande von den beiden Parallelen zu ihnen parallel verläuft.

Aufgabe 76. (Grund-Aufgabe.) Durch einen Punkt P außerhalb eines Kreises eine Tangente an denselben zu ziehen.

Auflösung. Ist X der gesuchte Berührungspunkt, so ist der Winkel $PXM = R$, und demnach liegt X auf dem Kreise, der PM zum Durchmesser hat. (Ort 6). Zwei Lösungen.

b) Der Sehnen-Tangentenwinkel.

Erklärung. Der Winkel, den eine Tangente und eine von ihrem Berührungspunkte aus gezogene Sehne bilden, heißt Sehnen-Tangentenwinkel.

Zusatz. Zu jeder Sehne gehören an jedem ihrer Endpunkte zwei Sehnen-Tangentenwinkel.

Erklärung. Von den beiden an einem Endpunkte einer Sehne liegenden Sehnen-Tangentenwinkeln gehört der spitze dem kleineren und der stumpfe dem größeren Bogen zu.

Zusatz. Zu jedem Bogen gehören zwei Sehnen-Tangentenwinkel.

Werden die Berührungsradien (Tangente!) gezogen, so bilden dieselben mit den Tangenten rechte Winkel, und da sie mit der Sehne ebenfalls gleiche Winkel einschließen, so folgt, daß die beiden spitzen und somit auch die beiden stumpfen Sehnen-Tangentenwinkel gleich sind. (Satz 12.) Da ferner die beiden Dreieckswinkel an der Sehne sowohl mit dem Mittelpunktswinkel (Lehrs. VI) als auch mit den spitzen Sehnen-Tangentenwinkeln (Satz 105) zusammen 2 R betragen, so ist jeder Sehnen-Tangentenwinkel halb so groß wie der Mittelpunktswinkel und folglich gleich dem zugehörigen Umfangswinkel. Dies führt zu

Satz 106. Jeder Sehnen-Tangentenwinkel ist gleich dem zugehörigen Umfangswinkel.

Entw. des Bew. Will man den Satz ohne Benutzung des Mittelpunktswinkels beweisen, so hat man zu zeigen, daß der Sehnen-Tangentenwinkel irgend einem der zu der Sehne gehörigen Umfangswinkel gleich ist. Die Eigenschaft der Tangente weist ferner darauf hin, zum Vergleiche den Winkel zu wählen, dessen vom Berührungspunkte A ausgehender Schenkel ein Durchmesser ist. Da dann $\angle ABP = $ R ist, so kann die Richtigkeit des Satzes aus der nun bekannten Beziehung der beiden Winkel zu dem Winkel PAB nach Satz 13 abgeleitet werden.

Der Nachweis, daß der stumpfe Sehnen-Tangentenwinkel gleich dem zugehörigen Umfangswinkel sei, ist auf diesem Wege nicht zu erzwingen. Wird

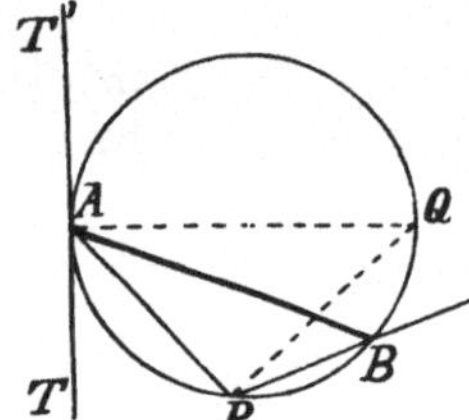

aber wieder der von A ausgehende Durchmesser AQ gezogen und Q mit dem Scheitelpunkte P des Umfangswinkels verbunden, so werden die beiden Winkel $T'AB$ und APB in je zwei Teile zerlegt, aus deren Vergleichung nach G. IV sich die Richtigkeit des Satzes ergiebt.

Zusatz. Ist die Sehne ein Durchmesser, so ist jeder der zugehörigen Sehnen-Tangentenwinkel ein rechter.

Anmerkung. Die Sätze 105 und 106 liefern für die Herstellung des Ortes 5 einen zweiten, gleichfalls bequemen Weg. Man legt den Winkel φ in A an AB an und errichtet in A auf dem zweiten Schenkel das Lot. Dasselbe schneidet das Mittellot von AB in dem Mittelpunkte des gesuchten Kreises.

c. Zwei von einem Punkte ausgehende Tangenten.

Der Schnittpunkt der beiden zu einer Sehne gehörigen Tangenten begrenzt auf denselben mit den Berührungspunkten zwei Stücke, die im engeren Sinne als Tangenten bezeichnet werden. Von ihnen gilt der

Satz 107. Zwei von einem Punkte an einen Kreis gezogene Tangenten sind gleichgroß.

Das Verfahren nach Wink 7 führt zu einer Anwendung des Kz. III.

Der Mittelpunkt des Kreises liegt auf der Halbierungslinie des

Winkels, den die beiden Tangenten einschließen (Ort 4). Der Satz über den Ort 4 kann daher den Wortlaut erhalten:

Geometr. Ort 4a. **Die Halbierungslinie eines Winkels ist der geometr. Ort für die Mittelpunkte aller Kreise, welche seine Schenkel gleichzeitig berühren.**

58. Übungsbeispiele und Aufgaben.

a) Sind zwei Tangenten eines Kreises parallel, so ist die Verbindungslinie der Berührungspunkte, die Berührungssehne, ein Durchmesser.

b) Jede der Tangenten bildet mit ihrem Berührungsradius und der Verbindungslinie ihres Ausgangspunktes mit dem Mittelpunkte ein rechtwinkliges Dreieck, und da die Größe des Radius sich nicht ändert, so folgt:

Satz 108. a) Alle Tangenten eines Kreises sind gleich, deren Ausgangspunkte vom Mittelpunkte gleichweit entfernt sind (Satz 48 d).

b) Die Ausgangspunkte aller gleichen Tangenten sind vom Mittelpunkte des Kreises gleichweit entfernt (Satz 48 a).

c) Alle Tangentenwinkel sind gleich, deren Scheitelpunkte vom Mittelpunkte des Kreises gleichweit entfernt sind (Satz 48 d).

d) Die Scheitelpunkte gleicher Tangentenwinkel sind vom Mittelpunkte des Kreises gleichweit entfernt (Satz 48 c).

c) Aufgaben.

Aufgabe 77. Einen Kreis zu zeichnen, der durch einen Punkt A geht und eine Gerade G in einem Punkte B berührt.

Auflösung. Da der Kreis die Gerade G in B berühren soll, so muß sein Mittelpunkt auf dem in B auf G errichteten Lote liegen (Ort 7); da ferner A ein Punkt des Kreises, AB also eine Sehne sein soll, so muß der Mittelpunkt auch auf dem Mittellote von AB liegen (Ort 3a).

Aufgabe 78. Einen Kreis mit gegebenem Halbmesser r zu zeichnen, der durch einen Punkt A geht und eine Gerade G berührt.

Verwende Zusatz 1 zu Ort 7 und Ort 1. Zwei Lösungen.

Aufgabe 79. Einen Kreis zu zeichnen, der zwei Parallelen G_1 und G_2 berührt und durch einen zwischen ihnen liegenden Punkt A geht.

Verwende Zusatz 2 zu Ort 7 und Ort 1. Zwei Lösungen.

Aufgabe 86. Einen Kreis zu zeichnen, der zwei sich schneidende Geraden berührt, und zwar eine von ihnen in einem gegebenen Punkte.

Verwende Ort 4a und Ort 7.

Aufgabe 81. Durch einen Punkt P außerhalb eines Kreises eine Sekante so zu ziehen, daß die zugehörige Sehne die Länge l hat. $(l < 2r.)$

Auflösung. Ist PXY die gesuchte Sekante und Z der Mittelpunkt der Sehne XY, so ist $\sphericalangle PZM = R$ und folglich der Kreis, der PM zum Durchmesser hat, ein Ort für Z. (Ort 6.) Die zweite Bestimmung der Aufgabe liefert nach Folgerung, Satz 101 einen zweiten Ort für Z, wenn man eine beliebige Sehne von der Länge l zeichnet und mit ihrem Abstande vom Mittelpunkte um denselben einen Kreis beschreibt. Zwei Lösungen.

Aufgabe 82. Einen Punkt zu bestimmen, von dem aus an einen gegebenen Kreis eine Tangente von der Länge l gezogen werden kann.

Aufgabe 82a. Den geometr. Ort für alle diese Punkte zu zeichnen. Verwende Satz 108b.

Aufgabe 83. Einen Punkt zu bestimmen, dessen Tangenten an einen gegebenen Kreis einen Winkel von der Größe φ einschließen.

Auflösung. Die Verbindungslinie des Punktes mit dem Mittelpunkte schließt mit dem Berührungsradius einen Winkel von der Größe $R - \dfrac{\varphi}{2}$ ein.

Aufgabe 83a. Den geometr. Ort für alle die Punkte zu zeichnen. Verwende Satz 108d.

59. Das ein- und umgeschriebene Dreieck und Viereck.

Erklärung. Sind die Seiten eines Vielecks $\left\{\begin{matrix}\text{Sehnen}\\ \text{Tangenten}\end{matrix}\right\}$ eines Kreises, so sagt man, dasselbe sei dem Kreise $\left\{\begin{matrix}\text{ein-}\\ \text{um-}\end{matrix}\right\}$ geschrieben oder der Kreis sei ihm $\left\{\begin{matrix}\text{um-}\\ \text{ein-}\end{matrix}\right\}$ geschrieben, und nennt das Vieleck ein $\left.\begin{matrix}\text{Sehnen-}\\ \text{Tangenten-}\end{matrix}\right\}$ vieleck.

Von den Sätzen über die besonderen Punkte im Dreieck und Viereck erhalten die Sätze 52—58 bei dieser Bezeichnungsweise den Wortlaut:

Satz 109. Um jedes Dreieck läßt sich ein Kreis beschreiben. (Satz 52.)

Der Schnittpunkt der drei Mittellote ist der Mittelpunkt des Kreises.

Satz 110. Für jedes Dreieck ist ein einziger eingeschriebener Kreis möglich. (Satz 55.)

Der Schnittpunkt der drei Winkelhalbierungslinien ist der Mittelpunkt und sein Abstand von einer Seite der Halbmesser des Kreises.

Satz 111. Die Seiten eines Dreiecks, bez. ihre Verlängerungen werden gemeinschaftlich von 4 Kreisen berührt. (Satz 55 und 56.)

Satz 112. In einem Sehnenviereck sind je zwei gegenüber liegende Winkel supplementar. (Satz 53.)

Folgerung. Jeder Außenwinkel eines Sehnenvierecks ist gleich dem gegenüber liegenden Winkel des Vierecks.

Satz 113. Sind in einem Viereck zwei gegenüber liegende Winkel supplementar, so ist dasselbe ein Sehnenviereck. (Satz 54.)

Satz 114. In einem Tangentenviereck sind die Summen aus den gegenüber liegenden Seiten gleichgroß. (Satz 57.)

Satz 115. Sind in einem Viereck die Summen der gegenüber liegenden Seiten gleichgroß, so ist dasselbe ein Tangentenviereck. (Satz 58.)

Anmerkung zu Satz 111. Die Berührungspunkte der 4 zu einem Dreieck gehörigen Berührungskreise begrenzen auf den Seiten und ihren Verlängerungen Stücke, von denen je zwei, die in einer Ecke zusammenstoßen, nach Satz 107 gleichgroß sind.

Jedes dieser Stücke kann durch die Länge der Dreiecksseiten ausgedrückt werden. Es ist nämlich

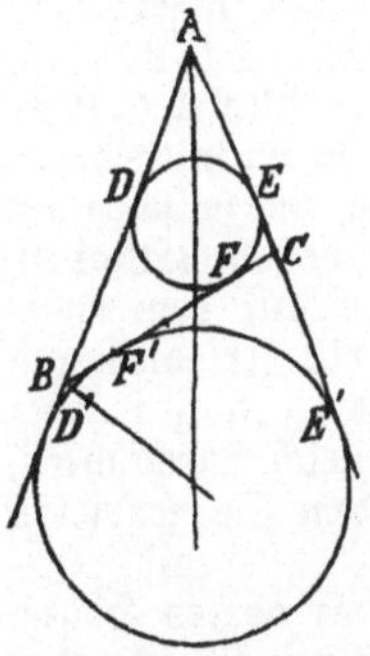

$$AD + AE = (AB - BD) + (AC - CE),$$
$$= (AB - BF') + (AC - CF'),$$
$$= AB + AC - (BF - CF),$$
$$= AB + AC - BC,$$

und somit

$$AD = AE = \tfrac{1}{2}(AB + AC - BC).$$

In gleicher Weise ergiebt sich

$$BD = BF = \tfrac{1}{2}(AB + BC - AC),$$
$$CF = CE = \tfrac{1}{2}(AC + BC - AB).$$

Ferner ist $AD' + AE' = (AB + BD') + (AC + CE'),$
$$= (AB + BF') + (AC + CF'),$$
$$= AB + AC + BC,$$

also $AD' = AE' = \tfrac{1}{2}(AB + AC + BC).$

Die Strecken von den Ecken bis zu den Berührungspunkten der gegenüber liegenden äußeren Kreise sind hiernach unter einander gleich.

60. Übungsbeispiele und Aufgaben.

a) Welche Parallelogramme besitzen einen ein= und welche einen umgeschriebenen Kreis?

b) Welche Bezeichnung kommt dem Viereck zu, dessen Seiten die an einander stoßenden Hälften zweier Dreiecksseiten und die zu ihnen gehörigen Mittellote sind?

c) Welche Bezeichnung kommt dem Viereck zu, das aus den gegenseitigen Projektionen zweier Dreiecksseiten und den unteren Höhenabschnitten gebildet wird?

d) Wieviel Sehnenvierecke sind vorhanden, wenn die drei Höhen eines Dreiecks gezeichnet sind?

e) Die Verbindungslinie der Fußpunkte zweier Höhen zerlegt das Dreieck in ein Sehnenviereck und ein Dreieck, das mit ihm gleiche Winkel hat. (Folgerung, Satz 112.)

Erklärung. Das durch die Fußpunkte der drei Höhen eines Dreiecks bestimmte Dreieck wird Höhendreieck genannt.

f) Die Winkel des Höhendreiecks werden durch die Höhen des ursprünglichen Dreiecks halbiert.

g) Der dem Höhendreieck umgeschriebene Kreis halbiert die oberen Höhenabschnitte und die Seiten (Feuerbachscher Kreis).

Entw. des Bew. Es seien AA_1, BB_1, CC_1 die drei Höhen, A_2, B_2, C_2 die Mitten der oberen Höhenabschnitte, O der Schnittpunkt der Höhen und D, E, F die Mitten der Seiten.

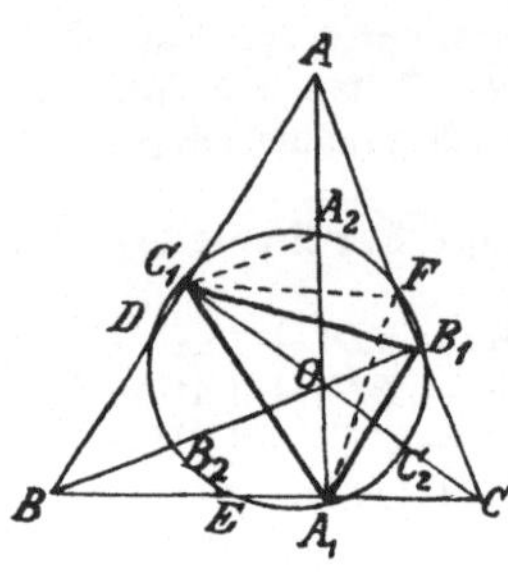

Zunächst soll bewiesen werden, daß z. B. A_2 auf dem Kreise liegt, der durch A_1, B_1 und C_1 geht; zu dem Zwecke hat man zu zeigen, daß $\sphericalangle C_1A_2A_1 = \sphericalangle C_1B_1A_1$ ist (Satz 104). Ein unmittelbarer Vergleich dieser Winkel ist nicht möglich. Beachtet man aber einerseits, daß AC_1OB_1 ein Sehnenviereck und $\sphericalangle AC_1O = $ R, also A_2 der Mittelpunkt des zugehörigen Kreises und somit $\sphericalangle C_1A_2A_1 = 2\,C_1AA_1$ ist, und andererseits, daß BB_1 den Winkel $C_1B_1A_1$ halbiert, so gelangt man zu einem mittelbaren Vergleiche aus der Beziehung, die zwischen den Winkeln C_1AA_1 und C_1B_1O besteht (Wink 9).

Ferner ist zu zeigen, daß jede der Seitenmitten auf dem angegebenen Kreise liegt, und dazu ist z. B. für die Mitte F von AC wiederum erforderlich, daß die Gleichheit der Winkel C_1FA_1 und $C_1B_1A_1$ nachgewiesen wird. Auch hier läßt sich ein mittelbarer Vergleich durchführen, wenn man beachtet, daß F der Mittelpunkt des zu dem Sehnenviereck AC_1A_1C gehörigen Kreises ist.

h) Wird die Mitte einer Seite mit der Mitte des oberen Höhenabschnitts der zugehörigen Höhe verbunden, so entsteht ein Durchmesser des Feuerbachschen Kreises.

Die beiden Punkte bestimmen mit dem Fußpunkte der Höhe ein rechtwinkliges Dreieck.

i) Der Halbmesser des Feuerbachschen Kreises ist halb so groß wie der Halbmesser des dem ursprünglichen Dreieck umgeschriebenen Kreises.

k) Aufgaben.

Bezeichnungen. Der Halbmesser des einem Dreieck eingeschriebenen Kreises wird mit ϱ und der Halbmesser des der Ecke A gegenüber liegenden äußeren Berührungskreises mit ϱ_a bezeichnet. Entsprechend sind ϱ_b und ϱ_c zu deuten.

Aufgabe 84. Ein Dreieck zu zeichnen aus

1. α, w_a, ϱ. 2. α, h_b, ϱ. 3. α, w_a, ϱ_a. 4. α, h_b, ϱ_a.

Aufgabe 85. Ein Dreieck zu zeichnen aus

1. $b + c - a$, ϱ, β oder γ. 2. $b + c - a$, ϱ, w_a.

Aufgabe 86. Ein Dreieck zu zeichnen aus

1. $a + b + c$, ϱ_a, β. 2. $a + b + c$, ϱ_a, w_a.

Aufgabe 87. Ein Dreieck zu zeichnen aus der Lage der Fußpunkte seiner Höhen.

61. Das regelmäßige Vieleck.

Ist die Anzahl der Ecken eines Vielecks größer als 4, so können aus den Ortssätzen 3 und 4 die Bedingungen für das Vorhandensein eines ein= oder umgeschriebenen Kreises nicht mehr abgeleitet werden. Dagegen wird es möglich sein, die Beschaffenheit eines Viel= ecks zu ermitteln, das gleichzeitig einen ein= und umgeschriebenen Kreis besitzt, vorausgesetzt, daß deren Mittelpunkte zusammen= fallen.

Soll zunächst ein umgeschriebener Kreis vorhanden sein, so muß sein Mittelpunkt M auf den Mittelloten sämtlicher Seiten liegen. Nun sind die durch M und die Fußpunkte begrenzten Stücke der Mittellote zugleich die Abstände der Seiten von M, und demnach kann nur dann dem Vieleck gleichzeitig ein Kreis mit dem Mittelpunkte M eingeschrieben werden, wenn diese Abstände unter einander gleich sind. Ist dies aber der Fall, so ist nach Kz. III:

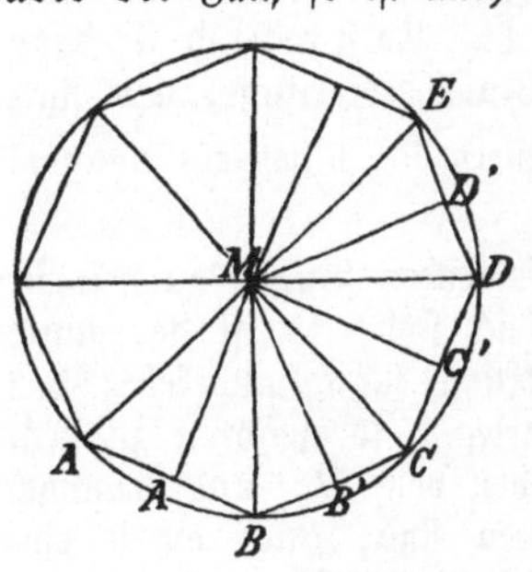

$$\triangle MBA' \cong \triangle MBB', \triangle MCB' \cong \triangle MCC' \text{ u. s. w.},$$

und daraus folgt:

$$BA' = BB', CB' = CC' \text{ u. s. w.},$$

d. h. $\tfrac{1}{2} AB = \tfrac{1}{2} BC, \tfrac{1}{2} BC = \tfrac{1}{2} CD$ u. s. w., also auch

$$AB = BC, BC = CD \text{ u. s. w.}$$

Weiter ergiebt sich aus der Kongruenz der Dreiecke

$$\sphericalangle MBA' = \sphericalangle MBB',$$
$$\sphericalangle MCB' = \sphericalangle MCC' \text{ u. s. w.},$$

also $\sphericalangle MBB' = \tfrac{1}{2} \sphericalangle B, \sphericalangle MCB' = \tfrac{1}{2} \sphericalangle C$ u. s. w., und da $\sphericalangle MBB' = \sphericalangle MCB', \sphericalangle MCC' = \sphericalangle MDC'$ u. s. w. ist, so folgt $\sphericalangle B = \sphericalangle C, \sphericalangle C = \sphericalangle D$ u. s. w.

Wird demnach ein Vieleck als regelmäßig bezeichnet, wenn seine Seiten und Winkel gleichgroß sind, so besteht der

Satz 116. Besitzt ein Vieleck einen ein= und umgeschriebe= nen Kreis mit demselben Mittelpunkte, so ist dasselbe regel= mäßig.

Durch Umkehrung erhält man hieraus den

Satz 117. Jedes regelmäßige Vieleck besitzt 1. einen umgeschriebenen und 2. einen eingeschriebenen Kreis mit demselben Mittelpunkte.

Entw. des Bew. zu 1. Schneiden sich die Mittellote von AB und BC in M (S. Fig. des Satzes 116), so ist zunächst zu beweisen, daß das Lot MC' von M auf CD mit dem Mittellote von CD zusammenfällt, d. h. daß $CC' = \tfrac{1}{2} CD$ ist. Da aber $CB' = \tfrac{1}{2} BC$ und somit auch $= \tfrac{1}{2} CD$ ist, so hat man die Gleichheit $CC' = CB'$ nachzuweisen. Nach Wink 7 hat man zu diesem Zwecke zu zeigen, daß $\triangle MCC' \cong \triangle MCB'$ ist. Die Kongruenz tritt aber ein, wenn $\sphericalangle MCC' = \sphericalangle MCB'$ (Kz. I), d. h. wenn $\sphericalangle MCB' = \tfrac{1}{2} \sphericalangle C$ ist,

und da einerseits $\angle MCB' = \angle MBB'$ (Lehrsatz IX b) und anderer=
seits $\angle C = \angle B$ (Vor.), so ergiebt sich die Gleichheit $\angle MCB' =$
$\frac{1}{2} \angle C$ mittelbar aus der Beziehung des Winkels MBB' zu $\angle B$, die
aus der Kongruenz der Dreiecke MBB' und MBA' (Kz. III) auf
Grund der Vor. abgeleitet werden kann. Ganz entsprechend ist weiter
zu zeigen, daß M auch auf den Mittelloten von DE, EF u. s. w. liegt.

Entw. des Bew. zu 2. Die Halbierungslinien der Winkel B
und C schneiden sich in M; M ist daher der gemeinschaftliche Mittel=
punkt. Es ist nun wieder zunächst zu zeigen, daß MD den Winkel D
halbiert, und da $\angle D = \angle C$ ist (Vor.), so hat man die Gleichheit
$\angle MDC' = \frac{1}{2} \angle C$, d. h. $= \angle MCB'$ nachzuweisen. Nach Wink 6
ist hierzu der Beweis für die Kongruenz der Dreiecke MCD und MBC
erforderlich. Zur Anwendung gelangt Kz. II. Entsprechend ist dann
weiter zu zeigen, daß ME, MF u. s. w. Winkelhalbierungslinien sind.

Aufgabe. Zu einem gegebenen regelmäßigen Vieleck den ein= und um=
geschriebenen Kreis zu zeichnen.

Da nach Satz 99 die auf einander folgenden Bogen und somit
auch die zugehörigen Mittelpunktswinkel gleich sind, so ist der ganze
Winkel M in n gleiche Teile geteilt. Kann man umgekehrt den
Winkel M (den Kreis) in n gleiche Teile zerlegen, so gehören zu den=
selben gleiche Sehnen mit gleichen Abständen von M, und demnach
besitzt das Vieleck, dessen Seiten die Sehnen sind, auch einen ein=
geschriebenen Kreis, ist also nach Satz 116 regelmäßig. Zieht man
ferner durch die Teilpunkte die Tangenten an den Kreis und bezeichnet
die auf einander folgenden Schnittpunkte derselben mit A', B', C' u. s. w.;

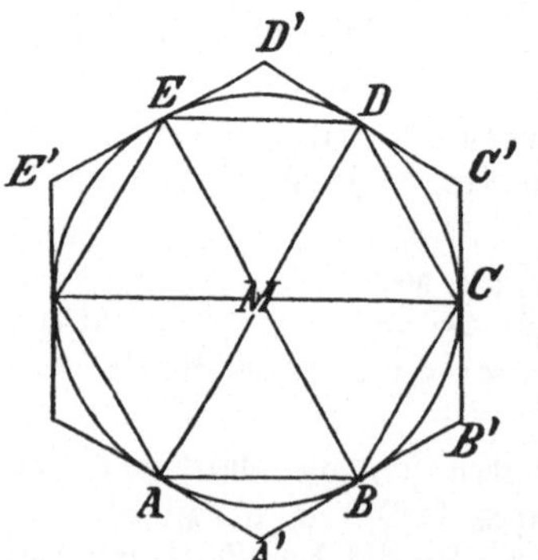

beachtet man weiter, daß die unter ein=
ander gleichen Winkel A, B, C u. s. w.
durch die Berührungsradien halbiert
und demnach die sämtlichen Sehnen=
Tangentenwinkel gleichgroß sind (Satz
12 u. 105), so sieht man, daß die von
den Sehnen und Tangenten gebildeten
Dreiecke gleichschenklig und kongruent
sind. Daraus folgt aber einmal die
Gleichheit aller Winkel A', B', C' u. s. w.
und dann die Gleichheit der Strecken
$A'B$, BB', $B'C$, CC' u. s. w., d. h.
die Gleichheit der Seiten $A'B'$, $B'C'$,
$C'D'$ u. s. w. Das Vieleck ist also regelmäßig. Demnach besteht der

Satz 118. Teilt man einen Kreis in n gleiche Teile,
so sind die Teilpunkte die Ecken eines regelmäßigen, dem
Kreise eingeschriebenen und die Berührungspunkte eines
regelmäßigen umgeschriebenen n=Ecks.

Die Aufgabe, einen Kreis (den Winkel um seinen Mittelpunkt) in n gleiche Teile zu zerlegen, ist mit den in den vorhergehenden Abschnitten bekannt gewordenen Mitteln ohne Benutzung des Gradmessers nur ausführbar, wenn $\frac{360^0}{n}$ ein Winkel ist, der aus 90^0 oder 60^0 oder aus solchen Winkeln zusammengesetzt werden kann, die durch Halbierungen aus 90^0 und 60^0 entstehen. Hiernach kann gezeichnet werden

    a) das regelmäßige 4-Eck (Winkel von 90^0),
           "   "   8-Eck ("   " 45^0),
           "   "   16-Eck ("   " $22\frac{1}{2}^0$) u. s. w.,
    b) das regelmäßige 3-Eck (Winkel von 120^0),
           "   "   6-Eck ("   " 60^0; Seite $=$ Halbmesser!),
           "   "   12-Eck ("   " 30^0),
           "   "   24-Eck ("   " 15^0) u. s. w.

Aus dem regelmäßigen n-Eck leitet man also das regelmäßige $2\,n$-Eck ab, wenn man die Mittelpunktswinkel halbiert und die neuen Teilpunkte auf dem Kreise mit den Endpunkten der zugehörigen Seiten des n-Ecks verbindet, bez. durch die Teilpunkte Tangenten an den Kreis zieht. In den eingeschriebenen Vielecken bildet dann jede Seite des n-Ecks mit zwei Seiten des $2\,n$-Ecks ein Dreieck und ist daher kleiner als deren Summe (Satz 35). Daraus folgt:

Satz 119. Die Seitensumme eines einem Kreise eingeschriebenen regelmäßigen n-Ecks nimmt zu, wenn die Seitenzahl verdoppelt wird.

Bei den umgeschriebenen Vielecken dagegen schneidet die neue Seite des $2\,n$-Ecks von zwei Nachbarseiten des n-Ecks zwei Stücke ab und ist kleiner als deren Summe. Der durch das Fortfallen dieser Stücke entstandene Verlust wird daher durch die Hinzunahme der neuen Seite nicht ausgeglichen, und demnach besteht der

Satz 120. Die Seitensumme eines einem Kreise umgeschriebenen regelmäßigen Vielecks nimmt ab, wenn die Seitenzahl verdoppelt wird.

Durch fortgesetzte Verdoppelung der Seitenzahl schmiegen sich aber die beiden Arten von Vielecken immer enger an den Kreis, und da das umgeschriebene eine größere Seitensumme besitzt als das eingeschriebene von gleicher Seitenzahl (Satz 35), so folgt hieraus und aus den Sätzen 119 und 120:

Satz 121. Ein Kreis ist stets $\left\{\begin{matrix}\text{größer}\\\text{kleiner}\end{matrix}\right\}$ als die Seitensumme eines ihm $\left\{\begin{matrix}\text{ein-}\\\text{um-}\end{matrix}\right\}$ geschriebenen regelmäßigen Vielecks.

Anmerkung. Der Zusatz „regelmäßigen" kann wegfallen, ohne daß der Satz aufhört, richtig zu sein.

62. Zwei Kreise.

a) Die Mittelpunktslinie.

Da durch drei Punkte nur ein Kreis gelegt werden kann, so können zwei Kreise nicht mehr als zwei Punkte gemein haben.

Erklärung: Haben zwei Kreise zwei Punkte gemein, so sagt man, sie schneiden sich in diesen Punkten, und bezeichnet die Verbindungslinie der Schnittpunkte als gemeinschaftliche Sehne. Haben zwei Kreise nur einen Punkt gemein, so sagt man, sie berühren sich in diesem Punkte. Haben aber zwei Kreise keinen Punkt gemein, so liegen sie entweder ganz aus einander oder der größere von ihnen schließt den kleineren ein.

Erklärung: Die Verbindungslinie der Mittelpunkte zweier Kreise heißt Mittelpunktslinie.

Zieht man die Radien zu den Schnittpunkten zweier sich schneidenden Kreise, so entstehen über der gemeinschaftlichen Sehne zwei gleichschenklige Dreiecke, und somit ergiebt sich nach Lehrsatz X:

Satz 122. Schneiden sich zwei Kreise, so steht ihre Mittelpunktslinie senkrecht auf der gemeinschaftlichen Sehne und halbiert dieselbe.

Entfernt sich der Mittelpunkt des zweiten Kreises von dem des ersten so, daß er auf der ursprünglichen Mittelpunktslinie (bez. deren Verlängerung) bleibt, so nähern sich die beiden Schnittpunkte der Kreise immer mehr, ohne daß der Inhalt des Satzes 122 sich ändert. Es

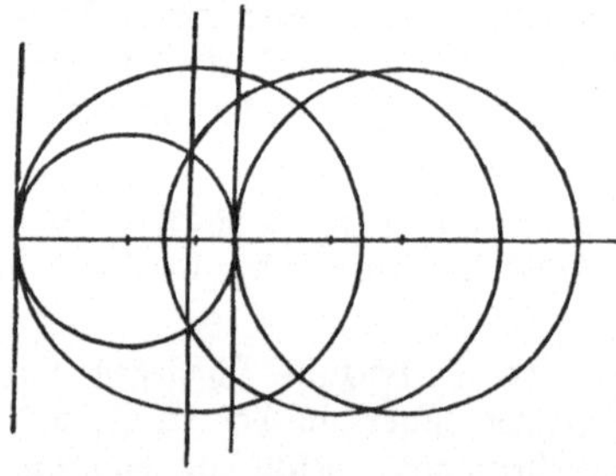

tritt daher auch keine Veränderung ein, wenn die Schnittpunkte zusammenfallen, d. h. wenn die Kreise sich berühren. Der Mittelpunkt der gemeinschaftlichen Sehne bleibt stets auf der Mittelpunktslinie, und daher liegt auch der Berührungspunkt auf derselben. Die zu der gemeinschaftlichen Sehne gehörige Sekante steht ferner stets senkrecht auf der Mittelpunktslinie, und da sie bei der Berührung in eine gemeinschaftliche Tangente der Kreise übergeht (s. Erkl. der Tangente Nr. 57), so steht auch die gemeinschaftliche Tangente auf der Mittelpunktslinie senkrecht. Dieselben Beziehungen treten ein, wenn der Mittelpunkt des zweiten Kreises in entsprechender Weise sich dem des ersten nähert, bis die Schnittpunkte zusammenfallen. Es besteht also der

Satz 123. Berühren sich zwei Kreise, so steht die Mittelpunktslinie in dem Berührungspunkte senkrecht auf der gemeinschaftlichen Tangente.

Zusatz. Die Gerade, welche durch den Mittelpunkt und einen Punkt des Kreises geht, ist der geometr. Ort für die Mittelpunkte aller Kreise, welche den ersten Kreis in dem gewählten Punkte berühren.

Der Vergleich der Mittelpunktslinie MM' mit den Halbmessern r und r' liefert für die fünf von einander verschiedenen Lagen zweier Kreise zu einander teils unmittelbar, teils durch Benutzung des Satzes 35 die folgenden Beziehungen:

Satz 124. Wenn zwei Kreise M, r und M', r' einander

a) ausschließen, so ist $MM' > (r + r')$,

b) von außen berühren, so ist $MM' = (r + r')$,

c) schneiden, so ist $MM' < (r + r')$, aber $> (r' - r)$,

d) von innen berühren, so ist $MM' = (r' - r)$; wenn aber

e) der Kreis M, r von dem Kreise M', r' eingeschlossen wird, so ist $MM' < (r' - r)$.

Anmerkung. Es kann jeder Teil dieses Satzes umgekehrt werden. Der Beweis ist aber stets ein indirekter.

Zusatz zu 124b. Der Kreis M, $r + r'$ ist der geometr. Ort für die Mittelpunkte aller Kreise mit dem Halbmesser r', welche den Kreis M, r von außen berühren.

Zusatz zu 124d. Der Kreis M, $r - r'$ (Bedingung: $r' < r$) ist der geometr. Ort für die Mittelpunkte aller Kreise mit dem Halbmesser r', welche den Kreis M, r von innen berühren.

b) Die gemeinschaftlichen Tangenten.

Besitzen zwei Kreise M, r und M', r' ($r > r'$) eine gemeinschaftliche Tangente AA', so sind die Berührungsradien MA und $M'A'$

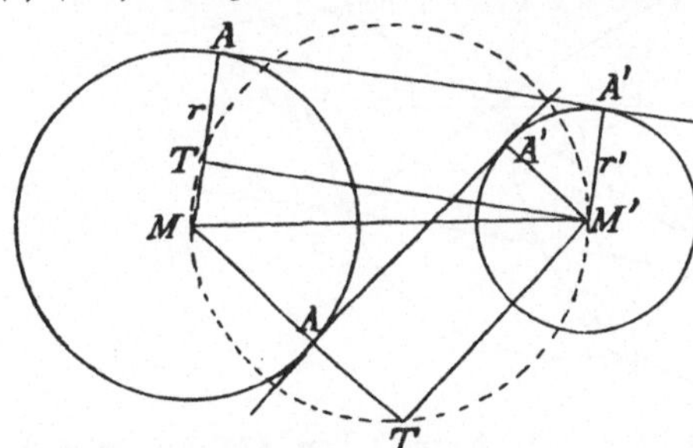

parallel, weil sie beide senkrecht auf AA' stehen. Zieht man daher durch M' die Parallele zu AA', welche MA in T trifft, so ist das Viereck $AA'M'T$ ein Rechteck. Daraus folgt:

1) $\sphericalangle MTM' = R$ und

2) $MT = MA \mp M'A' = r \mp r'$, je nachdem AA' eine äußere oder eine innere Tangente ist (je nachdem A und A' auf derselben oder auf verschiedenen Seiten der Mittelpunktslinie liegen). Zu jeder gemeinschaftlichen Tangente gehört daher ein Punkt T, der einmal auf dem Kreise liegt, dessen Durchmesser die Mittelpunktslinie ist, und dann dem Kreise an-

gehört, der um M mit dem Halbmesser $r - r'$ oder $r + r'$ beschrieben wird. Demnach ist eine gemeinschaftliche $\begin{Bmatrix} \text{äußere} \\ \text{innere} \end{Bmatrix}$ Tangente nur dann möglich, wenn die beiden Kreise so liegen, daß der Kreis mit dem Durchmesser MM' von dem Kreise $\begin{Bmatrix} M, r - r' \\ M, r + r' \end{Bmatrix}$ geschnitten werden kann, d. h. wenn die Mittelpunktslinie nicht kleiner als die $\begin{Bmatrix} \text{Differenz} \\ \text{Summe} \end{Bmatrix}$ der Halbmesser ist, wenn also der größere Kreis den kleineren nicht vollständig einschließt. $\left. \begin{array}{c} \\ \text{einschließt oder schneidet.} \end{array} \right\}$ Hieraus und aus Satz 124 folgt:

Satz 125. Zwei Kreise besitzen gemeinschaftlich
a) 2 äußere und 2 innere Tangenten, wenn sie aus einander liegen;
b) 2 äußere und 1 „ „ , wenn sie sich von außen berühren;
c) 2 äußere und 0 „ „ , wenn sie sich schneiden;
d) 1 „ und 0 „ „ , wenn sie sich von innen berühren;
e) keine Tangente, wenn einer von ihnen den anderen einschließt.

Aufgabe 88. An zwei ganz aus einander liegende Kreise die 4 gemeinschaftlichen Tangenten zu ziehen.

Auflösung. Der Punkt T (s. Ableitung des Satzes 125) liegt stets auf dem Kreise mit dem Durchmesser MM' und entweder auf dem Kreise

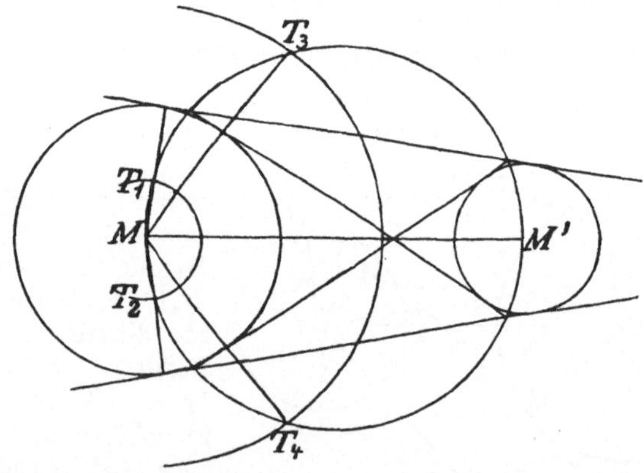

$M, r - r'$ oder auf dem Kreise $M, r + r'$. Durch T und MT sind aber die Berührungspunkte bestimmt. Man zeichnet also den Kreis mit dem Durchmesser MM' und um M einen weiteren Kreis 1) mit dem Halbmesser $r - r'$, der den ersten in T_1 und T_2 schneidet, und 2) mit dem Halbmesser $r + r'$ zur Bestimmung der Punkte T_3 und T_4. Verbindet man dann M mit den vier Punkten und zieht durch M' die Parallelen zu den Verbindungslinien, so erhält man in je zwei durch einen der vier Punkte T bestimmten Punkten der beiden Kreise die Berührungspunkte einer Tangente.

63. Übungsbeispiele und Aufgaben.

a) Sätze über gemeinschaftliche Tangenten.

Satz 126. Die gemeinschaftlichen äußeren, sowie die gemeinschaftlichen inneren Tangenten zweier Kreise sind gleichgroß. (Satz 107!)

Zusatz 1. Die Strecken, welche die äußeren Tangenten auf den inneren begrenzen, sind gleich den (Strecken zwischen den Berührungspunkten der) äußeren Tangenten.

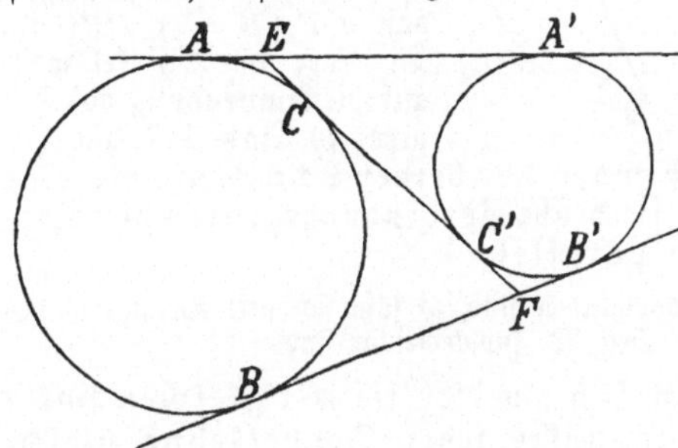

Entw. des Bew. Sind E und F die Schnittpunkte der inneren Tangente CC' mit AA' und BB', so soll bewiesen werden, daß $EF = AA'$ ist. Da nach Wink 7 nicht verfahren werden kann, so muß der Satz 107 benutzt werden, auf dessen Anwendung die Eigenschaft der Geraden CC' hinweist. Nach diesem Satze bestehen aber für die Abschnitte EC und FC' der Strecke EF die Beziehungen

$$EC = AE = AA' - EA' = AA' - (EC + CC'),$$
$$FC' = FB' = BB' - FB = BB' - (CC' + C'F),$$

und demnach ist

$$EC + CC' + C'F = AA' - (EC + CC') + CC' + BB' - (CC' + C'F),$$
$$= AA' + BB' - (EC + CC' + C'F),$$

also

$$EF = AA' + BB' - EF.$$

Hieraus aber ergiebt sich die Richtigkeit der Behauptung nach Satz 126.

Zusatz 2. Die Strecken, welche die inneren Tangenten auf den äußeren begrenzen, sind gleich den inneren Tangenten.

Der Beweis wird ebenso geführt wie bei Zusatz 1.

Zusatz 3. Die 8 Tangenten, welche von den Schnittpunkten der äußeren mit den inneren Tangenten an die beiden Kreise gehen, sind alle gleichgroß.

Eine Folgerung aus den beiden ersten Zusätzen.

b) Sätze über Doppelsehnen.

Erklärung. Zieht man durch einen der Schnittpunkte zweier Kreise eine gemeinschaftliche Sekante, so bilden die beiden zugehörigen Sehnen zusammen eine Doppelsehne.

Satz 127. Schneiden sich zwei Doppelsehnen auf einem der Kreise, so ist die Verbindungslinie ihrer Endpunkte parallel zu der in dem Schnittpunkte an den Kreis gelegten Tangente.

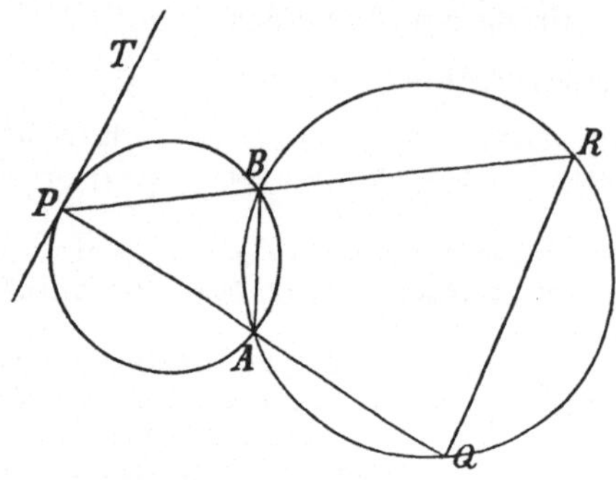

Entw. des Bew. Sind PQ und PR die Doppelsehnen und PT die Tangente in P, so hat man nach Wink 2 zu beweisen, daß die Winkel TPR und PRQ einander gleich sind. Nun ist $\angle TPR$ (TPB) Sehnen-Tangentenwinkel, also gleich $\angle PAB$, und demnach hat man zu zeigen, daß $\angle PAB = \angle PRQ$ ist. Die Lage der Winkel weist auf die Anwendung des Zusatzes zu Satz 112 hin.

Satz 128. Wird durch jeden der beiden Schnittpunkte eine Doppelsehne gezogen, so sind die Verbindungslinien der Entpunkte der Doppelsehnen parallel.

Da zwei Sehnenvierecke vorhanden sind, so läßt sich mit Benutzung des Satzes 112 nachweisen, daß die Erg. W. supplementar sind.

Satz 129. Schneiden sich zwei Kreise mit gleichen Halbmessern, so sind die Endpunkte jeder Doppelsehne gleichweit entfernt von dem Schnittpunkte, durch den sie nicht geht.

Satz 130. Die Radien, welche nach den Endpunkten einer Doppelsehne bei zwei sich berührenden Kreisen führen, sind parallel.

Satz 131. Bei zwei sich berührenden Kreisen geht die Verbindungslinie der Endpunkte paralleler Radien von entgegengesetzter Richtung durch den Berührungspunkt.

Diese Umkehrung des Satzes 130 kann nur indirekt bewiesen werden.

c) Aufgaben.

Aufgabe 89. Einen Kreis zu zeichnen, der einen gegebenen Kreis in einem gegebenen Punkte berührt und durch einen gegebenen Punkt 1) außerhalb, 2) innerhalb des Kreises geht.

Anmerkung. Die Lösung ist unmöglich, wenn der zweite Punkt auf der Tangente liegt, die in dem ersten Punkte an den Kreis gezeichnet wird.

Aufgabe 90. Einen Kreis mit einem gegebenen Halbmesser zu zeichnen, der einen gegebenen Kreis berührt und durch einen gegebenen Punkt außerhalb des Kreises geht.

Zwei Lösungen. Ist der Halbmesser kleiner als der Halbmesser des gegebenen Kreises, so kann der Punkt auch innerhalb des Kreises angenommen werden.

Aufgabe 91. Einen Kreis zu zeichnen, der einen gegebenen Halbmesser besitzt und zwei gegebene Kreise berührt.

Anmerkung. Die Größe des Halbmessers darf nicht beliebig angenommen werden. Wann ist die Lösung unmöglich?

Aufgabe 92. Einen Kreis mit gegebenem Halbmesser zu zeichnen, der einen gegebenen Kreis und eine gegebene Gerade berührt. Wann ist hier die Lösung unmöglich?

Aufgabe 93. Einen Punkt zu zeichnen, durch den an zwei gegebene Kreise Tangenten von der Länge l gezogen werden können.

Siehe Aufgabe 82 a. Die Länge l muß so gewählt werden, daß die beiden geometrischen Örter für den Punkt sich schneiden. Zwei Lösungen. Berühren sich diese Örter, so ist nur eine Lösung vorhanden.

Aufgabe 94. Einen Punkt zu zeichnen, dessen Tangenten an zwei gegebene Kreise zwei Winkel von der Größe φ einschließen.

S. Aufgabe 83a. Wird φ so gewählt, daß die beiden geometr. Örter

a) sich schneiden, so sind 2 Lösungen vorhanden,

b) sich berühren, so ist 1 Lösung vorhanden,

c) sich weder schneiden noch berühren, so ist keine Lösung möglich.

Aufgabe 95. Bei zwei sich schneidenden Kreisen eine Doppelsehne von der Länge l zu ziehen.

Auflösung. Zeichnet man bei irgend einer Doppelsehne die beiden Abstände von den Mittelpunkten, so ist das Stück zwischen den beiden Fußpunkten der Lote halb so groß wie die Doppelsehne. Die Parallele durch einen der Mittelpunkte zu der Doppelsehne schneidet das zweite Lot rechtwinklig. Daraus ergiebt sich, daß die halbe Doppelsehne als Kathete einem rechtwinkl. Dreieck angehört, dessen Hypotenuse die Mittelpunktslinie ist. Zugleich folgt hieraus, daß l kleiner als das Doppelte der Mittelpunktslinie sein muß.

Aufgabe 96. Ein Dreieck zu zeichnen aus

1) α, h_a, ϱ.   2) α, h_a, ϱa.   3) $a + b + c$, ϱ, $\varrho \alpha$.
4) $a + b + c$, ϱa, ϱb.   5) $b + c + a$, ϱ, ϱa.   6) $b + c + a$, ϱ, ϱb.

In jedem der 6 Fälle wird die Herstellung einer gemeinschaftlichen Tangente an zwei Kreise erforderlich. Aufgabe 88.

IV. Abschnitt.

Inhaltslehre.

15. Kapitel.

Der Inhalt der Figuren.

64. Begriff des Inhalts. Inhaltsmessung.

Erklärung. Der Teil der Ebene innerhalb einer geschlossenen Figur wird Flächeninhalt oder kurz Inhalt der Figur genannt.

Erklärung. Zwei geschlossene Figuren heißen flächengleich oder kurz gleich (=), wenn ihre Inhalte gleichgroß sind.

Da die Inhalte kongruenter Figuren stets gleichgroß sind, so er= giebt sich:

Folgerung 1. Sind zwei Figuren kongruent, so sind sie gleich.

Gleich sind also a) alle kongruenten Dreiecke,
      b) alle kongruenten Parallelogramme, insbesondere alle Quadrate mit gleichen Seiten,
      c) die Flächen aller Kreise mit gleichen Halbmessern,
      d) alle regelmäßigen Vielecke mit gleichen Seiten und derselben Seitenzahl.

Folgerung 2. Zwei Figuren sind gleich, ohne kongruent zu sein, wenn sie durch Addition oder Subtraktion aus kongruenten (gleichen) Flächenstücken zusammengesetzt werden können (G. IV), insbesondere wenn sie dasselbe Vielfache kongruenter (gleicher) Flächenstücke sind.

Wink 10. Um die Gleichheit zweier nicht = kongruenter Figuren nachzuweisen, kann man zu zeigen suchen, daß sie die Summen oder Differenzen aus kongruenten (gleichen) Stücken sind.

Folgerung 3. Zwei Figuren, die weder kongruent sind noch aus kongruenten Stücken durch Addition oder Subtraktion entstehen, können stets mit einander verglichen werden, wenn jede von ihnen sich in eine Anzahl kongruenter (gleicher) Stücke zerlegen läßt und diese Teile der beiden Figuren gleich sind. Es ist dann diejenige Figur die größere, welche die größere Anzahl der unter einander gleichen Teile enthält.

Erklärung. Wird die Größe der unter einander kongruenten Teile, in welche eine Figur zerlegbar ist, als Einheit angenommen, so sagt man, n sei die Maßzahl für den Inhalt oder kurz der Inhalt der Figur, wenn die Einheit n-mal in derselben enthalten ist.

Erklärung. Als Flächeneinheit dient die Größe des Quadrats, dessen Seite die Längeneinheit ist. Ist diese z. B. das Meter (m), so ist das Quadratmeter ($\square$ m) die Flächeneinheit.

Anmerkung. Bei der Inhaltsmessung wird vorausgesetzt, daß die in der Figur auftretenden Linien durch die Längeneinheit in Zahlen ausdrückbar sind. Bei der Berechnung treten diese Maßzahlen an die Stelle der Linien. Wird daher von dem Produkte zweier Linien gesprochen, so versteht man darunter das Produkt der Maßzahlen dieser Linien.

65. Der Inhalt des Rechtecks und Quadrats.

Die Seiten eines Rechtecks mögen die Maßzahlen a und b besitzen. Sind a und b ganze Zahlen, kann also AB in a und AD 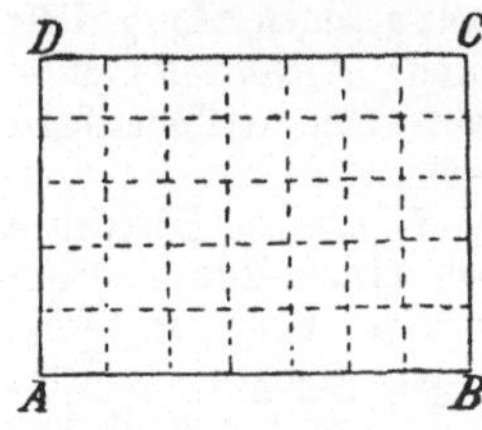 in b der Längeneinheit gleiche Teile zerlegt werden, und zieht man zunächst durch die Teilpunkte von AB die Parallelen zu AD, so wird dadurch das Rechteck in a kongruente Streifen geteilt; zieht man dann auch durch die Teilpunkte von AD die Parallelen zu AB, so wird jeder dieser Streifen in b, das ganze Rechteck also in $a \cdot b$ kongruente Stücke zerlegt, von denen jedes gleich der Flächeneinheit ist.

Sind dagegen a und b gebrochene*) Zahlen und $a = \dfrac{m}{n}$, $b = \dfrac{m'}{n'}$,

so daß AB in m und AD in m' dem $n$ten Teile der Längeneinheit gleiche Stücke zerlegt werden kann, und zieht man wiederum durch die Teilpunkte die Parallelen zu den Seiten des Rechtecks, so entstehen $m \cdot m'$ Quadrate, deren Seiten gleich dem $n$ten Teile der Längeneinheit sind. Jedes dieser Quadrate ist in der Flächeneinheit $n \cdot n$-mal enthalten, also gleich $\dfrac{1}{n \cdot n}$ derselben, und demnach ist der Inhalt des

Rechtecks gleich $\dfrac{m \cdot m}{n \cdot n} = \dfrac{m}{n} \cdot \dfrac{m}{n} = a \cdot b$ Flächeneinheiten. Daraus folgt:

Die Maßzahl für den Inhalt eines Rechtecks ist das Produkt aus den Maßzahlen zweier anstoßenden Seiten, oder kurz:

---

*) Der Fall, daß AB und AD inkommensurabel sind, bleibt an dieser Stelle besser noch unbeachtet.

Lehrsatz XIV. Der Inhalt eines Rechtecks ist gleich dem Produkte aus zwei anstoßenden Seiten.

Folgerung 1. Der Inhalt eines Quadrats über der Seite AB ist gleich $AB \cdot AB$ oder AB^2.

Die zweiten Potenzen der Zahlen werden daher als Quadratzahlen bezeichnet.

Folgerung 2. Das Produkt zweier Strecken wird durch das Rechteck dargestellt, dessen anstoßende Seiten die Länge dieser Strecken besitzen.

Zwei Rechtecke mit gleichen Grundlinien können durch Addition (Subtraktion) mit einander verbunden werden, indem man sie so an= (auf=)einander legt, daß sie die Grundlinie gemeinschaftlich haben. Die Summe (Differenz) der anstoßenden Seiten ist dann die anstoßende Seite für die Summe (Differenz) der Rechtecke. Man erhält auf diese Weise den geometrischen Beweis der Gleichheit $ab \pm ac = a(b \pm c)$.

Wird über der Summe $a + b$ zweier Strecken a und b das Quadrat errichtet und werden durch die Endpunkte der von einer Ecke aus auf den Seiten abgemessenen Strecken von der Größe a die Parallelen zu den Seiten gezogen, so zerfällt das ganze Quadrat in die 4 Stücke a^2, ab, ab und b^2. Die Anschauung bestätigt daher den arithmetischen Satz: $(a + b)^2 = a^2 + 2ab + b^2$.

Ist d^2 das Quadrat über der Differenz $a - b$ zweier Strecken a und b und werden durch die Endpunkte der von einer Ecke aus auf den Seiten abgemessenen Strecken von der Größe a die Parallelen zu den Seiten gezogen, so lehrt die Anschauung, daß d^2 die Differenz aus a^2 und einem Sechseck ist, das durch Verlängerung einer Seite von d^2 in die beiden Teile $a \cdot b$ und $(a - b) \cdot b$ zerlegt werden kann. Addiert man zu dem letzte= ren b^2, so zeigt sich, daß d^2 entsteht, wenn man b^2 zu a^2 hinzufügt und von der Summe 2 mal das Rechteck ab wegnimmt. In der Figur wird dem= nach der arithmetische Satz dargestellt: $(a - b)^2 = a^2 + b^2 - 2ab$.

Wird aus der Summe $s = a + b$ und der Differenz $d = a - b$ zweier Strecken a und b das Rechteck gebildet und werden durch die Endpunkte der von einer Ecke aus auf den Seiten abgemessenen Strecken von der Länge a die Pa= rallelen zu den Seiten gezogen, so zeigt die Figur, daß $s \cdot d$ entsteht, wenn man von a^2 das Rechteck ab wegnimmt und zu der Differenz das Rechteck $(a - b) \cdot b$ hinzufügt. Das letztere ist aber um b^2 kleiner als das erste, und daher ist $s \cdot d = a^2 - b^2$. Die Figur stellt also den arithmetischen Satz $(a + b)(a - b) = a^2 - b^2$ dar und leitet zu

Satz 132. Die Differenz zweier Quadrate ist gleich einem Rechteck, dessen Seiten gleich der Summe, bez. der Differenz aus den Seiten der Quadrate sind.

Satz 133. Jedes Rechteck ist gleich der Differenz zweier Quadrate, deren Seiten gleich der halben Summe, bez. Differenz der Rechtecksseiten sind.

Denn sind x und y die Seiten der Quadrate und a und b die Seiten des Rechtecks, so ist nach Satz 132 $x + y = a$ und $x - y = b$, also $x = \dfrac{a+b}{2}$ und $y = \dfrac{a-b}{2}$.

In entsprechender Weise kann die Richtigkeit der Gleichheiten zur Anschauung gebracht werden:

$$(a + b)(c + d) = ac + bc + ad + bd.$$
$$(a + b)(c - d) = ac + bc - ad - bd.$$
$$(a - b)(c - d) = ac - bc - ad + bd.$$
$$(a + b)^2 + (a - b)^2 = 2(a^2 + b^2).$$
$$(a + b)^2 - (a - b)^2 = 4a^2.$$
$$(a + b + c)^2 = a^2 + b^2 + c^2 + 2ab + 2ac + 2bc.$$

66. Vergleichung nicht-kongruenter Parallelogramme, Dreiecke und Trapeze. Bestimmung des Inhalts dieser Figuren.

Wiederhole die Erklärungen über Grundlinie und Höhe in Nr. 51 und 53!

Liegen die Grundlinien zweier Parallelogramme, Trapeze oder Dreiecke mit gleichen Höhen auf einer Geraden und die Figuren auf derselben Seite dieser Geraden, so liegen die Gegenseiten, bez. die gegenüber liegenden Ecken auf der im Abstande der Höhe zu der Geraden gezogenen Parallelen (Ort 2). Durch Benutzung dieser That-sache kann man Parallelogramme, Dreiecke und Trapeze mit gleichen Höhen mit einander vergleichen.

a) Der Inhalt des Parallelogramms.

Lehrsatz XV. Parallelogramme mit gleichen Höhen und gleichen Grundlinien sind gleich.

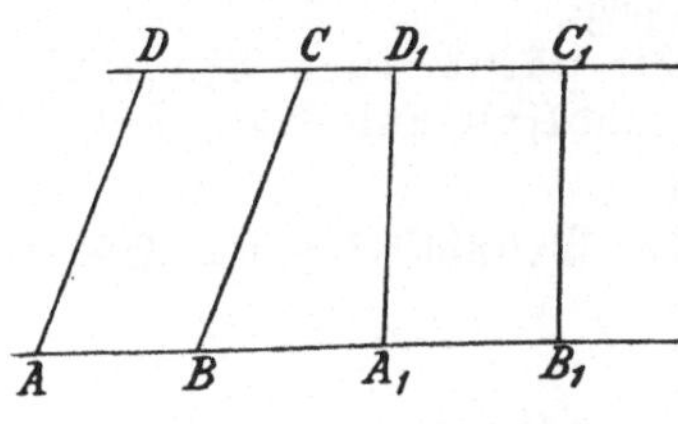

Entw. des Bew. Da die Pa-rallelogramme nicht kongruent sind, so ist nach Wink 10 zu verfahren. Legt man aber, wozu die voraus-gesetzte Gleichheit der Höhen auf-fordert, die Parallelogramme zwischen dieselben Parallelen, so zeigt die Figur, daß

$A_1 B_1 C_1 D_1$ die Differenz aus $BB_1 C_1 C$ und $BA_1 D_1 C$ und
$ABCD$ „ „ „ $AA_1 D_1 D$ „ „

ist; demnach muß man die Kongruenz der beiden Trapeze BB_1C_1C und AA_1D_1D nachzuweisen suchen. Nach Lehrs. IV ist aber in denselben $\angle B = \angle A$, $\angle B_1 = \angle A_1$, $\angle C_1 = \angle D_1$ und $\angle C = \angle D$; ferner ist stets $BC = AD$ und $B_1C_1 = A_1D_1$ (Satz 71c), und daher sind noch die beiden Gleichheiten $BB_1 = AA_1$ und $CC_1 = DD_1$ aus der Vor. $A_1B_1 = AB$ abzuleiten. Zur Anwendung gelangen Satz 71c und S. IV.

Der Inhalt eines Parallelogramms ist daher gleich dem Inhalt eines Rechtecks, das mit ihm gleiche Grundlinie und Höhe hat; demnach folgt aus den Lehrsätzen XV und XIV:

Satz 134. Der Inhalt eines Parallelogramms ist gleich dem Produkte aus seiner Grundlinie und Höhe.

Aufgabe. Den Inhalt eines Parallelogramms darzustellen.

Zusatz 1. Von zwei Parallelogrammen mit gleichen $\begin{cases} \text{Höhen} \\ \text{Grundlinien} \end{cases}$ ist dasjenige das größere, welches die größere $\begin{cases} \text{Grundlinie} \\ \text{Höhe} \end{cases}$ besitzt.

Zusatz 2. Gleiche Parallelogramme mit gleichen $\begin{cases} \text{Höhen} \\ \text{Grundlinien} \end{cases}$ haben gleiche $\begin{cases} \text{Grundlinien.} \\ \text{Höhen.} \end{cases}$

Der Beweis folgt aus dem arithmetischen Satze: Ist $ax = ay$, so ist $x = y$. Der geometrische Beweis des Zusatzes ist ein indirekter.

Zusatz 3. Zerlegt man eine Parallelogrammseite in n gleiche Teile und zieht durch die Teilpunkte die Parallelen zu den anstoßenden Seiten, so teilen dieselben das Parallelogramm in n gleiche Teile.

b) Der Inhalt des Dreiecks.

Ein Dreieck ABC erweist sich als die Hälfte eines Parallelogramms, wenn man durch die Ecken A und C die Parallelen zu BC und AB zieht; (Satz 71b) es besitzt mit dem Parallelogramm eine Seite und die dazu gehörige Höhe gemeinschaftlich. Da aber das Parallelogramm jedem anderen Parallelogramm gleich ist, das mit ihm gleiche Grundlinie und Höhe hat, so folgt:

Satz 135. Ein Dreieck ist die Hälfte eines Parallelogramms, das mit ihm gleiche Grundlinie und Höhe hat.

Hieraus ergiebt sich nach S. III:

Satz 136. Dreiecke mit gleichen Grundlinien und Höhen sind gleich.

und mit Benutzung des Satzes 134:

Satz 137. Der Inhalt eines Dreiecks ist gleich dem halben Produkte aus seiner Grundlinie und Höhe.

Aufgabe. Den Inhalt eines Dreiecks darzustellen.

Zusatz 1. Von zwei Dreiecken mit gleichen $\left\{\begin{matrix} \text{Höhen} \\ \text{Grundlinien} \end{matrix}\right\}$ ist dasjenige das größere, welches die größere $\left\{\begin{matrix} \text{Grundlinie} \\ \text{Höhe} \end{matrix}\right\}$ besitzt.

Zusatz 2. Gleiche Dreiecke mit gleichen $\left\{\begin{matrix} \text{Höhen} \\ \text{Grundlinien} \end{matrix}\right\}$ haben gleiche $\left\{\begin{matrix} \text{Grundlinien.} \\ \text{Höhen.} \end{matrix}\right\}$

Folgerung. Der geometrische Ort für die Spitzen aller gleichen Dreiecke über derselben Grundlinie ist die im Abstande der Höhe zu der Grundlinie gezogene Parallele.

Zusatz 3. Zerlegt man eine Dreiecksseite in n gleiche Teile und verbindet die Teilpunkte mit der gegenüber liegenden Ecke, so teilen die Verbindungslinien das Dreieck in n gleiche Teile.

c) Der Inhalt des Trapezes.

Zieht man bei einem Trapez durch die Mitte eines Schenkels die Parallele zu dem anderen Schenkel, so schneidet dieselbe von dem 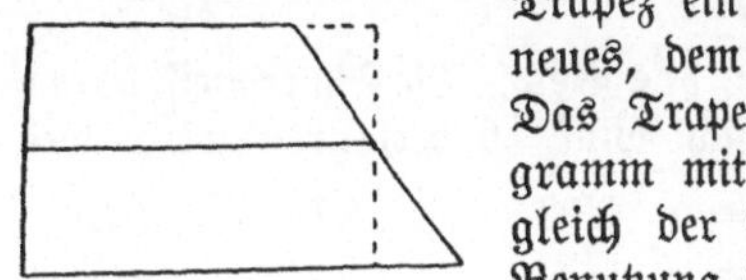 Trapez ein Dreieck ab und fügt dem Reste ein neues, dem ersten gleiches (Kz. I) Dreieck hinzu. Das Trapez ist also gleich einem Parallelogramm mit derselben Höhe, dessen Grundlinie gleich der Mittellinie des Trapezes ist. Die Benutzung des Lehrs. XV führt daher zu

Satz 138. Ein Trapez ist gleich einem Parallelogramm mit gleicher Höhe, dessen Grundlinie gleich seiner Mittellinie ist.

Hieraus ergiebt sich nach Satz 134:

Satz 139. Der Inhalt eines Trapezes ist gleich dem Produkte aus seiner Mittellinie und Höhe.

Aufgabe. Den Inhalt eines Trapezes darzustellen.

Zusatz. Jedes Trapez wird durch die Verbindungslinie seiner Grundlinienmitten halbiert.

Der Satz kann in folgender Weise auch aus Satz 137 hergeleitet werden: Sind a und b die Grundlinien und h die Höhe des Trapezes, so zerlegt jede Diagonale dasselbe in zwei Dreiecke mit der Höhe h und den Grundlinien a und b. Der Inhalt des Trapezes ist daher nach Satz 137 gleich $\dfrac{a \cdot h}{2} + \dfrac{b \cdot h}{2}$ oder $\frac{1}{2}(a+b) \cdot h$.

Mit Benutzung des Satzes 137 kann ferner bewiesen werden:

Satz 140. Der Inhalt eines Tangentenvierecks ist gleich dem Produkte aus seinem halben Umfange und dem Halbmesser des eingeschriebenen Kreises.

und da der Kreis als ein regelmäßiges Vieleck mit unbegrenzt-großer Seitenzahl (Satz 121) angesehen werden kann, so ergiebt sich weiter

Satz 141. Der Inhalt eines Kreises ist gleich dem halben
Produkte aus seiner Länge und dem Halbmesser.

67. Vergleichung von Parallelogrammen, die weder gleiche Grundlinien noch gleiche Höhen besitzen.

Zwei Parallelogramme können gleich sein, ohne gleiche Grundlinien und Höhen zu haben.

a) Erster Fall. Satz über Ergänzungsparallelogramme.

Satz 142. Zieht man in einem Parallelogramm durch
einen beliebigen Punkt einer Diagonale die Parallelen zu
den Seiten, so entstehen vier Parallelogramme, von denen
die beiden gleich sind, welche nicht von der Diagonale durch-
schnitten werden. (Ergänzungsparallelogramme.)

Vor.   In dem Parallelogramm $ABCD$ sei P ein Punkt der
         Diagonale AC und $PE \parallel AD$, $PG \parallel AB$.

Beh.   Es ist $EBHP = GPFD$.

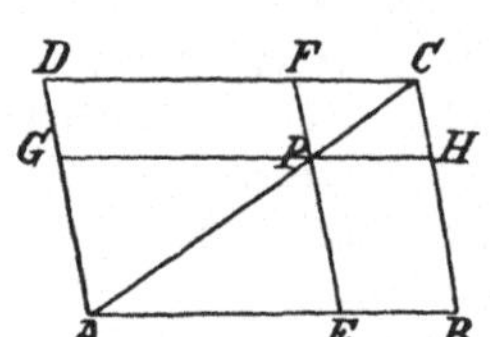

Entw. des Bew. Die Figur weist darauf
hin, daß nach Wink 10 verfahren wird, weil

$$EBHP = \triangle ABC - \triangle AEP - \triangle PHC,$$
$$GPFD = \triangle ADC - \triangle AGP - \triangle PFC$$

ist; es gelangt daher nach Benutzung des
Satzes 71b der G. IV zur Anwendung.

Durch Umkehrung dieses Satzes erhält man

Satz 143. Werden zwei gleiche Parallelogramme mit
gleichen Winkeln so an einander gelegt, daß zwei gleiche
Winkel zu Scheitelwinkeln werden, so liegt die gemeinschaftliche Ecke auf einer Diagonale des Parallelogramms,
das von den Schenkeln der gegenüber liegenden Winkel gebildet wird.

Beweis indirekt.

Anmerkung. Hiernach läßt sich durch die Zeichnung leicht feststellen,
ob zwei Parallelogramme gleich sind.

b) Zweiter Fall. Projektionensatz.

Erklärung. Die Lote von den Endpunkten einer Strecke auf
eine Gerade begrenzen einen Teil derselben, welcher Projektion der
Strecke auf die Gerade genannt wird.

Zusatz 1. Liegt ein Endpunkt der Strecke auf der Geraden,

so wird die Strecke durch das Lot von ihrem zweiten Endpunkte auf die Gerade projiziert.

Zusatz 2. Werden die begrenzten Schenkel eines Winkels auf einander projiziert, so liegen die Endpunkte der Projektionen auf den Schenkeln des Winkels, wenn er spitz ist; sie liegen dagegen auf den Schenkeln seines Scheitelwinkels, wenn er stumpf ist. Im ersten Falle nennt man die Projektionen positiv und im zweiten Falle negativ.

Satz 144. Projiziert man die beliebig begrenzten Schenkel eines Winkels auf einander und bildet aus je einem Schenkel und der Projektion des anderen auf denselben ein Rechteck, so entstehen zwei gleiche Rechtecke. (Projektionensatz.)

Zeichnung. Die begrenzten Schenkel des Winkels A seien AB und AC. Man zeichnet $CC_1 \perp AB$, verlängert CC_1 um das Stück C_1C_2 von der Größe AB und vervollständigt das Rechteck $AC_1C_2C_3$ ($AB \cdot AC_1$). In entsprechender Weise stellt man das Rechteck $AB_1B_2B_3$ ($AC \cdot AB_1$) her. Es lautet dann die

Vor. Es sei $CC_1 \perp AB$ und $AC_3 = AB$, $BB_1 \perp AC$ und $AB_3 = AC$. Beh. Es ist $AB \cdot AC_1$ ($BC_1C_2C_3$) $= AC \cdot AB_1$ ($AB_1B_2B_3$).

Entw. des Bew. Da die beiden Rechtecke, wenn AB und AC verschieden sind, weder gleiche Grundlinien noch gleiche Höhen haben, so können sie nicht nach Lehrs. XV mit einander verglichen werden; auch zur Anwendung des Satzes 143 fehlt die Möglichkeit. Das Verfahren nach Wink 10 führt gleichfalls nicht zum Ziele, und demnach ist ein unmittelbarer Vergleich der beiden Rechtecke ausgeschlossen. Gestaltet man jedoch dieselben in Parallelogramme um, in denen auch der zweite Schenkel des Winkels A als Seite vorkommt, indem man C_3C_4 parallel zu AC, bez. B_3B_4 parallel zu AB zieht, so gelangt man zu einem mittelbaren Vergleiche, wenn es gelingt, aus der Vor. eine Größenbeziehung zwischen den Parallelogrammen ACC_4C_3 und ABB_4B_3 abzuleiten. Beachtet man aber, daß

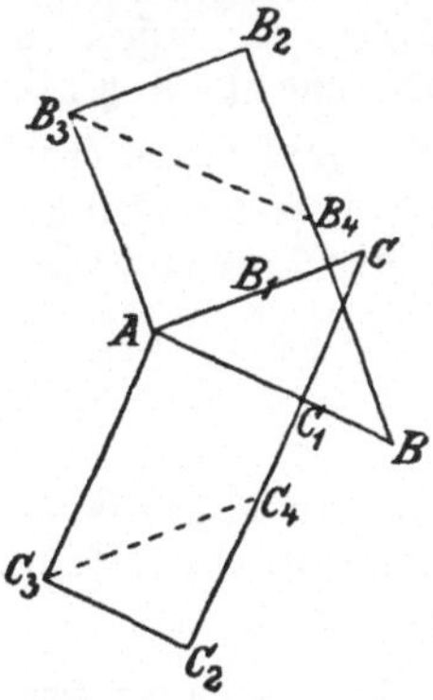

$$\sphericalangle C_3AC = \mathrm{R} + \sphericalangle BAC, \text{ wenn } \sphericalangle BAC < \mathrm{R},$$
$$\text{und} = \mathrm{R} + (2\,\mathrm{R} - \sphericalangle BAC) \text{ wenn } \sphericalangle BAC > \mathrm{R},$$
$$\sphericalangle C_3AC = \mathrm{R} + \sphericalangle BAC, \text{ wenn } \sphericalangle BAC < \mathrm{R},$$
$$\text{und} = \mathrm{R} + (2\mathrm{R} - \sphericalangle BAC), \text{ wenn } \sphericalangle BAC > \mathrm{R},$$

ist, so kann die Kongruenz dieser Parallelogramme leicht bewiesen werden. Die Gleichheit der Rechtecke folgt dann nach G. III.

2. Zu einem zweiten Beweise gelangt man, wenn man die Hälften der beiden Rechtecke mit einander vergleicht und wieder solche Dreiecke wählt, in denen auch der zweite Schenkel des Winkels A als Seite vorkommt. Zieht man aber hierzu CC_3 und BB_3, so daß $\triangle ACC_3 = \frac{1}{2} AC_1C_2C_3$ und $\triangle ABB_3, = \frac{1}{2} AB_1B_2B_3$ ist, so sind die Dreiecke ACC_3 und ABB_3 auf Grund der Vor. nach Kz. II kongruent.

3. Ein dritter Beweis dieses wichtigen Satzes ergiebt sich durch die folgende Überlegung: Soll das Rechteck $AB_1B_2B_3$ gleich dem aus AB und AC_1 gebildeten Rechteck $AC_1C_2C_3$ sein, so muß man $AB_1B_2B_3$ durch ein Rechteck mit der Seite AB ersetzen können, dessen zweite Seite gleich AC_1 ist. Die erste Bedingung erfüllt das Rechteck ABB_6B_5, dessen Seiten AB_5 und BB_6 auf der Parallelen B_3B_4 zu AB senkrecht stehen, weil nach Lehrs. XV $AB_1B_2B_3 = ABB_4B_3$ und dieses $= ABB_6B_5$ ist. Demnach hat man zu beweisen, daß $AB_5 = AC_1$ ist. Nach Wink 7 ist hierzu erforderlich, daß die Kongruenz der Dreiecke ACC_1 und AB_3B_5 nachgewiesen wird. Zur Anwendung gelangt Kz. I.

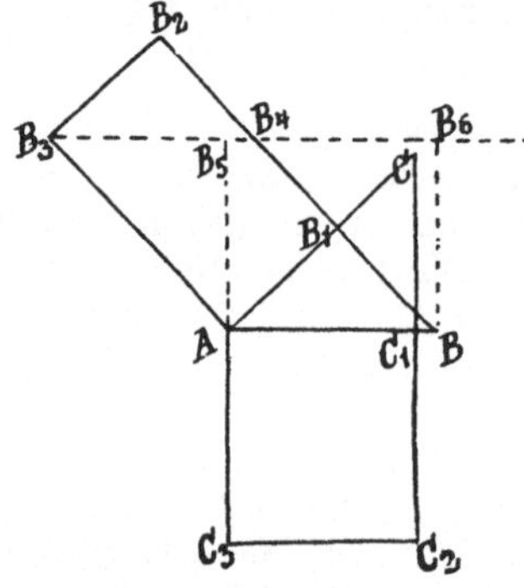

Ist der Winkel ACB ein rechter, so fällt B_1 auf C, und das Rechteck $AB_1B_2B_3$ geht in das Quadrat über der Kathete AC des rechtwinkligen Dreiecks ABC über; es ergiebt sich dann als eine Folgerung aus Satz 144:

Satz 145. Das Quadrat über einer Kathete eines rechtwinkligen Dreiecks ist gleich dem Rechteck aus der Hypotenuse und der Projektion der Kathete auf die Hypotenuse.

68. Übungsbeispiele.

Satz 146. Stimmen zwei Dreiecke überein in der Größe zweier Seiten und sind die von diesen Seiten eingeschlossenen Winkel supplementar, so sind die Dreiecke gleich.

Die Richtigkeit der Behauptung folgt aus Satz 136, wenn die Höhen gleich sind, die zu zwei entsprechenden der als gleich vorausgesetzten Seiten gehören. Zur Anwendung gelangt Kz. II.

Satz 147. Die von den Ecken eines Dreiecks ausgehen=
den Abschnitte der Mittellinien teilen das Dreieck in drei
gleiche Teile.

Wiederholte Anwendung des Zuf. 3 zu Satz 137 führt zum Beweise.

Satz 148. Verbindet man in einem Trapez die Mitte
eines Schenkels mit den Endpunkten des anderen Schenkels,
so ist das von dem letzteren und den Verbindungslinien ge=
bildete Dreieck gleich der Hälfte des Trapezes.

Wird durch die Mitte des ersten Schenkels die Parallele zu dem zweiten
gezogen, so entsteht ein Parallelogramm, das zu einem mittelbaren Vergleiche
des Dreiecks mit dem Trapeze benutzt werden kann.

Satz 149. Das Parallelogramm, welches durch die
Verbindung der Seitenmitten eines Vierecks entsteht (Satz
83ª), ist gleich der Hälfte des Vierecks.

Eine Diagonale des Vierecks zerlegt das Viereck in zwei Dreiecke und
das Parallelogramm in zwei Abschnitte, von denen jeder mit dem zugehörigen
Dreieck durch Benutzung der Sätze 80 und 135 verglichen werden kann.

Satz 150. Jedes Viereck ist gleich einem Dreieck, in
welchem seine Diagonalen als Seiten einen Winkel ein=
schließen, der gleich einem der Winkel der Diagonalen ist.

Wird das Dreieck OEF dadurch hergestellt, daß man OC um OA und
OB um OD verlängert, so lautet die

Vor. Es sei $OE = AC$ und $OF = BD$.
Beh. Es ist $\triangle OEF = ABCD$.

Entw. des Bew. Nach Wink 10 hat man die Figuren zu zerlegen
und nachzuweisen, daß ihre Teile paarweis gleich sind. Nun teilt die Diago=

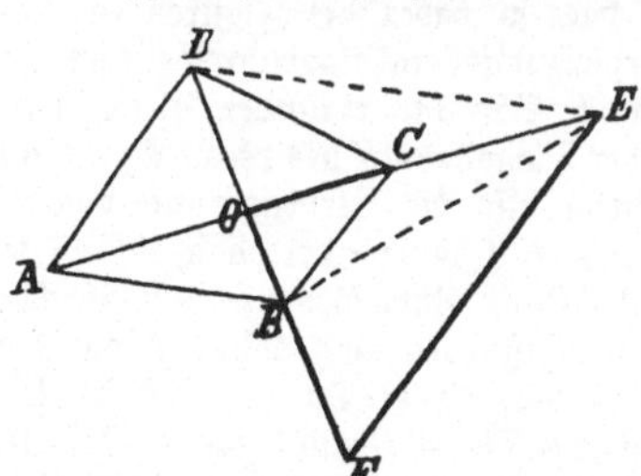

nale AC das Viereck in zwei Dreiecke
ACB und ACD, von denen das erste
mit dem durch die Linie EB abgeschnitte=
nen Teile OEB des Dreiecks OEF
gleiche Grundlinie $(AC = OE)$ und
gleiche Höhe (dieselbe Spitze) hat, also
nach Satz 136 auch gleichen Inhalt be=
sitzt; daher muß noch bewiesen wer=
den, daß $\triangle ACD = \triangle BEF$ ist. Ein
unmittelbarer Vergleich dieser Dreiecke
ist nicht möglich. Verbindet man aber,
um die Gleichheit $OD = BF$ zu benutzen, E mit D, so entsteht ein Dreieck
ODE, das sowohl zu $\triangle ADC$ $(OE = AC!)$, als auch zu $\triangle BEF$ $(OD =
BF!)$ in einer angebbaren Beziehung steht und zu einem mittelbaren Vergleich
dieser Dreiecke führt.

Folgerung. Stimmen zwei Vierecke in der Größe ihrer Dia=
gonalen und der von diesen gebildeten Winkel überein, so sind sie gleich.

Satz 151. (Satz des Pappus.) Stehen von drei Parallelogrammen zwei nach außen auf zwei Seiten eines Dreiecks und das dritte auf der dritten Seite nach innen, und befinden sich die der Dreiecksseite nicht angehörigen Ecken des letzteren auf den Seiten der ersten Parallelogramme, die den zugehörigen Dreiecksseiten gegenüber liegen, so ist die Summe der beiden ersten Parallelogramme gleich dem dritten.

Entw. des Bew. Die Form der Behauptung weist darauf hin, daß entweder die Summe der Parallelogramme über AC und AB gebildet und mit dem Parallelogramm über BC verglichen wird, oder daß das letztere in zwei Teile zerlegt wird, die mit je einem der Parallelogramme über AC und

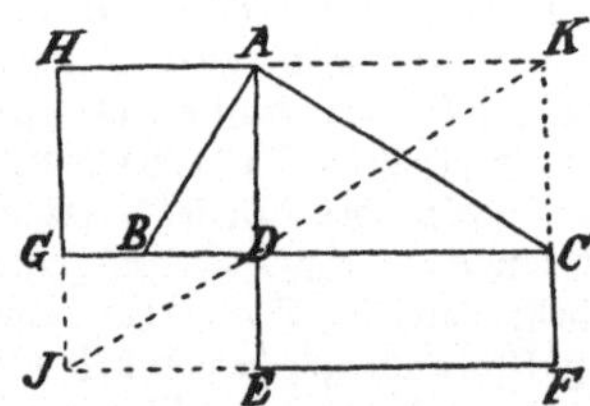

AB zu vergleichen sind. Zu einer Addition der Parallelogramme fehlt aber die Möglichkeit, und daher muß der zweite Weg betreten werden.

Für die Bestimmung der Hilfslinie ist der Umstand maßgebend, daß A die gemeinschaftliche Ecke der Parallelogramme ist, die Parallele AM zu BJ also zwei Parallelogramme $BJKA$ und $CHKA$ zugleich herstellt, die nach Lehrsatz XV einen mittelbaren Vergleich zwischen den Parallelogrammen $ABDE$ und $BJLM$, bez. $ACFG$ und $LMCH$ ermöglichen.

Satz 152. In einem rechtwinkligen Dreieck ist das Quadrat über der zur Hypotenuse gehörigen Höhe gleich dem Rechteck aus den Abschnitten der Hypotenuse.

Entw. des Bew. Da das Verfahren nach Wink 10 nicht zum Ziele führt, so muß man zusehen, ob einer der Sätze 142 oder 144 anwendbar ist.

1. Wird das Quadrat über der Höhe AD so gezeichnet, daß es mit dem Rechteck $CDEF$ aus CD und BD nur die Ecke D gemein hat, so haben die Figuren die Lage von Ergänzungsparallelogrammen und sind daher nach Satz 142 einander gleich, wenn D auf der Diagonale JK des Rechtecks $JFKH$ liegt, wenn also die Verlängerung von JD die Gerade HA so schneidet, daß $AK = DC$ ist (Satz 72c). Zum Beweise der Gleichheit

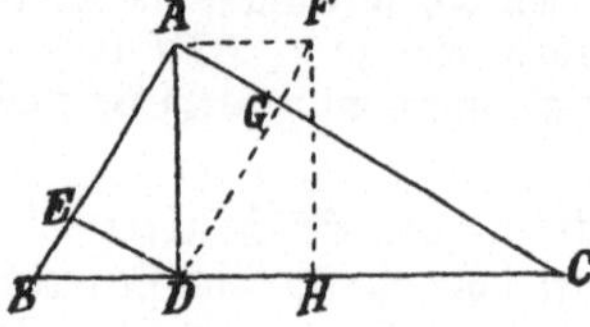

$AK = CD$ ist aber nach Wink 7 die Kongruenz der Dreiecke ADK und ADC erforderlich. Kz. I. (Da $\triangle JDE \cong ABD$ (Kz. II), so ist $\angle JDE = \angle B$, also auch $\angle ADK = \angle B$ und somit $= \angle DAC$).

2. Ist AE die Projektion von AD auf AB, so daß nach Satz 145 AD^2 durch $AB \cdot AE$ ersetzt werden kann, so hat man zu beweisen, daß $AB \cdot AE = CD \cdot BD$ ist. Nach Satz 144 würde diese Gleichheit eintreten, wenn DC und AB die begrenzten Schenkel eines Winkels und AE die Projektion von DC auf AB, BD dagegen die Projektion von AB auf DC wäre.

Zeichnet man daher $DF \parallel$ und $= AB$, so daß DG, die Projektion von DC auf DF, gleich AE wird, und fällt das Lot FH auf DC, so hat man nachzuweisen, daß $DH = DB$ ist. Kz. I, II, III sind anwendbar.

69. Aufgaben (Verwandlungsaufgaben).

a) Erste Gruppe. Anwendung der Sätze aus Nr. 66.

Erklärung. Eine Figur verwandeln heißt die Figur umgestalten, ohne ihren Inhalt zu ändern.

Aufgabe 97. Ein beliebiges Parallelogramm mit Beibehaltung einer Seite in ein Rechteck zu verwandeln.

Aufgabe 98. Ein Dreieck mit Beibehaltung einer Seite zu verwandeln

1. in ein gleichschenkliges (die Seite wird Grundlinie);

2. in ein rechtwinkliges (die Seite wird Kathete);

3. in ein anderes, in welchem der der Seite gegenüber liegende Winkel gleich φ ist.

Aufgabe 99. Ein Trapez in ein Rechteck zu verwandeln.

Aufgabe 100. Ein Dreieck in ein Parallelogramm zu verwandeln

    1. mit Beibehaltung einer Seite; 2. mit Beibehaltung einer Höhe.

Aufgabe 101. Ein Parallelogramm in ein Dreieck zu verwandeln

    1. mit Beibehaltung einer Seite; 2. mit Beibehaltung einer Höhe.

Aufgabe 102. Ein Viereck mit Beibehaltung einer Seite und eines der Seite anliegenden Winkels in ein Dreieck zu verwandeln.

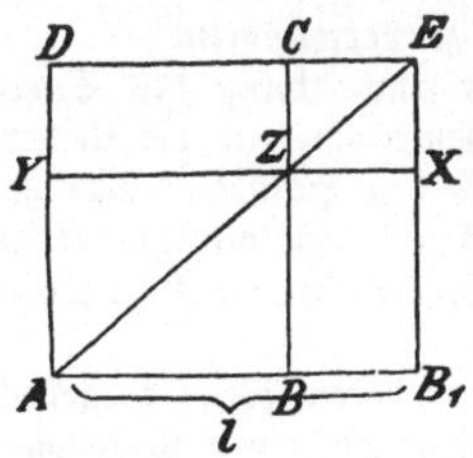

Auflösung. Sollen AB und der Winkel B beibehalten werden, so muß die neue Ecke X des Dreiecks auf der Verlängerung von BC liegen, und da das Viereck mit dem Dreieck das Stück ABC gemein hat, so muß $\triangle ACX = \triangle ACD$ sein. Die Dreiecke stehen über derselben Grundlinie AC, können also nur dann gleichen Inhalt haben, wenn ihre Höhen gleich sind (Zusatz 2 zu Satz 137), d. h. wenn DX parallel zu der Diagonale AC ist.

Aufgabe 103. Ein n-Eck in ein $(n-1)$-Eck zu verwandeln.

Aufgabe 104. Ein n-Eck in ein Dreieck zu verwandeln.

Wiederholte Ausführung der Aufgabe 103 (Aufgabe 102) führt zum Ziele.

b) Zweite Gruppe. Anwendung der Sätze aus Nr. 67.

Aufgabe 105. Ein Rechteck in ein anderes zu verwandeln, von welchem eine Seite die Länge l hat.

Auflösung. Ist $ABCD$ das gegebene und AB_1XY das gesuchte Rechteck, so ist zu ihrer Gleichheit erforderlich, daß die Rechtecke BB_1XZ und $DYZC$ gleich sind. Da diese aber die Lage von Ergänzungsparallelogrammen haben, so liegt infolge ihrer Gleichheit die Ecke Z auf der Diagonale AE des durch die Länge $AB_1(l)$ und die Seite AD bestimmten Rechtecks AB_1ED (Satz 143).

Lautet die Aufgabe:

8*

Aufgabe 105a. Ein Rechteck mit einer gegebenen Seite l zu zeichnen, das gleich einem gegebenen Rechteck ist.

so kann der Satz 142 in folgender Weise angewandt werden. Verlängert man die Seite AB des gegebenen Rechtecks $ABCD$ um $BB_1 = l$, legt durch B_1 die Parallele zu AD, verbindet den Schnittpunkt C_1 derselben und der Verlängerung von DC mit B, verlängert C_1B bis zum Schnittpunkte D_1 mit DA und zieht durch D_1 die Parallele zu AB, so entsteht ein Ergänzungsparallelogramm zu $ABCD$, in welchem eine Seite die Länge l hat.

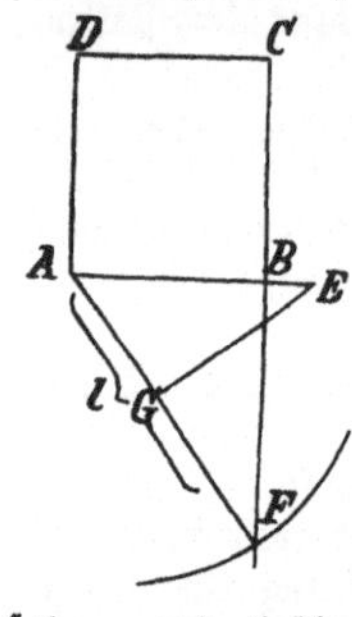

Auch der Satz 144 kann bei der zweiten Fassung der Aufgabe verwandt werden. Zeichnet man nämlich $AE = AD$ und betrachtet AE als einen der begrenzten Schenkel des (hier zunächst noch nicht gegebenen) Winkels A, so muß der Endpunkt des zweiten Schenkels auf der Verlängerung von CB liegen, da AB die Projektion dieses Schenkels auf AE sein soll. Ist nun $l > AB$, so hat der Schenkel selbst die Länge l, und sein zweiter Endpunkt F ist der Schnittpunkt des Kreises A, l mit CB, während das Lot von E auf AE in AG die zweite Seite des gesuchten Rechtecks bestimmt. Für $l < AB$ ist dagegen l als Projektion von AE auf den zweiten Schenkel anzusehen und bestimmt durch den Kreis M, l mit dem Halbkreise über AE den Punkt G und damit auch AF, die zweite Seite des gesuchten Rechtecks.

Aufgabe 105b. Ein Parallelogramm mit Beibehaltung eines Winkels in ein anderes zu verwandeln, in welchem eine Seite die Länge l hat.

Aufgabe 106. Ein Dreieck mit Beibehaltung eines Winkels in ein anderes zu verwandeln, in welchem eine der den Winkel einschließenden Seiten die Länge l hat.

Auflösung. Man könnte nach Satz 135 die Aufgabe auf die vorhergehende zurückführen; eine davon unabhängige Lösung ist jedoch vorzuziehen.

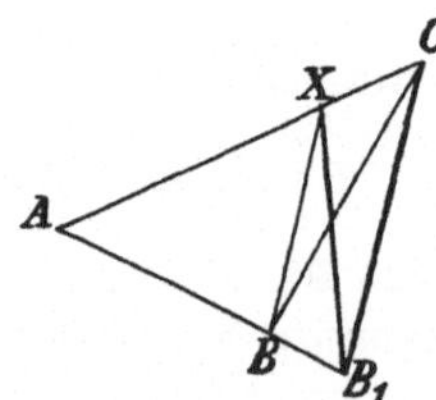

Wird der Winkel A des Dreiecks ABC beibehalten und ist AB_1 die gegebene und AX die gesuchte neue Seite, so kann $\triangle AB_1X$ nur dann gleich $\triangle ABC$ sein, wenn $\triangle BXB_1 = \triangle BXC$ ist. Da diese Dreiecke beide auf der Seite BX stehen, so ist zu ihrer Gleichheit erforderlich, daß $B_1C \parallel BX$ ist.

Anmerkung. Die Auflösung umfaßt die beiden Fälle, daß die Grundlinie oder die Höhe geändert werden soll.

Aufgabe 107. Ein Rechteck in ein Quadrat zu verwandeln.

Auflösung. Die Aufgabe verweist auf die Anwendung des Satzes 145. Wird die größere Seite des Rechtecks als Hypotenuse und die kleinere als Abschnitt auf derselben angenommen, so ist durch den Halbkreis über der Hypotenuse und das Lot im Endpunkte des Abschnitts das rechtwinklige Dreieck und damit in der dem Abschnitte anliegenden Kathete die Seite des gesuchten Quadrats gefunden.

Die Seite des Quadrats kann noch auf einem anderen Wege hergestellt werden, wenn man den Satz 152 benutzt und die Figur desselben so zeichnet,

daß die Seiten des Rechtecks (aneinander liegende) Abschnitte der Hypotenuse
werden.

Aufgabe 108. Ein Quadrat in ein Rechteck zu verwandeln, in welchem
eine Seite die Länge l hat.

Auflösung. Eine Umkehrung der Aufgabe 107 und daher mit Benutzung derselben Sätze zu lösen. Bei der Zeichnung auf Grund des Satzes

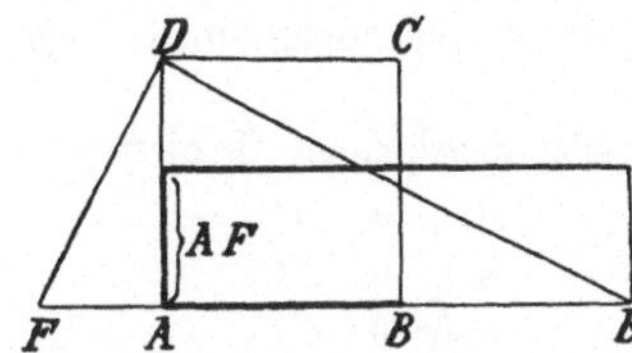

145 wird die Quadratseite zur Kathete und
l entweder Hypotenuse oder an der Kathete
liegender Hypotenusenabschnitt. Stützt sich
dagegen die Zeichnung auf den Satz 152,
so bleibt es gleichgültig, ob l größer oder
kleiner als die Quadratseite ist. Man erhält stets, wenn man auf der Quadratseite AB die Strecke AE gleich l abmißt,

E mit D verbindet und in D auf ED das Lot errichtet, die zweite Seite des
Rechtecks in der Strecke AF, welche dies Lot auf AB abschneidet.

70. Berechnungen.

1. Aus der Seite a eines Quadrats seinen Inhalt zu berechnen.
Beispiele: $a = 14.$ $a = 2{,}5.$ $a = 1{,}25.$

2. Aus dem Inhalt J eines Quadrats seine Seite zu berechnen.
Beispiele: $J = 256.$ $J = 20{,}25.$ $J = 0{,}6561.$

3. Aus den Seiten (Katheten) eines Rechtecks (rechtwinkligen Dreiecks)
seinen Inhalt zu berechnen.
Beispiele: $a = 15, b = 12.$ $a = 24{,}4, b = 12{,}5.$

4. Aus dem Inhalt J und einer Seite (Kathete) eines Rechtecks (rechtwinkligen Dreiecks) die andere Seite (Kathete) zu berechnen.
Beispiele: $J = 288, a = 16.$ $J = 20{,}25, a = 2{,}25.$

5. Aus der Grundlinie a und der dazu gehörigen Höhe eines Parallelogramms (Dreiecks) seinen Inhalt zu berechnen.
Beispiele: $a = 24, h = 25.$ $a = 18{,}3, h = 14{,}6.$

6. Aus dem Inhalt J und der Grundlinie a oder der Höhe h eines Parallelogramms (Dreiecks) die zu dieser gehörige Höhe, bez. Grundlinie zu berechnen.
Beispiele: $J = 840, a\,(h) = 28.$ $J = 1649{,}97, a\,(h) = 56{,}7.$

7. Aus den Diagonalen e und f eines Rhombus seinen Inhalt zu berechnen.
Beispiele: $e = 14, f = 18.$ $e = 6{,}5, f = 7{,}5.$

8. Aus den Grundlinien a und b eines Trapezes und der Höhe h seinen
Inhalt zu berechnen.
Beispiele: $a = 17, b = 14, h = 18.$ $a = 21{,}4, b = 26{,}2, h = 11{,}3.$

16. Kapitel.

Der Pythagoreische Lehrsatz.

71. Ableitung und Beweis des Pythagoreischen Lehrsatzes.

Der Satz 144 kann bei einem beliebigen Dreieck wiederholt angewandt werden. Je zwei Seiten desselben sind die begrenzten

Schenkel eines Winkels, und die von den Höhen gebildeten Seiten=
abschnitte, die im Scheitelpunkte eines Winkels zusammenstoßen, sind
die gegenseitigen Projektionen der Schenkel dieses Winkels. Bildet
man die Summe aus den Projektionen zweier Seiten auf die dritte,
so erhält man die dritte Seite, auch wenn einer der Winkel an derselben
stumpf ist, weil dann die kleinere der Projektionen als negativ gilt
und bei der Bildung der Projektionensumme abgezogen wird. Es
sind nun

die begrenzten Schenkel   und die zugehörigen Projektionen

bei $\sphericalangle A$: AB u. AC AB_1 u. AC_1,
bei $\sphericalangle B$: BA u. BC BA_1 u. BC_1,
bei $\sphericalangle C$: CA u. CB CA_1 u. CB_1,

und demnach folgen aus Satz 144 die Gleichheiten:

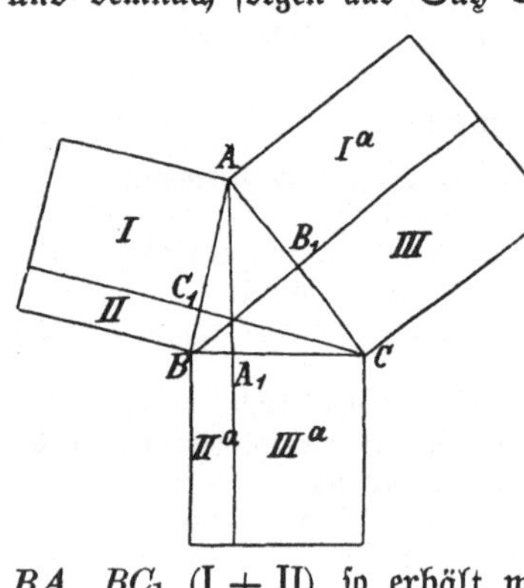

1. $AB . AC_1$ (I) $= AC . AB_1$ (I^a),
2. $BA . BC_1$ (II) $= BC . BA_1$ (II^a),
3. $CA . CB_1$ (III)$= CB . CA_1$ (III^a),

denen die Gleichheiten

4. $AB . AC_1 + BA . BC_1$ (I + II)
   $= AB^2$,
5. $AC . AB_1 + CA . CB_1$ (I^a + III)
   $= AC^2$,
6. $BC . BA_1 + CB . CA_1$ (II^a+III^a)
   $= BC^2$

hinzuzufügen sind.   Bildet man
aber die Summe $AB : AC_1 +$
$BA . BC_1$ (I + II), so erhält man nach den Gleichheiten 1) und 2):

$$AB . AC_1 + BA . BC_1 = AC . AB_1 + BC . BA_1,$$
$$\underbrace{}_{AB^2 \ (4!)} = AC^2 - CA . CB_1 + BC^2 - CB . CA_1 \ (5 \text{ u. } 6!),$$
$$= AC^2 + BC^2 - (CA . CB_1 + CB . CA_1),$$

und folglich mit Benutzung der dritten Gleichheit:

$$AB^2 = AC^2 + BC^2 - 2 CA . CB_1 \text{ oder } = AC^2 + BC^2 - 2 CB . CA_1.$$

Auf demselben Wege ergeben sich die Beziehungen:

$$AC^2 = AB^2 + BC^2 - 2 BA . BC_1 \text{ oder } = AB^2 + BC^2 - 2 BC . BA_1,$$
$$BC^2 = AB^2 + AC^2 - 2 AB . AC_1 \text{ oder } = AB^2 + BC^2 - 2 AC . AB_1.$$

Es besteht demnach der

Satz 153. Das Quadrat über einer Seite eines Dreiecks
ist gleich der Summe der Quadrate über den beiden anderen
Seiten, vermindert um das Doppelte des Rechtecks aus
einer dieser Seiten und der Projektion der anderen auf
dieselbe.

Man unterscheidet drei Fälle, je nachdem der Winkel, welcher der ersten Seite gegenüber liegt, ein rechter, spitzer oder stumpfer ist.

a) Ist der Winkel A ein rechter, so fällt die Höhe BB_1 mit AB und die Höhe CC_1 mit AC zusammen, und die beiden Projektionen AB_1 und AC_1 werden gleich Null. Aus der Gleichheit $BC^2 = AB^2 + AC^2 - 2\,AB.AC_1$ verschwindet daher das doppelte Rechteck und es bleibt: $BC^2 = AB^2 + AC^2$, d. h.

Lehrsatz XVI^a. Das Quadrat über der Hypotenuse eines rechtwinkligen Dreiecks ist gleich der Summe der Quadrate über den Katheten. (Pythagoreischer Lehrsatz.)

Folgerung. Das Quadrat über einer Kathete eines rechtwinkl. Dreiecks ist gleich der Differenz aus dem Quadrat über der Hypotenuse und dem Quadrat über der anderen Kathete.

b) Ist der Winkel A ein spitzer, so gelten die Projektionen AB_1 und AC_1 beide als positiv, und daher sind in der Gleichheit $BC^2 = AB^2 + AC^2 - 2\,AB.AC_1$ alle Produkte positiv; demnach besteht der Satz:

Lehrsatz XVI^b. Das Quadrat über einer Dreiecksseite, die einem spitzen Winkel gegenüber liegt, ist gleich der Summe der Quadrate über den beiden anderen Seiten, vermindert um das doppelte Rechteck aus einer dieser Seiten und der Projektion der anderen auf dieselbe. (Erste Erweiterung des Pythagoreischen Lehrsatzes.)

c) Ist der Winkel A dagegen stumpf, so gelten die Projektionen AB_1 und AC_1 beide als negativ, und das abzuziehende doppelte Produkt $2\,AB.AC_1$ wird in demselben Sinne negativ wie AC_1. Sollen daher in $BC^2 = AB^2 + AC^2 - 2\,AB.AC_1$ alle Größen als positiv gelten, so muß das Vorzeichen $-$ des doppelten Produktes durch $+$ ersetzt werden. Die hieraus folgende Gleichheit $BC^2 = AB^2 + AC^2 + 2\,AB.AC_1$ führt dann zu

Lehrsatz XVI^c. Das Quadrat über einer Dreiecksseite, die einem stumpfen Winkel gegenüber liegt, ist gleich der Summe der Quadrate über den beiden anderen Seiten, vermehrt um das doppelte Rechteck aus einer dieser Seiten und der Projektion der anderen auf dieselbe. (Zweite Erweiterung des Pythagoreischen Lehrsatzes).

Anmerkung 1. Will man den Beweis des Pythagoreischen Lehrsatzes äußerlich unabhängig von Satz 144 gestalten, so teilt man (nach Euklid's Vorgang) das Hypotenusenquadrat durch die Verlängerung der zur Hypotenuse gehörigen Höhe in zwei Rechtecke und ermittelt auf einem der drei Wege, die zum Beweise des Satzes 144 führten, die Beziehung zwischen je einem dieser Rechtecke und dem Kathetenquadrat, mit dem es in einer Ecke zusammenstößt. Man gelangt dann zu drei von einander verschiedenen, aber darin übereinstimmenden

Beweisen, daß bei jedem von ihnen die Kathetenquadrate in der Form von Rechtecken als Teile des Hypotenusenquadrats erkannt werden.

Anmerkung 2. Ein weiterer von Satz 144 ganz unabhängiger Beweis kann nach Wink 10 aufgefunden werden. Die Summe der Kathetenquadrate

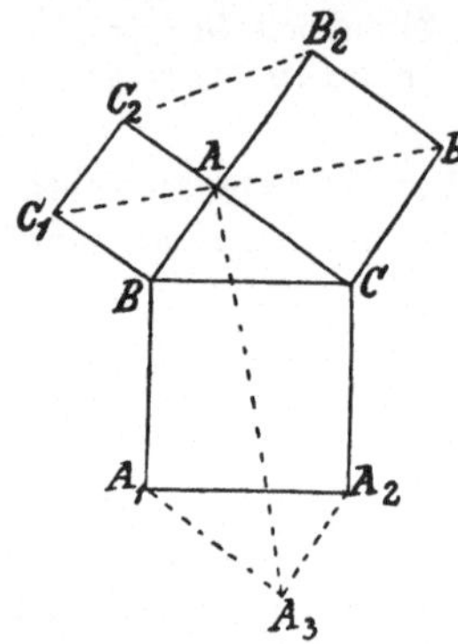

ist gleich dem Hypotenusenquadrat, wenn die Addition gleicher Stücke bei beiden gleiche Summen liefert. Es liegt nun nahe, zu $AB^2 + AC^2$ einmal das Dreieck ABC selbst und dann durch Verbindung der Ecken B_2 und C_2 das ihm kongruente Dreieck AC_2B_2 hinzuzufügen, weil dadurch eine Figur mit nur ausspringenden Ecken entsteht. Addiert man daher auch zu BC^2 das Dreieck ABC und legt $\triangle AC_2B_2$ an die Summe in A_1A_2 so an, daß die Ecke A_1 der Ecke B_2 entspricht, so hat man zu zeigen, daß die beiden Sechsecke $ABA_1A_3A_2C$ und $C_1BCB_1B_2C_2$ einander gleich sind. Nach Wink 10 kann man dieselben durch die sich entsprechenden Diagonalen AA_3 und C_1B_1 in zwei Vierecke zerlegen und deren Kongruenz nachzuweisen suchen. Beachtet man aber, daß auf Grund der Vor. und Zeichnung

$$
\begin{aligned}
AB &= A_3A_2 &&= C_1B &&= C_1C_2, \\
BA_1 &= A_2C &&= BC &&= C_2B_2, \\
A_1A_3 &= CA &&= CB_1 &&= B_2B_1, \\
\sphericalangle ABA_1 &= \sphericalangle A_3A_2C &&= \sphericalangle C_1BC &&= \sphericalangle C_1C_2B_2 = R+\beta, \\
\sphericalangle BA_1A_3 &= \sphericalangle A_2CA &&= \sphericalangle BCB_1 &&= \sphericalangle C_2B_2B_1 = R+\gamma
\end{aligned}
$$

ist, so erweisen sich bei geeigneter Deckung die 4 Vierecke als kongruent, die Summen aus je zweien also als gleich.

Anmerkung 3. Auch der Satz des Pappus (Satz 151) kann zum Beweise des Pythagoreischen Lehrsatzes benutzt werden; es ist dazu nur der Beweis dafür erforderlich, daß die Ecken A_1 und A_2 des nach innen errichteten Hypotenusenquadrats auf den Seiten C_1C_2, bez. B_1B_2 der Kathetenquadrate

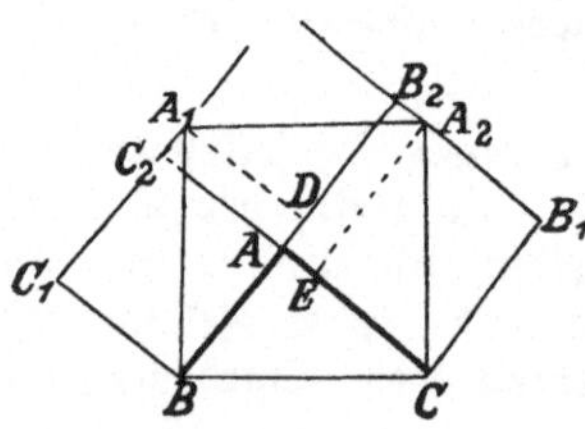

liegen. Dies tritt aber nur dann ein, wenn A_1 von AB um die Strecke BC_1 und A_2 von AC um die Strecke CB_1 entfernt ist (Ort 2), und demnach hat man zu beweisen, daß die Lote A_1D und A_2E gleich BC_1, bez. CB_1 sind. Ersetzt man BC_1 durch AB und CB_1 durch AC, so führt das Verfahren nach Wink 7 bei Benutzung der Dreiecke BA_1D, CA_2E und ABC rasch zum Ziele. Zur Anwendung gelangt Kz. I.

Anmerkung 4. Die Lehrsätze XVIᵇ und ᶜ können ohne Benutzung des Satzes 153 gefunden werden, sobald der Pythagoreische Lehrsatz bekannt ist.

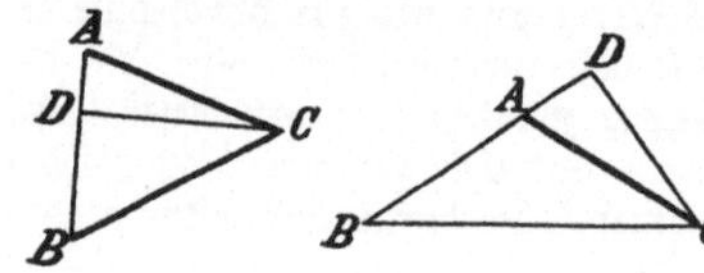

Fällt man das Lot CD auf AB, so entstehen zwei rechtwinklige Dreiecke ACD und BCD mit der gemeinschaftlichen Kathete CD, und demnach ist (Folgerung, Lehrs. XVIᵃ):

$$CD^2 = BC^2 - BD^2,$$
$$CD^2 = AC^2 - AD^2,$$

also nach G. III $BC^2 - BD^2 = AC^2 - AD^2$ oder $BC^2 = AC^2 + BD^2 - AD^2$, und somit $BC^2 = AC^2 + (AB \mp AD)^2 - AD^2$
$$= AC^2 + AB^2 \mp 2\,AB\,.\,AD.$$

Ist nun A ein spitzer Winkel, so ist das Vorzeichen — zu nehmen; dagegen muß das Vorzeichen + genommen werden, wenn A ein stumpfer Winkel ist.

72. Übungsbeispiele.

Satz 154. In einem Rhombus ist die Summe der Quadrate über den beiden Diagonalen gleich dem vierfachen Quadrat über seiner Seite.

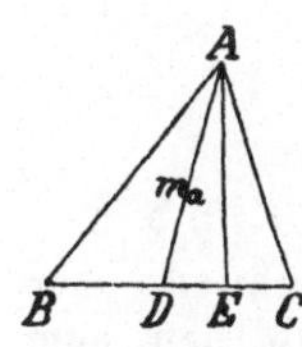

2. Ein beliebiges Dreieck ABC wird durch die Mittellinie AD in zwei Dreiecke zerlegt, von denen bei D das eine einen spitzen und das andere einen stumpfen Winkel besitzt. Die Projektion DE von AD auf BD ist also dieselbe wie die Projektion auf DC. Die Lehrsätze XVI b und c liefern daher die Gleichheiten:
$$AB^2 = AD^2 + BD^2 \pm 2\,BD\,.\,DE,$$
$$AC^2 = AD^2 + CD^2 \mp 2\,CD\,.\,DE \text{ oder}$$
$$= AD^2 + BD^2 \mp 2\,BD\,.\,DE,$$

und aus diesen folgt nach G. IV:
$$AB^2 + AC^2 = 2\,AD^2 + 2\,BD^2 = 2\,AD^2 + \tfrac{1}{2}\,BC^2, \text{ d. h.}$$

Satz 155. In jedem Dreieck ist die Summe der Quadrate zweier Seiten gleich dem halben Quadrat der dritten, vermehrt um das doppelte Quadrat der zu dieser gehörigen Mittellinie.

3. Sind a und b die Seiten eines Parallelogramms mit den Diagonalen e und f, so ist in den beiden durch f hergestellten Dreiecken die zu f führende Mittellinie gleich $\tfrac{1}{2}\,e$, und demnach ergiebt sich aus Satz 155: $a^2 + b^2 = \tfrac{1}{2}\,f^2 + 2\,(\tfrac{e}{2})^2 = \tfrac{1}{2}\,f^2 + \tfrac{1}{2}\,e^2$, also $2\,a^2 + 2\,b^2 = e^2 + f^2$, und damit der

Satz 156. In jedem Parallelogramm ist die Summe der Quadrate über den Diagonalen gleich der Summe der Quadrate über den vier Seiten.

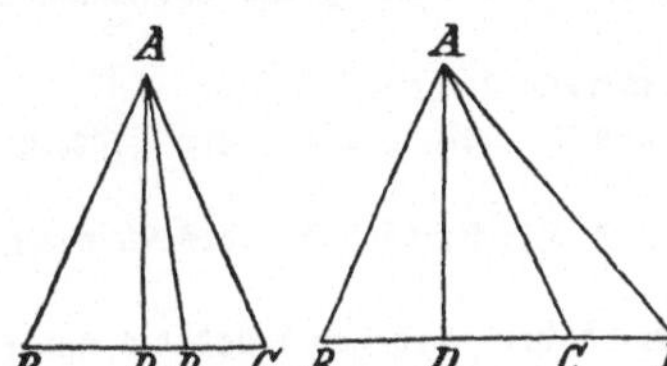

4. Ist ABC ein gleichschenkliges Dreieck mit der Spitze A und P ein beliebiger Punkt der Geraden BC, so entstehen durch das Lot AD von A auf BC zwei rechtwinklige Dreiecke ABD und APD, in denen nach Lehrsatz XVI a $AB^2 = AD^2 + BD^2$, $AP^2 = AD^2 + PD^2$

ist. Liegt nun P zwischen B und C, so folgt hieraus:
$$AB^2 - AP^2 = BD^2 - PD^2 = (BD + PD)(BD - PD) = PB\,.\,PC;$$

liegt dagegen P auf der Verlängerung von BC, so ergiebt sich:
$$AP^2 - AB^2 = PD^2 - BD^2 = (PD + BD)(PD - BD) = PB \cdot PC, \text{ d. h.}$$

Satz 157. Liegt ein Punkt auf der Grundlinie eines gleichschenkligen Dreiecks oder auf ihrer Verlängerung, so ist das Rechteck aus seinen Entfernungen von den Endpunkten der Grundlinie gleich der Differenz der Quadrate über seiner Entfernung von der Spitze und dem Schenkel des gleichschenkligen Dreiecks.

5. Der Schnittpunkt O zweier Sehnen oder Sekanten AB und CD eines Kreises M, r liegt auf den Grundlinien der gleichschenkligen Dreiecke MAB und MCD, deren Schenkel gleich r sind, und demnach liefert Satz 157 die Gleichheiten

$$\left. \begin{array}{l} OA \cdot OB = r^2 - OM^2 \\ OC \cdot OD = r^2 - OM^2 \end{array} \right\} \text{ bei den Sehnen,}$$

oder

$$\left. \begin{array}{l} OA \cdot OB = OM^2 - r^2 \\ OB \cdot OC = OM^2 - r^2 \end{array} \right\} \text{ bei den Sekanten,}$$

aus denen in beiden Fällen folgt, daß $OA \cdot OB = OC \cdot OD$ ist, d. h.

Satz 158. Bei zwei sich schneidenden Sehnen oder Sekanten eines Kreises sind die Rechtecke aus den vom Schnittpunkte aus gerechneten Abschnitten einer jeden gleichgroß.

Folgerung. Das Quadrat einer Tangente ist gleich dem Rechteck aus den von ihrem Ausgangspunkte aus gerechneten Abschnitten einer jeden durch diesen Punkt gehenden Sekante des Kreises.

Die Umkehrung des Satzes 158 lautet:

Satz 159. Schneiden sich die Verbindungslinien zwischen vier Punkten so, daß die Rechtecke aus den Entfernungen des Schnittpunktes von den Endpunkten einer jeden gleich sind, so liegen die vier Punkte auf einem Kreise.

Dieser Satz kann nur indirekt mit Berufung auf Satz 158 bewiesen werden.

Anmerkung. Der Satz 158 und seine Folgerung können zur Ausführung der Aufgaben 105ª, 107 und 108 benutzt werden.

73. Aufgaben.

Aufgabe 109. Ein Quadrat zu zeichnen, welches gleich der Summe zweier gegebenen Quadrate ist.

Die Seiten der gegebenen Quadrate werden Katheten.

Aufgabe 110. Ein Quadrat zu zeichnen, welches gleich der Differenz zweier gegebenen Quadrate ist.

Die Seite des größeren Quadrats wird Hypotenuse, die des kleineren Kathete.

Anmerkung. Sind die Seiten a und b der gegebenen Quadrate ganze Zahlen, so wird die Seite x des gesuchten Quadrats ebenfalls eine ganze Zahl, wenn $a^2 + b^2$, bez. $a^2 - b^2$ eine Quadratzahl ist. a, b und x werden dann **Pythagoreische Zahlen** genannt.

(Beispiele: $a = 3$, $b = 4$, $x = 5$. $a = 5$, $b = 12$, $x = 13$.)

Aufgabe 111. Ein Quadrat zu zeichnen, welches gleich dem n-fachen eines gegebenen Quadrats ist.

Wiederholte Ausführung der Aufgabe 109 würde zum Ziele führen. Weniger umständlich wird die Lösung, wenn man n in eine Summe oder Differenz von Quadratzahlen zerlegt, weil jede ganze Zahl durch höchstens 4 Quadratzahlen ausgedrückt werden kann.

Beispiele: $n = 60$: $60 = 8^2 - 2^2 = 5^2 + 5^2 + 3^2 + 1^2$.

$\qquad\quad n = 84$: $84 = 10^2 - 4^2 = 8^2 + 4^2 + 2^2$.

$\qquad\quad n = 47$: $47 = 7^2 - 1^2 - 1^2 = 5^2 + 3^2 + 3^2 + 2^2$.

Ist daher $n = \alpha^2 + \beta^2 + \gamma^2 + \delta^2$, so erhält man $n \cdot l^2$, wenn man nach Aufgabe 109 durch die Zeichnung die Rechnung ausführt:

$$(\alpha\, l)^2 + (\beta\, l)^2 + (\gamma\, l)^2 + (\delta\, l)^2.$$

Aufgabe 112. Ein Quadrat zu zeichnen, das gleich der Hälfte eines gegebenen Quadrats ist.

Die gegebene Quadratseite wird Hypotenuse eines rechtwinkligen gleichschenkligen Dreiecks.

Aufgabe 113. Ein Quadrat zu zeichnen, das gleich dem $n$ten Teile eines gegebenen Quadrats ist.

Der $n$te-Teil des gegebenen Quadrats (Zus. 3 zu Lehrs. XV) wird in ein Quadrat verwandelt.

Vorbemerkung: Sind a, b und c die Seiten eines Dreiecks, so ist nach

Satz 155: $b^2 + c^2 = \dfrac{a^2}{2} + 2\, m_a{}^2$, also $m_a{}^2 = \frac{1}{2} \left[(b^2 + c^2) - \dfrac{a^2}{2} \right]$.

Die Mittellinie m_a kann daher gezeichnet werden, wenn a und $b^2 + c^2$ gegeben sind. Ebenso folgt daraus: $a^2 = 2\,(b^2 + c^2) - 4\, m_\alpha{}^2$, d. h. a ist herstellbar, wenn $b^2 + c^2$ und m_a bekannt sind.

Aufgabe 114. Ein Dreieck zu zeichnen aus a, $b^2 + c^2 = l^2$ und 1) α. 2) β. 3) h_a. 4) h_b. 5) r.

Aufgabe 115. Ein Dreieck zu zeichnen aus $b^2 + c^2 = l^2$, m_a und 1) α. 2) β. 3) h_a. 4) h_b. 5) r.

Vorbemerkung. Sind a_1 und a_2 die Projektionen der Seiten c und b eines Dreiecks auf die dritte Seite, so ist

$$c^2 = h_a{}^2 + a_1{}^2 \text{ und } b^2 = h_a{}^2 + a_2{}^2, \text{ also für } c > b$$
$$c^2 - b^2 = a_1{}^2 - a_2{}^2 = (a_1 + a_2)(a_1 - a_2) = a\,(a_1 - a_2).$$

Die Differenz $c^2 - b^2$ ist demnach nur von der Strecke a_1, d. h. von der Lage des zu h_a gehörigen Fußpunktes abhängig, und das in diesem Punkte auf a errichtete Lot erweist sich als der geometr. Ort aller Punkte, für deren Entfernungen b und c von den Endpunkten der Strecke a die Differenz der Quadrate $c^2 - b^2$ stets den gleichen Wert hat. Kennt man aber a und $c^2 - b^2$, so kann man $a_1 - a_2$ zeichnen (Aufg. 108) und damit a_1 (aus $a_1 + a_2 = a$ und $a_1 - a_2 = d$), also auch den Fußpunkt des Lotes herstellen, auf welchem A liegt.

Aufgabe 116. Ein Dreieck zu zeichnen aus a, $c^2 - b^2 = l^2$ und 1) α. 2) β. 3) h_a. 4) h_b. 5) m_a. 6) r.

74. Berechnungen.

1. Aus den Katheten a und b eines rechtwinkl. Dreiecks die Hypotenuse c zu berechnen.

Aus $c^2 = a^2 + b^2$ folgt: $c = \sqrt{a^2 + b^2}$.

Beispiele: $a = 3$, $b = 4$. $a = 5$, $b = 12$. $a = 6$, $b = 5$.

2. Aus der Hypotenuse c und einer Kathete a eines rechtwinkl. Dreiecks die andere Kathete b zu berechnen.

Aus $c^2 = a^2 + b^2$ folgt: $b^2 = c^2 - a^2$, also $b = \sqrt{c^2 - a^2}$.

Beispiele: $c = 5$, $a = 4$. $c = 65$, $a = 56$. $c = 8$, $b = 5$.

3. Aus der Seite a eines Quadrats seine Diagonale d zu berechnen.

Es ist $d^2 = a^2 + a^2$, also $d = a\sqrt{2}$.

Beispiele: $a = 15$. $a = 25, 4$. $a = 358, 7$.

4. Aus der Diagonale d eines Quadrats seine Seite a zu berechnen.

Es ist $d^2 = a^2 + a^2 = 2\,a^2$, also $a^2 = \tfrac{1}{2}\,d^2$ und $a = \dfrac{d}{2}\,\sqrt{2}$.

Beispiele: $d = 14$. $d = 12, 5$. $d = 27\tfrac{1}{4}$.

5. Aus der Seite a eines gleichseitigen Dreiecks seinen Inhalt zu berechnen.

Nach Satz 137 ist $J = \dfrac{a \cdot h}{2}$; h aber ist Kathete eines rechtwinkl. Dreiecks mit der Hypotenuse a und der zweiten Kathete $\dfrac{a}{2}$, also gleich $\sqrt{a^2 - \dfrac{a^2}{4}}$ oder $\dfrac{a}{2}\,\sqrt{3}$, und daraus folgt: $J = \dfrac{a^2}{4}\,\sqrt{3}$.

Beispiele: $a = 8$. $a = 9, 6$.

6. Aus der Höhe h eines gleichseitigen Dreiecks seinen Inhalt zu berechnen.

Da $h = \dfrac{a}{2}\,\sqrt{3}$, also $a = \dfrac{2}{3}\,h\,\sqrt{3}$ ist, so folgt: $J = \dfrac{h^2}{3}\,\sqrt{3}$.

Beispiele: $h = 24$. $h = 4, 5$.

7. Aus dem Inhalt eines gleichseitigen Dreiecks seine Seite und Höhe zu berechnen.

Aus $J = \dfrac{a}{4}\sqrt{3}$ und $J = \dfrac{h^2}{3}\sqrt{3}$ folgt: $a = \dfrac{2}{3}\sqrt{3\,J\sqrt{3}}$, bez. $h = \sqrt{J\sqrt{3}}$.

Beispiele: $J = 25$. $J = 48$.

8. Aus der Grundlinie a und dem Schenkel b eines gleichschenkl. Dreiecks seinen Inhalt zu berechnen.

h_a ist Kathete eines rechtwinkl. Dreiecks mit der Hypotenuse b und der zweiten Kathete $\dfrac{a}{2}$, also gleich $\sqrt{b^2 - \left(\dfrac{a}{2}\right)^2}$, und demnach ist $J = \dfrac{a}{2}\,\sqrt{b^2 - \left(\dfrac{a}{2}\right)^2}$
$= \dfrac{a}{4}\,\sqrt{(2\,b + a)\,(2\,b - a)}$.

Beispiele: $a = 36$, $b = 30$. $a = 24$, $b = 13$.

9. Aus den Seiten a, b und c eines Dreiecks zu berechnen
   a) den Inhalt desselben.

Die Höhe h_a teilt a in die Abschnitte a_1 und a_2, von denen a_1 mit c und h_a ein rechtwinkl. Dreieck bildet. Es ist daher $h_a = \sqrt{c^2 - a_1{}^2}$. Da aber a_1 die Projektion von c auf a, also nach Satz 153

$$b^2 = a^2 + c^2 \mp 2a \cdot a_1, \text{ und somit } \pm a_1 = \frac{a^2 + c^2 - b^2}{2a}$$

ist, so folgt:
$$h_a = \sqrt{c^2 - \left(\frac{a^2 + c^2 - b^2}{2a}\right)^2},$$
$$= \sqrt{\left(c + \frac{a^2 + c^2 - b^2}{2a}\right)\left(c - \frac{a^2 + c^2 - b^2}{2a}\right)},$$
$$= \frac{1}{2a}\sqrt{\{(a + c)^2 - b^2\} \cdot \{b^2 - (a - c)^2\}},$$
$$= \frac{1}{2a}\sqrt{(a + b + c)(a + c - b)(a + b - c)(b + c - a)}.$$

Setzt man nun
$$a + b + c = 2s,$$
so daß
$$a + b + c = 2s - 2c = 2(s - c),$$
$$a - b + c = 2s - 2b = 2(s - b),$$
$$-a + b + c = 2s - 2a = 2(s - a)$$

wird, so erhält man:
$$h_a = \frac{1}{2a}\sqrt{2s \cdot 2(s - a) \cdot 2(s - b) \cdot 2(s - c)},$$
$$= \frac{2}{a}\sqrt{s(s - a)(s - b)(s - c)},$$

und somit:
$$J = \frac{a \cdot h_a}{2} = \sqrt{s(s - a)(s - b)(s - c)}.$$

Beispiele: $a = 77$, $b = 51$, $c = 40$. $a = 25$, $b = 28$, $c = 17$.

b) den Halbmesser des eingeschriebenen Kreises.

Da $J = \dfrac{a \cdot \varrho}{2} + \dfrac{b \cdot \varrho}{2} + \dfrac{c \cdot \varrho}{2} = s \cdot \varrho$, also $\varrho = \dfrac{J}{s}$ ist, so folgt:

$$\varrho = \frac{1}{s}\sqrt{s(s - a)(s - b)(s - c)} = \sqrt{\frac{(s - a)(s - b)(s - c)}{s}}.$$

Beispiele: $a = 17$, $b = 10$, $c = 9$. $a = 57$, $b = 68$, $c = 65$.

c) die Halbmesser der äußeren Berührungskreise.

Da $J = \dfrac{b \cdot \varrho_a}{2} + \dfrac{c \cdot \varrho_a}{2} - \dfrac{a \cdot \varrho_a}{2} = (s - a) \cdot \varrho_a$, also $\varrho_a = \dfrac{J}{s - a}$ ist,

so folgt:
$$\varrho_a = \sqrt{\frac{s(s - b)(s - c)}{s - a}},$$

und ebenso:
$$\varrho_b = \sqrt{\frac{s(s - a)(s - c)}{s - b}},$$
$$\varrho_c = \sqrt{\frac{s(s - a)(s - b)}{s - c}}.$$

Beispiel: $a = 4{,}4$, $b = 1{,}7$, $c = 3{,}9$.

d) die drei Mittellinien.

Nach Satz 155 ist $b^2 + c^2 = \dfrac{a^2}{2} + 2 m_a^2$, also $m_a^2 = \dfrac{1}{2}\left(b^2 + c^2 - \dfrac{a^2}{2}\right)$ und somit $m_a = \dfrac{1}{2}\sqrt{2(b^2 + c^2) - a^2}$. Entsprechend ergiebt sich $m_b = \dfrac{1}{2}\sqrt{2(a^2 + c^2) - b^2}$ und $m_c = \dfrac{1}{2}\sqrt{2(a^2 + b^2) - c^2}$.

Beispiele: $a = 10$, $b = 6$, $c = 8$. (m_a wird rational).

$a = 18$, $b = 22$, $c = 16$. (m_b wird rational).

Zweiter Teil. Die Proportionalität der Größen.

V. Abschnitt.

Die Proportionalität der Strecken.

17. Kapitel.

Einleitende Sätze über Verhältnisse.

75.   Das Verhältnis zweier Strecken.

Bei der in dem ersten Teile durchgeführten Vergleichung zweier Strecken handelte es sich darum, festzustellen, ob dieselben einander gleich sind oder ob eine von ihnen größer ist als die andere. Man kann jedoch zwei Strecken noch auf eine andere Weise mit einander vergleichen, indem man untersucht, wie oft die eine von ihnen oder ein Teil derselben in der anderen enthalten ist.

Erklärung. Das Verhältnis einer Strecke a zu einer zweiten Strecke b bestimmen oder die Strecke a durch die Strecke b messen heißt feststellen, wie oft b auf a abgetragen werden kann.

1. Geht die Strecke b in a m=mal auf, d. h. bleibt kein Rest, wenn b auf a m=mal abgetragen worden ist, so nennt man b ein Maß von a und m den Wert des Verhältnisses von a und b $(a:b=m)$.

2. Läßt sich die Strecke b, die kleiner als a ist, nicht so abtragen, daß kein Rest bleibt, ist also b nicht ein Maß von a, so können zwei Fälle eintreten:

a) Die Strecke b läßt sich in q gleiche Teile von der Länge l zer=legen, welche in a p=mal aufgeht, so daß $a=p \cdot l$ und $b=q \cdot l$ ist. Man nennt dann l ein gemeinschaftliches Maß von a und b und den Quotienten $m=\dfrac{p}{q}$ den Wert des Verhältnisses der Strecken a und b. $\left(a:b=\dfrac{p}{q}=m. \right)$

b) Die Strecke b läßt sich nicht so in gleiche Teile zerlegen, daß ihr Teil auch in a aufgeht. Die Strecken besitzen dann kein gemein=schaftliches Maß und werden als inkommensurabel bezeichnet. Bleibt aber, wenn l, der q=te Teil von b, auf a p=mal abgetragen wird, ein Rest r, der kleiner als l ist, so liegt der Wert des Verhältnisses der Strecken a und b zwischen $\frac{p}{q}$ und $\frac{p+1}{q}$, und da diese Brüche sich um so mehr nähern, je größer q und damit auch p wird, so kann man zwar den Wert des Verhältnisses $a:b$ nie durch ganze Zahlen ausdrücken, aber demselben durch Vergrößerung von q beliebig nahe kommen. Dar= aus folgt:

Folgerung. Der Wert des Verhältnisses zweier Strecken ist eine **unbenannte Zahl.** Besitzen die Strecken ein gemeinschaftliches Maß, so ist die Zahl **rational** und gleich dem Quotienten der beiden Maßzahlen. Sind dagegen die Strecken inkommensurabel, so ist die Zahl **irrational.**

76. Proportionen zwischen und Teilung von Strecken.

a) Proportionen.

Erklärung. Zwei Verhältnisse heißen **gleich,** wenn sie denselben Wert haben. Werden zwei gleiche Verhältnisse durch das Gleichheits= zeichen mit einander verbunden, so entsteht eine **Proportion.** Eine Pro= portion hat die Form $a:b=c:d$ und wird gelesen: (Es verhält sich) a zu b wie c zu d. Die Strecken a, b, c und d heißen **Glieder** der Pro= portion. d insbesondere wird als die **vierte Proportionale** zu a, b und c bezeichnet. Die beiden Verhältnisse werden auch **Seiten** der Proportion genannt.

Zusatz. Sind die beiden inneren Glieder einer Proportion ein= ander gleich, ist also $a:b=b:c$, so heißt die Proportion **stetig** und b wird als **mittlere Proportionale** zu a und c, c dagegen als **dritte Proportionale** zu a und b bezeichnet.

Werden in der Proportion $a:b=c:d$ die vier Strecken durch ihre Maßzahlen α, β, γ und δ ersetzt, so erhält die Proportion die Form $\frac{\alpha}{\beta}=\frac{\gamma}{\delta}$ (gelesen: α durch β gleich γ durch δ), durch deren Benutzung in einfacher Weise die folgenden Beziehungen zwischen den vier Strecken a, b, c und d abgeleitet werden können:

Satz 160. Besteht zwischen vier Strecken a, b, c und d die Proportion $a:b=c:d$, so bestehen auch die Proportionen:

1. $c:d=a:b$. 2. $b:a=d:c$.
3. $a:c=b:d$. 4. $(a\pm b):a\,(b)=(c\pm d):c\,(d)$.
5. $(a+b):(a-b)=(c+d):(c-d)$. 6. $ma:nb=mc:nd$.
7. $a^2:b^2=c^2:d^2$.

Satz 161. Besteht zwischen vier Strecken eine Proportion, so ist das Rechteck aus den äußeren Gliedern gleich dem Rechteck aus den beiden inneren $(a\,.\,d=b\,.\,c)$.

Der geometrische Beweis folgt in Nr. 84, Satz 205.

Stimmen zwei Proportionen in den drei ersten Gliedern oder in dem Verhältnis der beiden ersten und der Größe des dritten Gliedes überein, so sind ihre vierten Glieder gleich. Denn aus $a:b=c:d$ und $a:b=c:x$ folgt nach Satz 161: $bc=ad$, bez. $bc=ax$, also nach G. III: $ax=ad$ und somit $x=d$, d. h.

Satz 162. Zu drei Strecken von gegebener Reihenfolge ist nur eine vierte Proportionale vorhanden.

Zusatz. Zu zwei Strecken ist nur eine dritte und der Größe nach auch nur eine mittlere Proportionale vorhanden.

Satz 163. Besitzen die Verhältnisse mehrerer Streckenpaare denselben Wert, ist also $a:b=c:d=e:f=g:h\dots$, so besteht die Proportion $(a+c+e+g+\dots):(b+d+f+h+\dots)=a:b$.

Beweis. Aus $\qquad\qquad a:b=c:d$
ergiebt sich nach Satz 160: $\qquad 3:a:c=b:d$
und hieraus nach Satz 160, 4: $(a+c):a=(b+d):b$,
also nach Satz 160, 3: $(a+c):(b+d)=a:b$.

Ersetzt man das Verhältnis $a:b$ durch $e:f$, so folgt:
$$(a+c):(b+d)=e:f$$
und hieraus: $\qquad\qquad (a+c):e=(b+d):f$,
also $\qquad\qquad (a+c+e):e=(b+d+f):f$
oder $\qquad (a+c+e):(b+d+f)=e:f=a:b$.

Die Fortsetzung dieses Verfahrens ergiebt die Richtigkeit des Satzes.

b) Teilung von Strecken.

Erklärung 2. Liegt ein Punkt C auf einer Strecke AB oder ihrer Verlängerung so, daß $CA:CB=m:n$ ist, so sagt man, AB sei in C oder durch C in dem Verhältnis $m:n$ geteilt.

Zusatz 1. Liegt der Punkt C zwischen A und B, so teilt er die Strecke AB innerlich, liegt er aber auf der Verlängerung von AB, so teilt er die Strecke äußerlich in dem Verhältnis $m:n$.

Aus $CA:CB=m:n$ folgt aber für die innere Teilung:
$$(CA+CB):(m+n)=CA:m \text{ oder } (m+n):AB=m:AC$$
und für die äußere Teilung:
$$(CA-CB):(m-n)=CA:m \text{ oder } (m-n):AB=m:AC.$$

AC ist also die 4. Proportionale zu $m\pm n$, AB und m, und demnach liefert die Anwendung des Satzes 162 den

Zusatz 2. Für jede Strecke ist nur ein innerer und nur ein äußerer Punkt vorhanden, durch den sie in einem gegebenen Verhältnis geteilt wird.

Erklärung 3. Sind C und D die beiden Punkte, die eine Strecke AB innerlich und äußerlich nach dem Verhältnis $m:n$ teilen, so sagt man, AB sei durch C und D harmonisch geteilt, und bezeichnet A, B, C und D als harmonische Punkte. A und B, bez. C und D heißen zugeordnete harmonische Punkte. Ihre Verbindungslinien mit einem außerhalb der Geraden liegenden Punkte O werden harmonische Strahlen genannt.

Zusatz 1. Durch drei auf einer Geraden liegende Punkte ist der vierte, dem mittleren von ihnen zugeordnete harmonische Punkt bestimmt.

Aus $CA:CB = DA:DB (= m:n)$ folgt nach Satz 161: $AC.BD = BC.AD$ oder $AC(AD - AB) = AD(AB - AC)$ und hieraus: $2\,AC.AD = AC.AB + AD.AB$.

Dividiert man beide Seiten dieser Gleichheit durch $2\,AB.AC.AD$, so erhält man: $\dfrac{1}{AB} = \dfrac{1}{2}\left(\dfrac{1}{AC} + \dfrac{1}{AD}\right)$.

Wird nun eine Größe als das harmonische Mittel zweier anderen bezeichnet, wenn ihr reciproker Wert das arithmetische Mittel (die halbe Summe) aus den reciproken Werten der beiden anderen ist, so ergiebt sich hieraus der

Zusatz 2. Eine harmonisch geteilte Strecke ist das harmonische Mittel zu den Entfernungen ihrer Teilpunkte von ihrem Anfangspunkte.

Ist ferner M der Mittelpunkt von CD, so folgt aus $AC.BD = BC.AD$ die Gleichheit $(MA - MC)(MB + MD) = (MC - MB)(MA + MD)$, und hieraus nach Ausführung der Multiplikationen: $MC^2 = MA.MB$. Bezeichnet man aber eine Strecke, deren Quadrat gleich dem Produkte zweier anderen ist, als das geometrische Mittel derselben, so folgt hieraus:

Zusatz 3. Die Hälfte der durch die beiden Teilpunkte bestimmten Strecke ist das geometrische Mittel zu den Entfernungen ihres Mittelpunktes von den Endpunkten der geteilten Strecke.

Erklärung 4. Liegt ein Punkt C auf einer Strecke AB so, daß $AB:AC = AC:BC$ ist, so sagt man, AB sei durch C stetig geteilt, und bezeichnet die Teilung als goldenen Schnitt.

Zusatz 1. Liegt der Punkt C auf der Verlängerung von AB so, daß $AC:AB = AB:BC$ ist, so sagt man, AB sei durch C äußerlich nach dem goldenen Schnitt geteilt.

Zusatz 2. Für jede Strecke giebt es nur einen inneren und nur einen äußeren Punkt, durch den sie nach dem goldenen Schnitt geteilt wird.

18. Kapitel.

Proportionale Strecken bei geradlinigen Figuren.

77. Proportionale Abschnitte auf zwei Geraden.

Erklärung. Zwei Streckenpaare werden proportional genannt, wenn sie eine Proportion bilden, wenn also die Werte ihrer Verhältnisse gleich sind.

Bewegen sich auf zwei beliebigen Geraden zwei Punkte B und C so, daß die Verbindungslinie BC ihrer anfänglichen Lage parallel bleibt, so legen sie auf den Geraden in gleichen Zeiten Strecken zurück,

die von einander abhängig sind. Um das Gesetz für diese Ab=
hängigkeit zu ermitteln, vergleicht man zunächst zwei auf einander
folgende Wegelängen auf einer der Geraden mit einander und versucht
es dann, den Vergleich auf die beiden entsprechenden Strecken der
anderen Geraden zu übertragen. Sind nun BB_1 und B_1B_2 zwei
von dem Punkte B zurückgelegte Längen, so hat man zwei Fälle zu
unterscheiden:

1. BB_1 hat mit B_1B_2 das gemeinschaftliche Maß l, so daß
$BB_1 = p \cdot l$ und $B_1B_2 = q \cdot l$, also das Verhältnis $BB_1 : B_1B_2$
gleich $p \cdot l : q \cdot l$ oder gleich $\frac{p}{q}$ ist. Teilt man dann aber
BB_1 in p, bez. B_1B_2 in q gleiche Teile und zieht durch
die Teilpunkte die Parallelen zu BC, so wird durch
dieselben CC_1 gleichfalls in p und C_1C_2 in q gleiche
Teile von der Größe m zerlegt (Zusatz 2 zu Satz 79);
daher ist das Verhältnis $CC_1 : C_1C_2$ gleich $p \cdot m : q \cdot m$,
also ebenfalls gleich $\frac{p}{q}$. Die 4 Strecken BB_1, B_1B_2,
CC_1 und C_1C_2 sind demnach proportional.

2. BB_1 und B_1B_2 sind inkommensurabel. Teilt man in diesem
Falle BB_1 in p gleiche Teile, deren Größe l auf B_1B_2 q=mal ab=
getragen werden kann, so daß bei B_1B_2 ein Rest bleibt, der kleiner
ist als l, und legt man wieder durch die Teilpunkte von BB_1 und
B_1B_2 die Parallelen zu BC, so teilen dieselben CC_1 in p gleiche
Stücke von der Größe m und zerlegen C_1C_2 in q Teile von der
Größe m und ein Reststück, das kleiner als m ist. Demnach liegt
der Wert des Verhältnisses sowohl bei $BB_1 : B_1B_2$ als auch bei
$CC_1 : C_1C_2$ zwischen $\frac{p}{q}$ und $\frac{p}{q+1}$ und weicht von $\frac{p}{q}$ um höchstens $\frac{1}{q(q+1)}$
ab. Diese Differenz wird aber um so kleiner, je größer p und damit
auch q gewählt wird, und daher können die beiden Verhältnisse auch
dann als gleich gelten, wenn BB_1 und B_1B_2, also auch CC_1 und C_1C_2
inkommensurabel sind.

Ist aber $BB_1 : B_1B_2 = CC_1 : C_1C_2$, so ist nach Satz 160, 4
auch $(BB_1 + B_1B_2) : BB_1(B_1B_2) = (CC_1 + C_1C_2) : CC_1(C_1C_2)$ oder
$BB_2 : BB_1 : B_1B_2 = CC_2 : CC_1 : C_1C_2$, und demnach besteht der

Lehrsatz XVII. **Bewegen sich zwei Punkte auf zwei Geraden
so, daß ihre Verbindungslinie zu ihrer anfänglichen Lage parallel
bleibt, so sind die entsprechenden Wegelängen auf den beiden
Geraden proportional.**

Die Umkehrung dieses Lehrsatzes lautet:

Lehrsatz XVIII. **Bewegen sich zwei Punkte in gleicher
Richtung auf zwei Geraden so, daß die entsprechenden Wegelängen**

auf den beiden Geraden proportional sind, so bleibt die Verbindungslinie der beiden Punkte parallel zu ihrer anfänglichen Lage, wenn sie einmal parallel zu derselben ist.

Dieser Satz muß indirekt bewiesen werden, weil nicht nach Wink 2 verfahren werden kann. Ist aber $BB_1 : B_1B_2 = CC_1 : C_1C_2$ und $B_1C_1 \parallel BC$, und schneidet die Parallele zu B_1C_1 durch B_2 die Gerade CC_2 in X, so ist nach Lehrs. XVII $\quad BB_1 = B_1B_2 = CC_1 : C_1X$, und da
$$BB_1 : B_1B_2 = CC_1 : C_1C_2$$
sein soll, so ist nach Satz 162 $C_1X = C_1C_2$, also B_2X dieselbe Linie wie B_2C_2.

Für das Trapez folgen hieraus sofort die Sätze:

Satz 164. Jede Parallele zu den Grundlinien eines Trapezes teilt die beiden Schenkel in proportionale Abschnitte.

Satz 165. Werden die Schenkel eines Trapezes durch eine Gerade so geschnitten, daß ihre entsprechenden Abschnitte proportional sind, so ist die schneidende Gerade parallel zu den Grundlinien.

Anmerkung. Die beiden Sätze sind unabhängig davon, ob die Gerade die Schenkel oder ihre Verlängerungen trifft.

Gehen die beiden Geraden von einem Punkte A aus, so sind AB, AC und BC die Seiten eines Dreiecks und die Linien B_1C_1, B_2C_2 u. s. w. Parallelen zu der Dreiecksseite BC. Für das Dreieck folgt daher aus den Lehrsätzen XVII und XVIII:

Satz 166. Jede Parallele zu einer Dreiecksseite teilt die beiden anderen Seiten in proportionale Abschnitte.

Wink 11. Um zu beweisen, daß 4 Strecken proportional sind, kann man sie als entsprechende Abschnitte auf zwei sich schneidenden Geraden vom Schnittpunkte aus abtragen und zu zeigen suchen, daß die Verbindungslinien der entsprechenden Endpunkte parallel sind.

Satz 167. Werden zwei Dreiecksseiten durch eine dritte Gerade so geschnitten, daß ihre entsprechenden Abschnitte proportional sind, so ist die Gerade parallel zu der dritten Seite des Dreiecks.

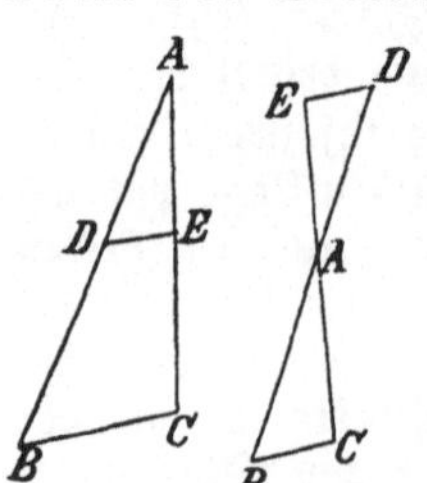

Ist ferner DE eine Parallele zu der Dreiecksseite BC und zieht man $EF \parallel AB$, so ist nach Satz 166 $BC : BF = AC : AE$, und da $BF = DE$ (Satz 71c) ist, also BF durch DE ersetzt werden kann, so folgt: $BC : DE = AC : AE = AB : AD$, d. h.

Satz 168. Werden zwei Dreiecksseiten durch eine Parallele zu der dritten geschnitten, so sind die beiden Parallelen proportional zu den Entfernungen ihrer entsprechenden Endpunkte von der gegenüber liegenden Ecke.

Dieser Satz kann in folgender Weise umgekehrt werden:

Satz 169. Verhalten sich zwei parallele Strecken wie die Entfernungen zweier ihrer Endpunkte von einem Punkte auf der Verbindungslinie derselben, so geht auch die Verbindungslinie der beiden anderen Endpunkte durch diesen Punkt.

Ein direkter Beweis ist nicht möglich. Sind aber (s. Fig. des Satzes 168) BC und DE zwei parallele Strecken und liegt A auf BD so, daß $AB:AD = BC:DE$ ist, und zieht man die Gerade AC, welche DE in X trifft, so folgt aus Satz 168: $AB:AD = BC:DX$; da aber nach Vor. $AB:AD = BC:DE$ ist, so muß $DX = DE$ sein, also X mit E zusammenfallen.

78. Übungsbeispiele und Aufgaben.

a) Bei einem Dreieck.

Der Beweis des Satzes über die Mittellinien eines Dreiecks (Satz 52) nimmt bei Benutzung des Satzes 168 die einfache Gestalt an: Da $B_1 C_1 \parallel BC$ ist (Satz 80), so folgt aus Satz 168: $OB:OB_1 = BC:B_1 C_1$, und da $BC = 2 B_1 C_1$ (Satz 79), so ist auch $OB = 2 OB_1$. Ebenso ergiebt sich $OC = 2 OC_1$. In gleicher Weise teilen sich die Mittellinien AA_1 und BB_1 in dem Verhältnis $2:1$, und da auf BB_1 nur ein Punkt O liegt, für den $OB = 2 OB_1$ ist, so folgt, daß auch AA_1 durch O geht.

Satz 170. Die Halbierungslinie eines Dreieckswinkels teilt die gegenüber liegende Seite in zwei Teile, die sich verhalten wie die anstoßenden Seiten.

Vor. Es sei in dem Dreieck ABC $\angle BAD = \angle CAD$.

Beh. Es ist $BD:DC = AB:AC$.

Entw. des Bew. Die Lage der Strecken BD und DC auf BC weist darauf hin, daß nach Wink 11 verfahren wird. Man trägt also entweder AC an AB oder AB an AC an und leitet daraus mit Benutzung der Vor. ab, daß CE, bez. $BF \parallel AD$ ist. Zu dem Zwecke ist zu zeigen (Wink 2!), daß $\angle AEC = \angle BAD$ ist. Da der Winkel BAC als Außenwinkel an der Spitze des gleichschenkligen Dreiecks AEC, bez. AFB liegt, so hat man den Satz 31 mit der Vor. zu verbinden.

Zusatz. Wird statt des Dreieckswinkels der zugehörige Außenwinkel halbiert, so teilt die Halbierungslinie die gegenüber liegende Seite äußerlich in dem Verhältnis der anstoßenden Seiten.

Die Entw. des Bew. schließt sich eng an die vorhergehende Entw. an.

Folgerung. Die Halbierungslinien eines Dreieckswinkels und des zugehörigen Außenwinkels bilden mit den Seiten, die den Dreiecks- winkel einschließen, vier harmonische Strahlen.

Der Satz 170 kann umgekehrt werden und führt dann zu

Satz 171. Wird eine Dreiecksseite in dem Verhältnis der beiden anderen Seiten geteilt und der Teilpunkt mit der gegenüber liegenden Ecke verbunden, so wird durch die Verbindungslinie der Winkel (Außenwinkel) an der Ecke halbiert.

Vor. Es sei $BD : DC = AB : AC$.
Beh. Es ist $\sphericalangle BAD = \sphericalangle CAD$.

Entw. des Bew. Die Lage der Winkel schließt einen unmittel- baren Vergleich derselben aus. Stellt man daher (s. Fig. des Satzes 170), um zu einem mittelbaren Vergleich zu gelangen, einen Winkel her, der gleich $\sphericalangle BAD$ ist, indem man $CE \parallel AD$ zieht, so hat man zu zeigen, daß derselbe auch gleich $\sphericalangle CAD$, oder da $\sphericalangle CAD = \sphericalangle ACE$ (W. W. an Parallelen), daß $\sphericalangle AEC = \sphericalangle ACE$ ist. Nach Lehrsatz IX b ist hierzu die Gleichheit $AE = AC$ erforderlich, die aus der Zeichnung und Vor. leicht abgeleitet werden kann.

b) Bei einem Trapez.

Satz 172. Die Diagonalen eines Trapezes teilen sich gegenseitig in proportionale Abschnitte. (Satz 166!)

Satz 173. Der Schnittpunkt der Schenkel eines Trapezes teilt die Schenkel äußerlich in proportionale Abschnitte. (Satz 166!)

Zusatz. Diese Abschnitte sind auch proportional zu den von ihren Endpunkten ausgehenden Grundlinien des Trapezes. (Satz 168!)

Satz 174. Die Verbindungslinie des Diagonalen- oder Schenkel- schnittpunktes mit dem Mittelpunkte einer Grundlinie halbiert auch die andere Grundlinie des Trapezes.

Nach Satz 166 oder 168 und 162.

Folgerung 1. Die Verbindungslinie des Diagonalen- und Schenkel- schnittpunktes halbiert die Grundlinien des Trapezes.

Die Verbindungslinie der Grundlinienmitten geht durch jeden der beiden Punkte; zwischen zwei Punkten ist aber nur eine Gerade möglich.

Folgerung 2. Die Mitten der Grundlinien bilden mit den Schnittpunkten der Diagonalen und Schenkel eines Trapezes vier har- monische Punkte.

Die Entfernungen der beiden Schnittpunkte von den Seitenmitten ver- halten sich wie die Hälften der Grundlinien nach Satz 166, bez. 168.

c) Aufgaben.

Aufgabe 117. (Grund-Aufgabe.) Zu drei gegebenen Strecken die 4. Proportionale zu zeichnen.

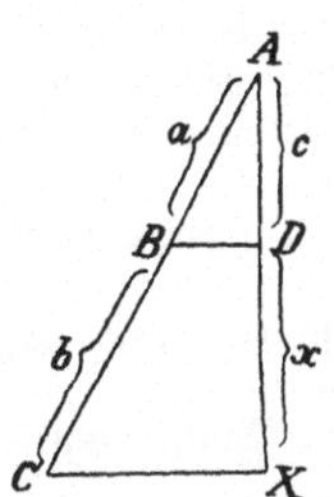

Auflösung. Es sollen a, b und c die gegebenen Strecken sein und x derart bestimmt werden, daß $a:b = c:x$ ist. Die vorausgegangenen Sätze lassen mehrere Wege zur Ausführung erkennen.

1. Mißt man auf einem von zwei Strahlen vom Ausgangspunkte A aus die Strecken $AB = a$ und $BC = b$ und auf dem anderen die Strecke $AD = c$ ab, verbindet D mit B und zieht $CX \parallel BD$, so ist DX die gesuchte Strecke.

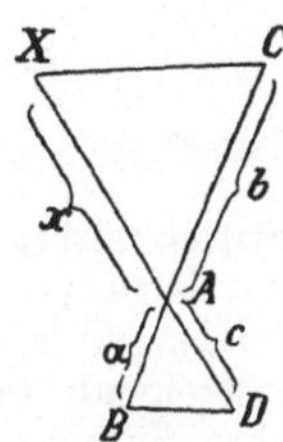

Anmerkung 1. Gehen die Strecken a und b beide von A aus, so gehen auch c und x von A aus.

Anmerkung 2. Auch in der Zeichnung kann b mit c vertauscht werden.

2. Werden vom Schnittpunkte A zweier sich schneidenden Geraden auf der einen die Strecken a (AB) und b (AC) in entgegengesetzter Richtung und auf der anderen die Strecke c (AD) in gleicher Richtung mit AB abgemessen, so schneidet die durch C zu BD gelegte Parallele CX in der Strecke AX die 4. Proportionale zu a, b und c ab.

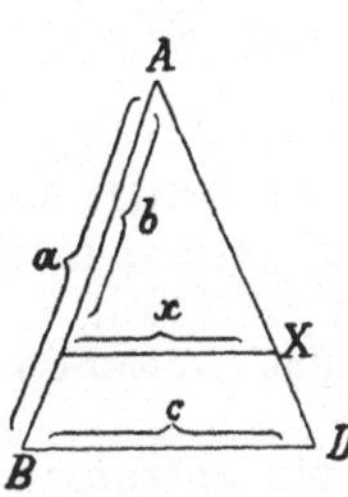

3. Auch der Satz 168 führt zu einer Lösung. Man mißt auf einer Geraden die Strecken a (AB) und b (AC) ab, zieht durch B eine Gerade, trägt auf derselben von B aus die Strecke c (BD) ab und zieht $CX \parallel BD$. Es ist dann CX die 4. Proportionale zu a, b und c.

Aufgabe 118. (Grund-Aufgabe.) Zu zwei gegebenen Strecken die dritte Proportionale zu zeichnen.

Auflösung. Es soll eine Strecke x so gezeichnet werden, daß $a:b = b:x$ ist. Da diese Proportion aus $a:b = c:x$ hervorgeht, wenn $c = b$ wird, so führen die verschiedenen Ausführungen der Aufgabe 117 auch hier zum Ziele, wenn man stets b und c als gleichgroß annimmt.

Aufgabe 119. Eine gegebene Strecke innerlich nach einem gegebenen Verhältnis zu teilen.

Aufgabe 120. Eine gegebene Strecke äußerlich nach einem gegebenen Verhältnis zu teilen.

Auflösung zu 119 und 120. Ist AB die gegebene Strecke und X der gesuchte Teilpunkt, so daß $XA:XB = p:q$ ist, und gestaltet man diese Proportion so um, daß sie nur noch eine unbekannte Größe enthält, indem man nach Satz 160, 4 die Proportion bildet $(XA \pm XB):AX = (p \pm q):p$ oder $AB:AX = (p \pm q):p$, so erweist sich AX als 4. Proportionale zu den drei gegebenen Strecken $(p \pm q)$, p und AB.

Die bequemste Lösung der beiden Aufgaben erhält man, wenn man durch

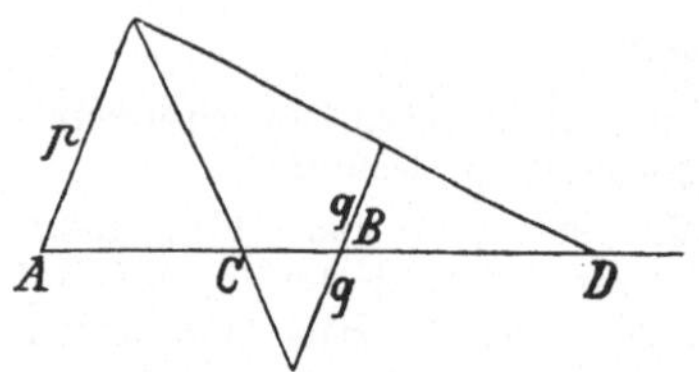

A und B zwei Parallelen legt, auf der ersten von A aus p und auf der zweiten von B aus q nach beiden Seiten abträgt und die Endpunkte der beiden letzten Strecken mit dem Endpunkte der ersten verbindet.

Man erhält damit gleichzeitig die Lösung der

Aufgabe 121. Eine gegebene Strecke harmonisch so zu teilen, daß zwei entsprechende Abschnitte ein gegebenes Verhältnis haben.

Aufgabe 122. Zu drei auf einer Geraden liegenden Punkten den 4. harmonischen Punkt zu zeichnen.

Auflösung. Liegt der Punkt B zwischen A und C, so ist $BA : BC$ das Verhältnis, in welchem AC äußerlich geteilt werden muß.

79. Proportionale Abschnitte auf mehreren Geraden.

Die Sätze des Abschnitts 77 können zum Teil erweitert werden. Auch auf drei oder mehreren Geraden werden durch Parallelen proportionale Strecken abgeschnitten (Lehrsatz XVII und G. III). Gehen insbesondere die Geraden von einem Punkte aus und bilden sie somit ein Strahlenbüschel, so sind nicht nur die Abschnitte auf den Strahlen, sondern auch die Abschnitte auf den Parallelen proportional.

a) Ein beliebiges Strahlenbüschel.

Satz 175. Werden zwei Parallelen von einem Strahlenbüschel geschnitten, so sind die entsprechenden Abschnitte auf denselben unter einander und zu den vom Ausgangspunkte aus gerechneten Abschnitten der Strahlen proportional.

Zusatz. Zwei Abschnitte der einen Parallelen sind proportional zu den entsprechenden Abschnitten der anderen.

Satz 176. Werden zwei Geraden durch ein Strahlenbüschel so geschnitten, daß ihre entsprechenden Abschnitte proportional sind, so sind die Geraden parallel. (Erste Umkehrung des Satzes 175.)

Entw. des Bew. Da nach Wink 2 nicht verfahren werden kann, so muß der Satz indirekt bewiesen werden. Würde man aber durch A' die Parallele zu AD ziehen, welche die Strahlen in X, Y und Z träfe, so wäre nach Satz 175, Zus. $AB : BC = A'X : XY$, und da der Annahme nach $AB : BC = A'B' : B'C'$ ist, so müßte $A'B' : B'C' = A'X : XY$, also $B'X \parallel C'Y$ sein u. s. w.

Die zweite Umkehrung des Satzes 175 lautet:

Satz 177. Werden zwei Parallelen durch mehrere Geraden so geschnitten, daß ihre entsprechenden Abschnitte

proportional sind, so bilden die Geraden ein Strahlenbüschel.

Bew. indirekt. Zur Anwendung kommt Satz 169.

Zusatz. Sind die entsprechenden Abschnitte der Parallelen gleich,
so sind die schneidenden Geraden parallel.

b) Ein harmonisches Strahlenbüschel.

Erklärung. Verbindet man vier harmonische Punkte mit einem
Punkte außerhalb der Geraden, auf der sie liegen, so entsteht ein har-
monisches Strahlenbüschel. Die Strahlen, welche nach zugeordneten
Punkten führen, heißen einander zugeordnet.

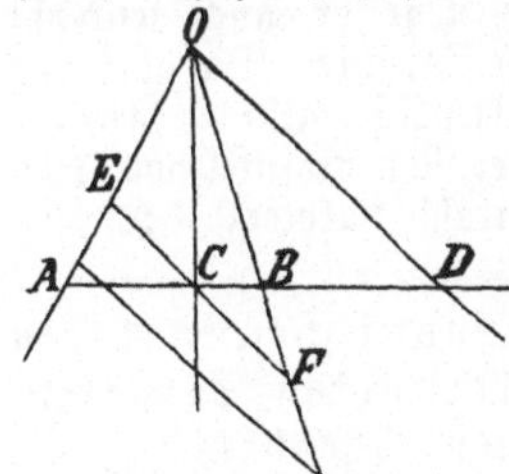

Die Sätze 175 und 176 gelten natürlich
auch für ein harmonisches Strahlenbüschel. Es
treten jedoch bei demselben außerdem noch
einige bemerkenswerte Beziehungen ein. Zieht
man zunächst durch den inneren Teilpunkt C
der Strecke AB die Parallele zu dem Strahle
OD, welche OA in E und OC in F trifft, so
ist $AC : AD = EC : OD$ (Satz 166) und
$$BC : BD = FC : OD.$$
Da aber aus $AC : BC = AD : BD$ durch Ver-
tauschung der inneren Glieder die Proportion $AC : AD = BC : BD$ entsteht, so folgt
$$AC : AD = EC : OD$$
und $AC : AD = FC : OD,$

also $EC = FC$. Wird nun irgend eine andere Parallele zu OD gezogen,
so ist dieselbe auch parallel zu EF, und demnach folgt aus Satz 175,
daß auch ihre Abschnitte ebenso wie EC und FC einander gleich sind.
Es besteht also der

Satz 178. Zieht man zu einem von vier harmonischen
Strahlen eine Parallele, so teilt der zugeordnete Strahl
den durch die beiden anderen Strahlen begrenzten Abschnitt
der Parallelen in zwei gleiche Teile.

Durch Umkehrung dieses Satzes erhält man:

Satz 179. Wird eine Parallele zu einem von vier Strahlen durch den nicht-benachbarten Strahl so geschnitten, daß
ihr durch die beiden anderen Strahlen begrenzter Abschnitt
halbiert wird, so bilden die vier Strahlen ein harmonisches
Strahlenbüschel.

Der dem Schnittpunkte zugeordnete harmonische Punkt liegt im Unendlichen.

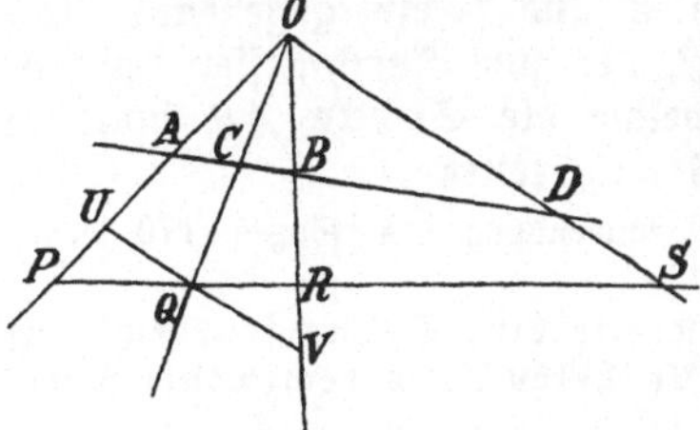

Zieht man ferner eine beliebige
Gerade, welche vier harmonische
Strahlen in den Punkten P, Q, R
und S schneidet, und legt durch Q
die Parallele UV zu OS, so ist
wiederum nach Satz 166
$$PQ : PS = QU : OS$$
und $QR : RS = QV : QS.$
Da aber $QU = QV$ (Satz 178), also

$QU : OS = QV : OS$ ist, so folgt $PQ : PS = RQ : RS$ oder $PQ : RQ = PS : RS$, d. h.

Satz 180. Ein harmonisches Strahlenbüschel wird durch eine beliebige Gerade in vier harmonischen Punkten geschnitten.

Folgerung. Wie durch drei Punkte der vierte harmonische Punkt, so ist auch durch drei Strahlen der vierte harmonische Strahl bestimmt.

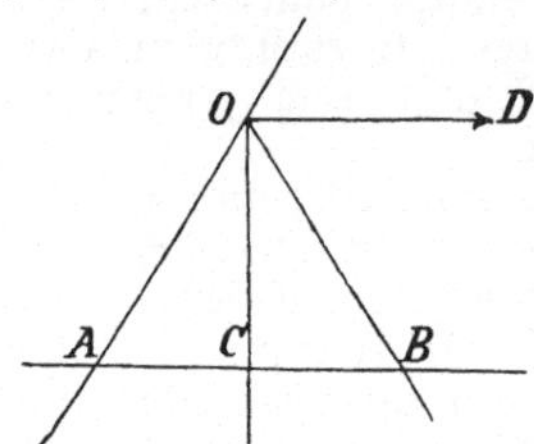

Ist C der Mittelpunkt der Strecke AB, so liegt der C zugeordnete harmonische Punkt im Unendlichen. Steht daher der Strahl OC senkrecht auf AB, so steht er auch senkrecht auf dem zugeordneten Strahle. Da aber das Dreieck ABO gleichschenklig, also $\sphericalangle AOC = \sphericalangle BOC$ ist, so wird der Nebenwinkel von AOB durch den vierten Strahl halbiert. Daraus folgt:

Satz 181. Halbiert einer von vier harmonischen Strahlen einen der Winkel der beiden nicht-zugeordneten Strahlen, so steht er senkrecht auf dem zugeordneten Strahle.

Auch dieser Satz kann umgekehrt werden.

Satz 182. Stehen zwei zugeordnete Strahlen senkrecht auf einander, so halbieren sie die Winkel der beiden anderen Strahlen.

Der Beweis ist mit Benutzung des Satzes 178 leicht durchführbar. Kz. II gelangt zur Anwendung.

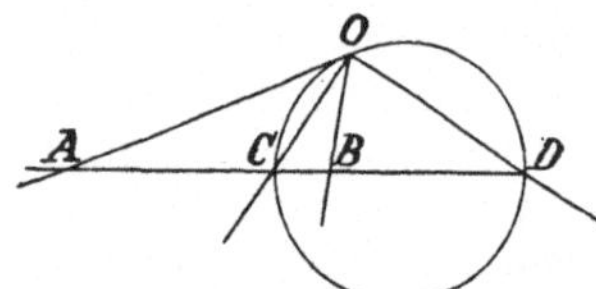

Da aber zwei Strahlen OC und OD stets senkrecht auf einander stehen, wenn O auf dem Kreise liegt, der CD zum Durchmesser hat, so ergiebt sich aus den Sätzen 181 und 182 der

Satz 183. Die Mittelpunkte aller durch vier harmonische Punkte gehenden harmonischen Strahlenbüschel liegen auf dem Kreise, der den Abstand zweier zugeordneten Punkte zum Durchmesser hat.

Daraus folgt unter Benutzung der Sätze 182 und 170:

Geometr. Ort 8. Der geometr. Ort aller Punkte, deren Entfernungen von zwei Punkten A und B ein gegebenes Verhältnis $p : q$ haben, ist der Kreis, der zum Durchmesser den Abstand der beiden Punkte hat, welche die Strecke AB innerlich und äußerlich in dem Verhältnis $p : q$ teilen.

Als weitere Übungsbeispiele zur Anwendung des Satzes 170 dienen die Sätze:

Satz 184. Steht in einem Kreise eine Sehne senkrecht auf einem Durchmesser, so teilen die Katheten eines rechtwinkl. Dreiecks, dessen Hypotenuse der Durchmesser ist, die Sehne harmonisch.

Da die Sehne senkrecht auf dem Durchmesser steht, so gehören die Teile des Winkels zwischen den nach den Endpunkten der Sehne führenden Strahlen zu gleichen Bogen.

Satz 185. Steht in einem Kreise eine Sehne senkrecht auf einem Durchmesser, so teilen die Verbindungslinien ihrer Endpunkte mit einem beliebigen Punkte des Kreises den Durchmesser harmonisch.

Der Bew. ergiebt sich auf demselben Wege wie bei Satz 184.

c) Drei sich gegenseitig schneidende Geraden.

Werden die Seiten eines Dreiecks oder ihre Verlängerungen durch eine Gerade geschnitten, so bestimmen die Schnittpunkte auf ihnen 6 Stücke, zwischen denen eine bemerkenswerte Beziehung besteht. Sind D, E und F die

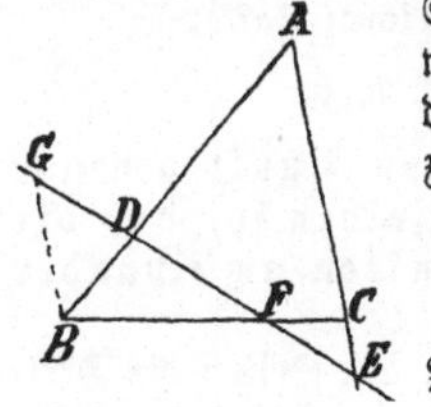

Schnittpunkte mit AB, bez. AC und BC, so können, wenn man durch B die Parallele BG zu AC zieht, die Sätze 166 und 168 angewandt werden und führen zu den Proportionen:

$$FB : FC = BG : EC$$
$$\text{und } DA : DB = EA : BG.$$

Ersetzt man in denselben die Strecken durch ihre Maßzahlen,

so erhält man:
$$\frac{FB}{FC} = \frac{BG}{EC} \text{ und } \frac{DA}{DB} = \frac{EA}{BG},$$

und hieraus durch Multiplikation:
$$\frac{DA \cdot FB}{DB \cdot FC} = \frac{EA}{EC}.$$

Durch Erweiterung mit $\dfrac{EC}{EA}$ ergiebt sich aber aus dieser Gleichheit:

$$\frac{DA \cdot FB \cdot EC}{DB \cdot FC \cdot EA} = 1, \text{ d. h.}$$

Satz 186. (Satz des Menelaos). Eine Gerade, welche die drei Seiten eines Dreiecks oder ihre Verlängerungen schneidet, teilt die Seiten in den Schnittpunkten so, daß die Produkte aus je drei nicht in ihren Endpunkten an einander stoßenden Abschnitten gleich sind.

Anmerkung. Die drei Schnittpunkte liegen entweder sämtlich auf den Verlängerungen der Seiten, oder zwei von ihnen liegen auf den Seiten selbst.

Die Umkehrung dieses Satzes

Satz 187. Werden die drei Seiten eines Dreiecks durch drei Punkte so geteilt, daß die Produkte aus je drei nicht in ihren Endpunkten an einander stoßenden Abschnitten gleich sind, und liegen die drei Teilpunkte auf den Verlängerungen der Seiten oder zwei von ihnen auf den Seiten selbst, so liegen die drei Punkte in einer Geraden.

kann nur indirekt mit Berufung auf Satz 186 bewiesen werden.

Erklärung. Eine Gerade, welche durch eine Ecke eines Dreiecks geht, wird Ecklinie genannt.

In einem Dreieck ABC seien drei Ecklinien AA_1, BB_1 und CC_1 so gezogen, daß sie sich in einem Punkte O schneiden. Es läßt sich dann durch 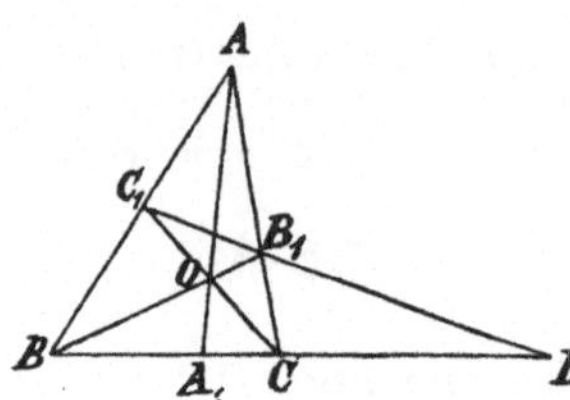 wiederholte Anwendung des Satzes 186 zwischen den Teilen der Seiten eine Beziehung herleiten. Zunächst werden die drei Seiten des Dreiecks BCB_1 durch die Ecklinie AA_1 geschnitten, und daher ist $BA_1 . AC . OB_1 = CA_1 . AB_1 . OB$. Die Strecken AC, OB und OB_1 können aber aus dieser Gleichheit entfernt werden; denn wendet man den Satz 186 auf ein zweites Dreieck an, auf dessen Seiten die genannten Strecken als Abschnitte liegen, nämlich auf das Dreieck ABB_1, dessen Seiten die Ecklinie CC_1 schneidet, und verbindet die daraus folgende Gleichheit $OB . CB_1 . AC_1 = OB_1 . AC . BC_1$ durch Multiplikation mit $BA_1 . AC . OB_1 = CA_1 . AB_1 . OB$, so ergiebt sich nach Kürzung der gleichen Faktoren:

$$AC_1 . BA_1 . CB_1 = AB_1 . BC_1 . CA_1, \text{ d. h.}$$

Satz 188. (Satz des Ceva.) Drei durch einen Punkt gehende Ecklinien eines Dreiecks teilen die Seiten desselben so, daß die Produkte aus je drei nicht in ihren Endpunkten an einander stoßenden Abschnitten gleich sind.

Anmerkung 1. Die Ecklinien schneiden entweder alle Seiten des Dreiecks oder nur eine von ihnen und die Verlängerungen der anderen.

Anmerkung 2. Für die Halbierungslinien der Dreieckswinkel kann der Satz des Ceva auch aus Satz 170 abgeleitet werden.

Folgerung. Die Verbindungslinie der Endpunkte zweier Ecklinien schneidet die nicht zu diesen gehörige Seite in einem Punkte, der als 4. harmonischer Punkt dem Endpunkte der dritten Ecklinie zugeordnet ist.

Da die Gerade B_1C_1 die drei Seiten schneidet, so kann mit der Gleichheit $AC_1 . BA_1 . CB_1 = AB_1 . BC_1 . CA_1$ nach Satz 186 die Gleichheit $AC_1 . BD . CB_1 = BC_1 . CD . AB_1$ zusammengestellt und aus beiden durch Division die zur Behauptung erforderliche Proportion $BA_1 : BD = BC_1 : CD$ oder $BA_1 : CA_1 = BD : CD$ abgeleitet werden.

Auch die Umkehrung des Ceva'schen Satzes

Satz 189. Werden die drei Seiten eines Dreiecks durch drei Ecklinien so geteilt, daß die Produkte aus je drei nicht in ihren Endpunkten an einander stoßenden Abschnitten gleich sind, und liegen die Teilpunkte entweder sämtlich auf den Seiten selbst oder zwei von ihnen auf den Verlängerungen der Seiten, so schneiden sich die Ecklinien in einem Punkte.

kann nur indirekt mit Berufung auf Satz 188 bewiesen werden.

Anmerkung. Der Satz 189 kann benutzt werden, um zu beweisen, daß sich bei einem Dreieck in einem Punkte schneiden

   1. die drei Mittellinien,

   2. die drei Höhen,

3. die drei Winkelhalbierungslinien,

4. die Ecklinien nach den Berührungspunkten des eingeschriebenen Kreises,

5. die Ecklinien nach den Berührungspunkten eines äußeren Berührungskreises,

6. die Ecklinien nach den auf den Seiten selbst liegenden Berührungspunkten der drei äußeren Berührungskreise.

Bei 1. sind die Seiten halbiert, also je zwei Faktoren der Produkte gleich.

Bei 2. sind die Abschnitte der Seite a gleich $\sqrt{b^2 - h_a^2}$ und $\sqrt{c^2 - h_a^2}$, der Seite b gleich $\sqrt{c^2 - h_b^2}$ und $\sqrt{a^2 - h_b^2}$, der Seite c gleich $\sqrt{a^2 - h_c^2}$ und $\sqrt{b^2 - h_c^2}$ und die Produkte $\sqrt{b^2 - h_a^2} \cdot \sqrt{c^2 - h_b^2} \cdot \sqrt{a^2 - h_c^2}$ und $\sqrt{c^2 - h_a^2} \cdot \sqrt{a^2 - h_b^2}, \sqrt{b^2 - h_c^2}$ erweisen sich als gleich, weil nach Satz 137 $a^2 h_a^2 = b^2 h_b^2 = c^2 h_c^2$ ist.

Bei 3. gelangt Satz 170 zur Verwendung. Bei 4. und 5. ergiebt sich die Gleichheit der Produkte aus Satz 107, und bei 6. schließlich sind die Ab-
schnitte der Seite a gleich $s - b$ und $s - c$, der Seite b gleich $s - c$ und $s - a$, der Seite c gleich $s - a$ und $s - b$ (s. Anmerk. zu Satz 115), so daß die beiden Produkte die Größe $(s - a)\,(s - b)\,(s - c)$ besitzen.

80. Aufgaben.

a) Aufgaben, deren Lösung die Herstellung von 4. Proportionalen erfordert.

Aufgabe 123. Ein Dreieck zu zeichnen aus

1. $a + b = s$, $a : b = p : q$ und c oder α, m_a, h_a oder h_b.

2. $a - b = d$, $a : b = p : q$ und c oder α, m_a, h_a oder h_b.

Auflösung. Da die einzelnen Bestimmungen den Weg für die Zeich-
nung nicht erkennen lassen, so muß man es zunächst versuchen, zwei derselben zu vereinen. Verbindet man aber die Forderung $a + b = s$, bez. $a - b = d$ mit $a : b = p : q$, indem man die Proportion $(a \pm b) : (p \pm q) = a : p$ oder $(p \pm q) : (a \pm b) = p : a$ bildet, so erweist sich a als 4. Proportionale zu den gegebenen Strecken $p + q$, s und p, bez. $p - q$, d und p. Kennt man aber a, so ist auch b bekannt und damit die Ausführung der Aufgabe leicht erkennbar.

Aufgabe 124. Ein Dreieck zu zeichnen aus

1. $h_a + h_b = s$, $a : b = p : q$ und c oder α.

2. $h_a - h_b = d$, $a : b = p : q$ und c oder α.

Auflösung. Der Gedanke, die beiden ersten Forderungen zu vereinen, ist zunächst nicht durchführbar. Da aber a, b, h_a und h_b durch die Gleichheit $a h_a = b h_b$ mit einander verbunden sind und daher $a : b$ durch $h_b : h_a$ ersetzt werden kann, so ist $h_b : h_a = p : q$. Es kann deshalb entsprechend wie in Aufgabe 124. h_a als vierte Proportionale zu drei gegebenen Strecken nachgewiesen und damit die Aufgabe auf eine bereits gelöste Aufgabe zurückgeführt werden.

Aufgabe 125. Ein Dreieck zu zeichnen aus seinen drei Höhen.

Auflösung. Gegeben sind h_a, h_b, h_c; gesucht sind a, b, c. Zwischen den Seiten und Höhen eines Dreiecks bestehen die Beziehungen:

$$a \cdot h_a = b \cdot h_b \text{ oder } a : h_b = b : h_a.$$
$$b \cdot h_b = c \cdot h_c \text{ oder } b : h_c = c : h_b.$$

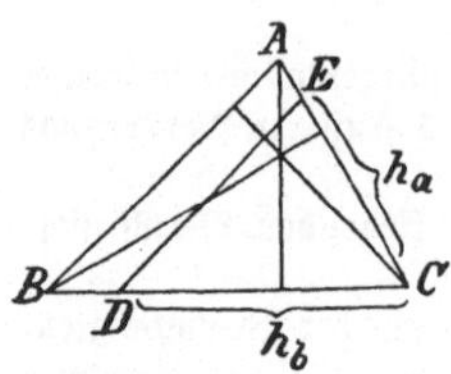

Wird aber eine dieser Proportionen an einem beliebigen Dreieck dargestellt, indem man z. B. auf der Seite CB die Strecke CD gleich der Höhe h_b dieses Dreiecks und auf CA die Strecke CE gleich der Höhe h_a abmißt, so ist die Verbindungslinie DE parallel zu AB und somit $b : c = h_a : DE$. Da aber $b : c = h_c : h_b$ ist, so folgt $h_c : h_b = h_a : DE$. Es kann also DE und damit das Dreieck CDE gezeichnet werden. Die Höhe h_c steht senkrecht auf DE, und da ihre Länge bekannt ist, so kann nun die Lage von AB leicht gefunden werden.

Aufgabe 126. Auf zwei Seiten eines Dreiecks die Endpunkte einer gegebenen Strecke so zu legen, daß der obere Abschnitt der einen Seite zu dem unteren der anderen Seite in einem gegebenen Verhältnis steht.

Auflösung. Für die Punkte X und Y sind in der Aufgabe drei Bestimmungen angegeben: 1. X soll auf AB und Y auf AC liegen. 2. XY soll gleich l sein. 3. Es soll die Proportion $AX : CY = p : q$ bestehen. Mit

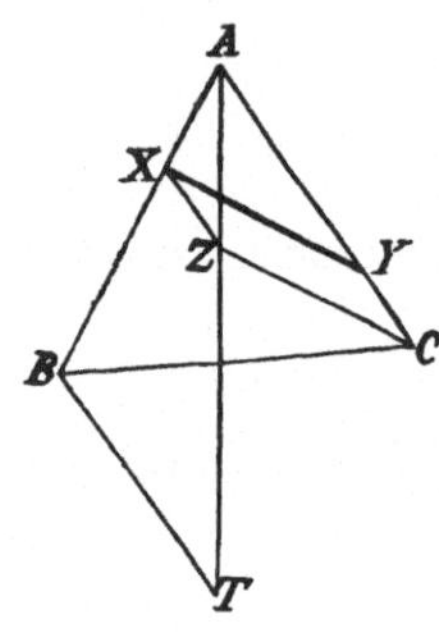

den beiden ersten ist zunächst nichts anzufangen. Stellt man aber, um die dritte auszunutzen, das Verhältnis $AX : CY$ her, indem man $CZ \parallel XY$ und $XZ \parallel CY$ zieht, so entsteht ein Punkt Z, dessen Entfernung von C gleich XY oder l ist (Forderung 2). Kann man daher Z bestimmen, so liefert die Parallele durch Z zu AC auf AB den Punkt X und die Parallele durch X zu CZ auf AC den Punkt Y (Forderung 1). Nun läßt sich das Verhältnis $AX : XZ$ durch Verlängerung von AZ und die Parallele BT zu AC ersetzen durch $AB : BT$, und demnach ist BT die vierte Proportionale zu p, q und AB. Kennt man aber T (BT ist parallel zu AC!), so kennt man AT und damit auch Z, den Schnittpunkt von AT mit mit dem Kreise C, l.

Aufgabe 127. Zwei Seiten eines Dreiecks durch eine Gerade so zu schneiden, daß ihre oberen und auch ihre unteren Abschnitte zu einander in gegebenen Verhältnissen stehen.

Auflösung. Für die Punkte X und Y sind drei Bestimmungen angegeben: 1. X soll auf AB und Y auf AC liegen. 2. Es soll $AX : AY = p : q$ und 3. $BX : CY = r : s$ sein.

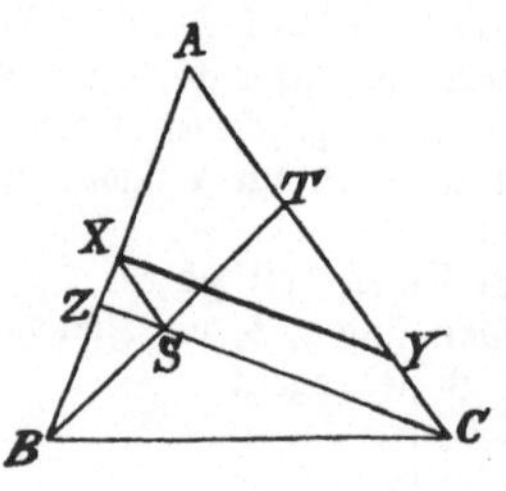

Mit Benutzung des bekannten Punktes C läßt sich das Verhältnis $AX : AY$ ersetzen durch $AZ : AC$, wenn $CZ \parallel XY$ ist. Da dann aber $AZ : AC = p : q$ ist (Forderung 2), so kann Z und damit CZ als bekannt gelten. Stellt man jetzt das Verhältnis $BX : CY$ durch $BX : XS$ dar, indem man XS parallel zu CY zieht, und ersetzt dieses durch $AB : AT$, indem man dem bekannten Punkt B mit S verbindet und BS bis zum Schnittpunkte mit AC verlängert, so ist $AB : AT$ $= r : s$, und demnach kann auch T als bekannt gelten (Forderung 3). Damit sind für S zwei geometr. Örter bestimmt. Die Parallele durch S zu AC liefert dann auf AB den Punkt X und die Parallele durch X zu CS auf AC den Punkt Y (Forderung 1).

Aufgabe 128. In zwei sich schneidenden Kreisen eine Doppelsehne so zu ziehen, daß ihre Abschnitte ein gegebenes Verhältnis haben.

Zeichne die Abstände der Sehnen und übertrage das Verhältnis der halben Sehnen auf die Mittelpunktslinie.

b) Aufgaben, deren Lösung die Herstellung von vier harmonischen Punkten erfordert.

Aufgabe 129. Zu drei gegebenen Strahlen von gegebener Reihenfolge den vierten harmonischen Strahl zu zeichnen.

Aufgabe 130. Einen Punkt zu bestimmen, von dem aus zwei an einander stoßende Abschnitte einer Geraden unter gleichen Winkeln gesehen werden.

Der Punkt liegt auf Ort 8. Der Durchmesser desselben wird durch Zeichnung des vierten harmonischen Punktes D zu A, B und C hergestellt.

Aufgabe 131. Einen Punkt zu bestimmen, von dem aus zwei Kreise unter gleichen Winkeln gesehen werden.

Auflösung. Ist X ein Punkt, der den Bedingungen der Aufgabe genügt, und sind XY_1 und XY_2 die Tangenten an die beiden Kreise, so stimmen die Dreiecke XM_1Y_1 und XM_2Y_2 in der Größe aller Winkel überein. Trägt man daher XM_1 auf XM_2 und XY_1 auf XY_2 ab, so ist die Verbindungslinie der Endpunkte parallel zu M_2Y_2 (Kz. II) und demnach $XM_1 : XM_2 = M_1Y_1 : M_2Y_2 = r_1 : r_2$. Der Punkt X liegt daher auf Ort 8, und das Verhältnis, in dem die Mittelpunktslinie M_1M_2 zu teilen ist, hat die Größe $r_1 : r_2$.

Aufgabe 131. Ein Dreieck zu zeichnen aus

1. $a,\, b : c = p : q$ und α (Ort 8 und 5).
2. $a,\, b : c = p : q$ und h_a (Ort 8 und 2).
3. $a,\, b : c = p : q$ und m_a (Ort 8 und 1).
4. $a,\, b : c = p : q$ und h_b (Ort 8, 6 und 1).
5. $a,\, b : c = p : q$ und w_a (Ort 8, Satz 170 und Ort 1).
6. $a,\, b : c = p : q$ und $m_b : m_c = r : s$ (Ort 8, Satz 58 und nochmals Ort 8).

19. Kapitel.

Die Ähnlichkeit der Figuren.

81. Die 4 Ähnlichkeitssätze.

Erklärung 1. Das Zeichen der Kongruenz $\cong$ ist ein doppeltes. Der eine Teil $=$ bedeutet, daß die Figuren gleichgroß sind, und der zweite Teil $\sim$ zeigt an, daß die Figuren dieselbe Gestalt besitzen. Findet nur die letzte Übereinstimmung statt, so sagt man, die Figuren seien ähnlich.

Folgerung. Ähnlich sind alle Kreise und alle regelmäßigen Vielecke mit derselben Seitenzahl.

Zwei beliebige geradlinige Figuren besitzen aber dieselbe Gestalt, wenn ihre Winkel in derselben Reihenfolge einander gleich und ihre entsprechenden Seiten proportional sind. Daraus folgt:

Erklärung 2. Zwei Vielecke werden ähnlich genannt, wenn sie in der Größe aller entsprechenden Winkel und in dem Verhältnis aller entsprechenden Seiten übereinstimmen.

Die Aufgabe, zu dem Dreieck ABC ein ähnliches Dreieck DEF zu zeichnen, enthält demnach zunächst zwei Bestimmungen über die Winkel (Folg. 5, Lehrs. IV), und da von den Proportionen $AB : DE = AC : DF$, $AB : DE = BC : EF$ und $AC : DF = BC : EF$ jede eine Folge der beiden anderen ist, so enthält die Aufgabe weiter zwei von einander unabhängige Bestimmungen über die Verhältnisse der Seiten. Entsprechend wie bei der Ableitung der Kongruenzsätze (Nr. 35) läßt sich nun zeigen, daß von den vier Bedingungen der Aufgabe nur zwei für die Zeichnung verwandt werden können, weil die Gestalt des Dreiecks DEF vollständig bestimmt ist,

1. durch zwei Winkel,
2. durch einen Winkel und das Verhältnis der einschließenden Seiten,
3. durch das Verhältnis zweier Seiten und den Winkel, welcher der größeren von ihnen gegenüber liegt, und
4. durch die Verhältnisse zweier Seiten zu der dritten.

Läßt sich daher beweisen, daß das Dreieck DEF bei den vier möglichen Ausführungen der Aufgabe dem Dreieck ABC ähnlich ist, so werden damit 4 den Kongruenzsätzen entsprechende Ähnlichkeitssätze gewonnen, die dazu dienen können, die Gleichheit zweier Winkel oder zweier Verhältnisse nachzuweisen.

Lehrsatz XIX. (Erster Ähnlichkeitssatz). **Stimmen zwei Dreiecke überein in der Größe zweier Winkel, so sind sie ähnlich.**

Vor. Es sei $\angle D = \angle A$ und $\angle E = \angle B$.
Beh. Es ist $\triangle DEF \sim \triangle ABC$.

Entw. des Bew. Da die Dreiecke bereits in der Größe aller Winkel übereinstimmen, so muß noch gezeigt werden, daß $AB : DE = AC : DF$ und $AB : DE = BC : EF$ ist.

Nach Wink 11 hat man für den ersten Teil der Behauptung DE auf AB und DF auf AC abzutragen, die Endpunkte B_1 und C_1

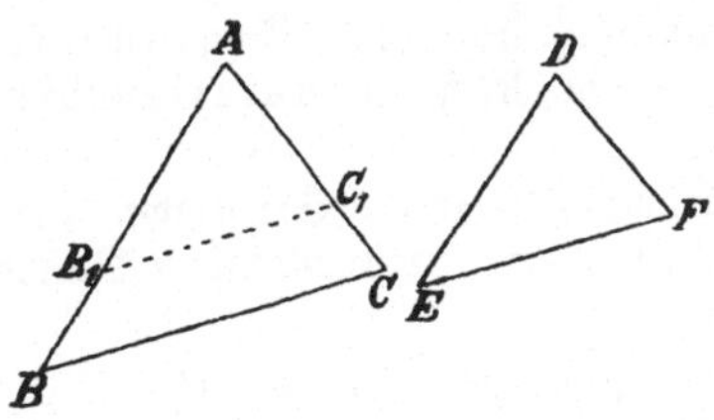

mit einander zu verbinden und zu beweisen, daß $B_1 C_1 \parallel BC$ ist. Die hierzu erforderliche Gleichheit der Gl. W. B_1 und B ergiebt sich aber aus dem Vergleich des Winkels E mit B (Vor.) und B_1 (Zeichnung, Kz. II). Infolge der Kongruenz der Dreiecke DEF und AB_1C_1 ist nun auch $B_1 C_1 = EF$, und da $AB : AB_1 \; (DE) = BC : B_1 C_1$ ist, so ergiebt sich daraus auch: $AB : DE = BC : EF$.

Anmerkung. Man kann natürlich auch Kz. I benutzen, indem man $AB_1 = DE$ zeichnet, $B_1 C_1 \parallel BC$ zieht und dann den Satz 166 in Verbindung mit Kz. I anwendet.

Lehrsatz XX. (Zweiter Ähnlichkeitssatz.) Stimmen zwei Dreiecke überein in der Größe eines Winkels und dem Verhältnis der diesen Winkel einschließenden Seiten, so sind sie ähnlich.

Vor. Es sei $\angle D = \angle A$ und $DE : DF = AB : AC$.

Beh. Es ist $\triangle DEF \sim \triangle ABC$.

Entw. des Bew. Zunächst ist zu zeigen, daß $\angle E = \angle B$ ist. Da die Lage der Winkel einen unmittelbaren Vergleich nicht zuläßt, so muß man mit Rücksicht auf die Vor. einen Winkel herstellen, der gleich $\angle E$ ist, und zu beweisen suchen, daß er auch gleich $\angle B$ ist. Beides erreicht man, wenn man wieder (s. Fig. des Lehrf. XIX) die beiden Verhältnisse der Vor. an einer Figur darstellt, indem man DE auf AB und DF auf AC abmißt, und die Endpunkte B_1 und C_1 mit einander verbindet. Es ist dann $\triangle AB_1C_1 \cong \triangle DEF$ (Kz. II), also $\angle B_1 = \angle E$, und $B_1 C_1 \parallel BC$ (Satz 167), also auch $\angle B_1 = \angle B$. Da nun auch $B_1 C_1 = EF$ ist, so liefert die Anwendung des Satzes 168 die weiterhin zur Ähnlichkeit erforderlichen Proportionen.

Lehrsatz XXI. (Dritter Ähnlichkeitssatz.) Stimmen zwei Dreiecke überein in dem Verhältnis zweier Seiten und der Größe des Winkels, welcher der größeren von diesen gegenüber liegt, so sind sie ähnlich.

Vor. Es sei $DE : DF = AB : AC$, $DE > DF$ und $\angle F = \angle C$.
Beh. Es ist $\triangle DEF \sim \triangle ABC$.

Die Entw. des Bew. schließt sich eng an die vorhergehende Entw. an. Es wird wieder $B_1 C_1 \parallel BC$, also $\angle B_1 = \angle B$, und da $\angle C_1 = \angle C$, also auch (Vor.) $= \angle F$ ist, so ist $\triangle AB_1C_1 \cong \triangle DEF$ (Kz. III). Hieraus folgt $\angle B_1 = \angle E$, also $\angle B = \angle E$ und $B_1 C_1 = EF$ und damit nach Satz 168 die weitere zur Ähnlichkeit erforderliche Proportion.

Zusatz. Stimmen zwei Dreiecke überein in dem Verhältnis zweier Seiten und der Größe eines entsprechenden

Gegenwinkels, während die beiden anderen Gegenwinkel sich in demselben Sinne von einem Rechten unterscheiden, so sind sie ähnlich.

Lehrsatz XXII. (Vierter Ähnlichkeitssatz.) **Stimmen zwei Dreiecke überein in den Verhältnissen zweier entsprechenden Seiten zu der dritten, so sind sie ähnlich.**

Vor. Es sei $DE : EF = AB : BC$ und $DF : EF = AC : BC$.
Beh. Es ist $\triangle DEF \sim \triangle ABC$.

Entw. des Bew. Es ist noch zu zeigen, daß $\angle E = \angle B$ und $\angle F = \angle C$ ist. Die Lage der Winkel schließt auch hier einen unmittelbaren Vergleich aus, und demnach muß zunächst ein Winkel hergestellt werden, der gleich einem der Winkel E oder B ist, und bewiesen werden, daß er auch gleich dem anderen ist. Nun gestattet die Vor. $DE : DF = AB : AC$ wieder die Herstellung eines Winkels B_1 von der Größe B und zugleich eines Winkels C_1 von der Größe C, und demnach hat man nachzuweisen, daß $\angle B_1 = \angle E$ und $\angle C_1 = \angle F$ ist. Nach Wink 6 ist hierzu die Kongruenz der Dreiecke AB_1C_1 und DEF erforderlich, deren Beweis sich auf Kz. IV stützen muß. Man hat demnach aus den weiteren Teilen der Vor. abzuleiten, daß $B_1C_1 = EF$ ist. Die Anwendung der Sätze 168 ($B_1C_1 \parallel BC$!) und 162 führt nun schnell zum Ziele.

Wink 12. Um zu beweisen, daß zwei Winkel gleich oder vier Strecken proportional sind, kann man zu zeigen suchen, daß sie als entsprechende Stücke in zwei ähnlichen Dreiecken liegen.

82. Übungsbeispiele und Aufgaben.
a) Sätze über ähnliche Dreiecke.

Satz 190. In ähnlichen Dreiecken ist das Verhältnis zweier entsprechenden Linien gleich dem Verhältnis zweier entsprechenden Seiten.

Nach Wink 12 zu verfahren.

Zusatz. In ähnlichen Dreiecken sind die von zwei entsprechenden Linienpaaren gebildeten Winkel gleich.

Nach Wink 12 zu verfahren.

Satz 191. Die Seitensummen ähnlicher Dreiecke verhalten sich wie zwei entsprechende Seiten.

Nach Satz 163, auf dessen Benutzung die Behauptung hinweist.

Satz 192. Sind die entsprechenden Seiten zweier Dreiecke parallel, so sind die Dreiecke ähnlich.

Mit Benutzung des Satzes 20 auf Lehrs. XIX zurückzuführen.

Satz 193. Sind je zwei entsprechende Seiten zweier Dreiecke parallel, so schneiden sich die Verbindungslinien der entsprechenden Ecken in einem Punkte.

Zum Beweise sind die Sätze 168 und 169 zu benutzen.

Erklärung. Sind je zwei Seiten zweier Dreiecke parallel, so heißen die beiden Dreiecke **ähnlichliegend.** Die Verbindungslinien der entsprechenden Ecken werden **Ähnlichkeitsstrahlen** und ihr Schnittpunkt **Ähnlichkeitspunkt** genannt.

Zusatz. Bei gleicher Richtung der Parallelen ist der Ähnlichkeitspunkt ein **äußerer,** bei entgegengesetzter Richtung ein **innerer.**

Satz 194. Sind zwei ähnliche Dreiecke ähnlichliegend, so sind zwei entsprechende Linien in denselben parallel und verhalten sich wie zwei entsprechende Seiten.

Das Verfahren nach Wink 12 führt auf die Benutzung des Satzes 190.

Satz 195. Stehen die Seiten zweier Dreiecke senkrecht auf einander, so sind die Dreiecke ähnlich.

Aus Satz 12 ergeben sich die Bedingungen des Lehrs. XIX.

b) Aufgaben.

Aufgabe 132. Ein Dreieck zu zeichnen aus

a, $b : h_b = p : q$ und 1. h_a. 2. c. 3. m_a. 4. α. 5. β oder γ.

Auflösung. Von den drei Forderungen der Aufgabe sind die erste und dritte in bekannter Weise zu befriedigen; es handelt sich also nur noch darum, die zweite Bestimmung auszuführen. Über die Lage von h_b weiß man weiter nichts, als daß $h_b \perp b$ ist und mit a zugleich in einem recht

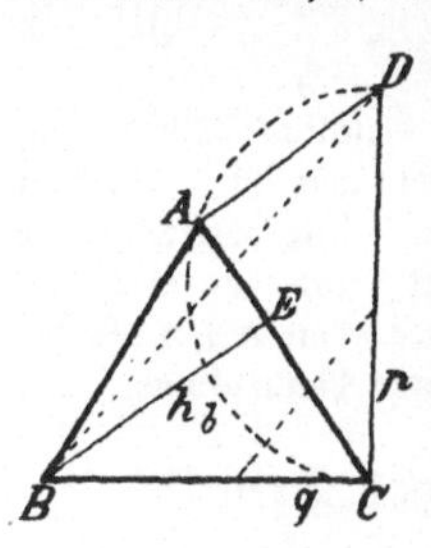

winkligen Dreieck BCE vorkommt; dies weist aber darauf hin, daß man, um das Verhältnis $b : h_b$ aufzusuchen, b als entsprechende Kathete eines rechtwinkl. Dreiecks darzustellen hat, das dem Dreieck BCE ähnlich ist. Da der spitze, b anliegende Winkel des neuen Dreiecks gleich $\angle CBE$ sein muß, so muß seine Hypotenuse CD in dem (bekannten) Punkte C auf BC senkrecht stehen. Es ist dann $h_b : b = a : CD$, also $q : p = a : CD$ und damit CD herstellbar. Kennt man aber CD, so liefert der Halbkreis über CD ($CD \perp BC$) einen zweiten geometr. Ort für A.

Aufgabe 133. Einem gegebenen Dreieck einzuschreiben

1. ein Quadrat,
2. ein Rechteck, dessen Seiten ein gegebenes Verhältnis haben,
3. ein gleichseitiges Dreieck,
4. ein gleichschenkl. rechtwinkl. Dreieck, dessen Hypotenuse senkrecht auf einer Seite des ersteren steht,
5. ein gleichschenkl. rechtwinkl. Dreieck, dessen Hypotenuse zu einer Seite des ersteren parallel ist,
6. ein Dreieck, dessen Seiten senkrecht auf den Seiten des ersteren stehen,
7. ein rechtwinkl. Dreieck, dessen Hypotenuse parallel zu einer Seite des ersteren ist, während der Scheitelpunkt des rechten Winkels mit einem auf dieser Seite gegebenen Punkte zusammenfällt.

Auflösung. Da die gesuchten Ecken auf den Seiten des Dreiecks liegen sollen, so ist jede von ihnen bekannt, sobald man die Richtung ihrer Ver bindungslinie mit der gegenüber liegenden Ecke des gegebenen Dreiecks kennt. Verbindet man aber z. B. C mit dem auf AB liegenden Punkte X und stellt

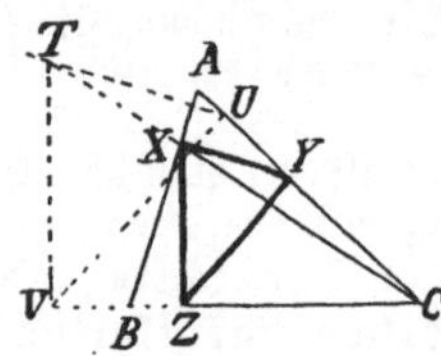

das Verhältnis $XY : YZ$ bei einem beliebigen Punkte T der Geraden CX her, indem man $TU \parallel XY$ und $UV \parallel XZ$ zieht, so ist $\triangle TUV \sim \triangle XYZ$ (Lehrf. XX), also C der Ähnlichkeitspunkt (Satz 193) und CA sowie CB Ähnlichkeitsstrahlen. Kann man daher ein Dreieck TUV herstellen, das dieselben Eigenschaften besitzt, wie das gesuchte Dreieck und dessen Ecken U auf AC und V auf BC liegen, so ist CT der dritte Ähnlichkeitsstrahl und schneidet AB in X. Ist aber X gefunden, so liefern die Parallelen durch X zu TU, TV und UV in den Fällen 1) und 2) und die Parallelen zu TU und TV in den Fällen 3—6 die noch fehlenden Ecken auf den anderen Seiten. Bei der letzten Aufgabe fällt X mit dem auf AB gegebenen Punkte P zusammen. Der Weg zur Herstellung des Dreiecks TUV darf als bekannt angesehen werden.

Anmerkung. Das bei dieser Aufgabe angewandte Verfahren, zuerst ein Dreieck herzustellen, das dem gesuchten Dreieck ähnlich ist, und dann das letztere selbst zu zeichnen, kann überall zur Verwendung kommen, wo die Bedingungen der Aufgabe nach Ausscheidung einer Forderung, in der Regel einer Längenangabe, noch hinreichen, um eine der gesuchten Figur ähnliche Figur zu bestimmen. Dasselbe wird als das Ähnlichkeitsverfahren bezeichnet.

Aufgabe 134.   Ein Dreieck zu zeichnen aus
1. $a : h_a = p : q$, α und $\quad\quad$ m_a (m_b, w_a, w_b, h_b, r oder ϱ).
2. $a : h_a = p : q$, $a : b = r : s$ und m_a („ $\quad$ „ $\quad$ „ $\quad$ „ $\quad$ „ $\quad$ „).
3. $(a \pm b) : c = p : q$, α und $\quad\quad$ m_a („ $\quad$ „ $\quad$ „ $\quad$ „ $\quad$ „ $\quad$ „).

Auflösung. In allen diesen Fällen liefert das Ähnlichkeitsverfahren, wenn für a, bez. für $a \pm b$ eine beliebige Länge angenommen wird, ein dem gesuchten ähnliches Dreieck. Wird dann in demselben die Linie gezeichnet, die dem ausgeschiedenen dritten Bestimmungsstücke entspricht, und der Satz 190 angewandt, so erweist sich die wirkliche Länge von a, bez. von $a \pm b$ als die 4. Proportionale zu drei bekannten Strecken von gegebener Reihenfolge.

83. Anwendungen auf ein rechtwinkliges Dreieck.

Satz 196. Stimmen zwei rechtwinkl. Dreiecke in der Größe eines spitzen Winkels überein, so sind sie ähnlich.

Satz 197. Die zur Hypotenuse eines rechtwinkl. Dreiecks gehörige Höhe zerlegt das Dreieck in zwei unter einander und dem ganzen Dreieck ähnliche Teile.

Folgerung 1. Jede Kathete ist die mittlere Proportionale zu der Hypotenuse und ihrer Projektion auf dieselbe.

Folgerung 2. Die zur Hypotenuse gehörige Höhe ist die mittlere Proportionale zu den Abschnitten der Hypotenuse.

Folgerung 3. Jede Sehne eines Kreises ist die mittlere Proportionale zu einem Durchmesser, der durch einen ihrer Endpunkte geht, und ihrer Projektion auf denselben.

Folgerung 4. Jedes von einem Kreispunkte auf einen Durchmesser gefällte Lot ist die mittlere Proportionale zu den Abschnitten, in welche der Durchmesser zerlegt wird.

Diese Folgerungen führen zu einer einfachen Auflösung der

Aufgabe 135 (Grund-Aufgabe). Zu zwei gegebenen Strecken die mittlere Proportionale zu zeichnen.

Auflösung. Ist x die mittlere Proportionale zu a und b, also $a : x = x : b$, so kann x entweder angesehen werden als Kathete eines rechtwinkl. Dreiecks, dessen Hypotenuse gleich a und dessen erster Hypotenusenabschnitt gleich b ist, oder als Höhe, die in dem gemeinschaftlichen Punkte der an einander gelegten Strecken a und b auf der Hypotenuse $a + b$ errichtet wird.

Für die Aufgabe 118: Zu zwei gegebenen Strecken die dritte Proportionale zu zeichnen, ergiebt sich ferner die

Auflösung. Ist x die dritte Proportionale zu a und b, also $a : b = b : x$, so kann x angesehen werden entweder als Projektion einer Kathete von der Länge b auf die Hypotenuse a oder als zweiter Hypotenusenabschnitt eines rechtwinkl. Dreiecks, in welchem der erste Hypotenusenabschnitt die Länge a und die nach dessen Endpunkte führende Hypotenusenhöhe die Länge b hat.

Anmerkung. Die erste Ausführung der Aufgabe ist nur für $a > b$ möglich; die zweite ist immer durchführbar. S. Aufg. 118.

84. Anwendungen auf ähnliche Vielecke.

Satz 198. Stimmen 1. zwei Rechtecke in dem Verhältnis zweier anstoßenden Seiten, 2. zwei Rhomben in der Größe eines Winkels, und 3. zwei Parallelogramme in dem Verhältnis zweier Seiten und dem von diesen eingeschlossenen Winkel überein, so sind sie ähnlich.

Satz 199. Lassen sich zwei Vielecke von gleicher Seitenzahl durch Diagonalen von einer Ecke aus in der Reihe nach ähnliche Dreiecke zerlegen, so sind sie ähnlich.

Entw. des Bew. Es soll zunächst bewiesen werden, daß die Winkel der beiden Vielecke der Reihe nach einander gleich sind. Nach Wink 12 ist dazu erforderlich, daß sie, bez. ihre Teile als entsprechende Stücke in den ähnlichen Dreiecken erkannt werden. Aus $\triangle ABC \sim \triangle A_1B_1C_1$ und $\triangle ACD \sim \triangle A_1C_1D_1$ folgt aber, daß A_1C_1 der Diagonale AC, also $\sphericalangle B_1$ dem Winkel B entspricht. Aus $\triangle ACD \sim \triangle A_1C_1D_1$ und $\triangle ADE \sim \triangle A_1D_1E_1$ ergiebt sich ferner, daß die Ecke C_1 der Ecke C und somit A_1 der Ecke A, D_1 der Ecke D u. s. w. entspricht; daraus folgt aber nach G. IV die Gleichheit aller entsprechenden Winkel.

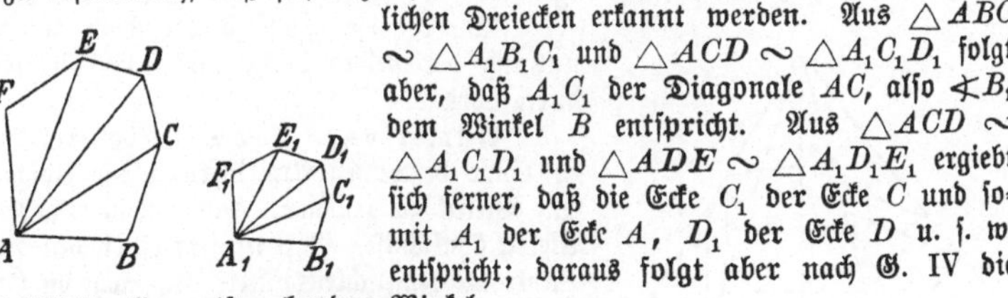

Es soll ferner bewiesen werden, daß die Verhältnisse zweier entsprechenden Seiten gleich sind. Nachdem die Zuordnung festgestellt ist, ergiebt sich sofort $AB : A_1B_1 = BC : B_1C_1$. Da aber $AB : A_1B_1 = AC : A_1C_1$ und $AC : A_1C_1 = CD : C_1D_1$ ist, so ist auch $AB : A_1B_1 = CD : C_1D_1$, u. s. w.

Satz 200. Ähnliche Vielecke werden durch die Diago=
nalen von entsprechenden Ecken aus in der Reihe nach ähn=
liche Dreiecke zerlegt.

Wiederholte Anwendung des Lehrsatzes XX führt zum Beweise.

Satz 201. Die Seitensummen ähnlicher Vielecke ver=
halten sich wie zwei entsprechende Seiten.

Die Anwendung des Satzes 163 führt zum Beweise.

Satz 202. Bei regelmäßigen Vielecken von derselben
Seitenzahl verhalten sich die Halbmesser der ein= und um=
geschriebenen Kreise wie zwei Seiten.

Der Wink 12 weist auf die Verwendung des Lehrsatzes XIX hin.

Folgerung. Die Seitensummen regelmäßiger Vielecke von der=
selben Seitenzahl verhalten sich wie die Halbmesser der ein= und um=
geschriebenen Kreise.

Zusatz. Die Längen zweier Kreise verhalten sich wie ihre
Halbmesser.

Satz 203. Wird einem Kreise ein regelmäßiges Vieleck
eingeschrieben und das regelmäßige Vieleck von derselben
Seitenzahl umgeschrieben, so verhält sich die Seitensumme
des letzteren zu der Seitensumme des ersten wie der Halb=
messer zu dem Abstand des Mittelpunktes von einer Seite
des eingeschriebenen Vielecks.

Das Verfahren nach Wink 12 liefert den Nachweis, daß das Verhältnis
des Halbmessers zu dem Abstand durch das Verhältnis zweier Seitenhälften
ersetzt werden kann. Auch aus der Folgerung, Satz 202 läßt sich der Satz
203 ableiten, weil der Halbmesser und der Abstand die Halbmesser der den
Vielecken eingeschriebenen Kreise sind.

Erklärung. Werden zwei ähnliche Vielecke so gezeichnet, daß je
zwei entsprechende Seiten parallel sind, so sagt man, sie seien ähnlich=
liegend.

Satz 204. Die Verbindungslinien der entsprechenden Ecken zweier
ähnlichliegenden ähnlichen Vielecke schneiden sich in einem Punkte,
welcher Ähnlichkeitspunkt genannt wird.

Wie bei Satz 193 ist der Bew. mit Be=
nutzung der beiden Sätze 168 und 169 leicht
durchführbar.

Anmerkung. Der Satz 204 ermächtigt
zu einer bequemen Ausführung der Aufgabe:
Ein Vieleck zu zeichnen, das einem gegebenen
Vieleck ähnlich ist. Man nimmt einen beliebigen
Punkt als Ähnlichkeitspunkt an, zieht die Ähn=
lichkeitsstrahlen und schneidet dieselben durch
Parallelen zu den Seiten des gegebenen Viel=
ecks derart, daß der Ausgangspunkt jeder fol=
genden Parallelen mit dem Endpunkte der vor=
hergehenden zusammenfällt.

20. Kapitel.

Proportionale Linien beim Kreise.

85. Linien und Punkte bei einem Kreise.

Liegen vier Punkte A, B, C und D auf einem Kreise so, daß die Verbindungslinien AD und BC sich außerhalb des Kreises schneiden,

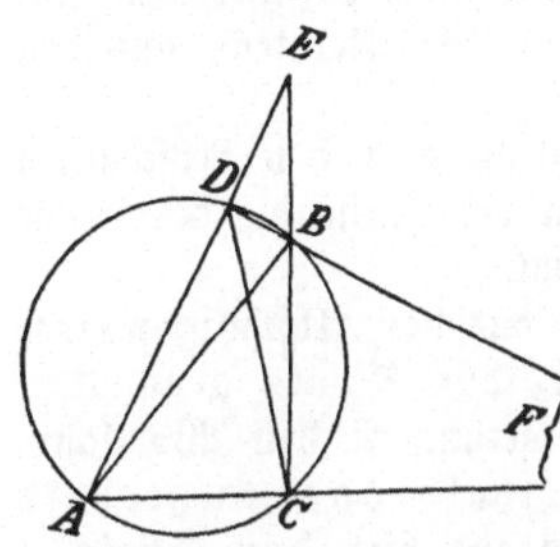

so schneiden sich AB und CD innerhalb desselben und bilden mit den beiden Sehnenpaaren AD und BC sowie AC und DB zwei Dreiecke, die in der Größe aller Winkel übereinstimmen (Lehrs. XIII), also nach Lehrsatz XIX ähnlich sind. Es haben daher zwei in den beiden ähnlichen Dreiecken entsprechend liegende, von den Schnittpunkten ausgehende Abschnitte der Sehnen das gleiche Verhältnis.

Satz 205 (Hilfssatz). Bilden vier Strecken eine Proportion, so ist das Rechteck aus den äußeren Gliedern gleich dem Rechteck aus den beiden inneren.

Vor. Es sei $a : b = c : d$.
Beh. Es ist $a \cdot d = b \cdot c$.

Entw. des Bew. Sind $ABCD$ und $AEFG$ die Rechtecke aus a und d und aus b und c, so soll bewiesen werden, daß $ABCD = AEFG$ ist. Da ein Vergleich der ganzen Rechtecke nicht durchführbar ist, so kann man es versuchen, ihre durch die Diagonalen BD und EG hergestellten Hälften mit einander zu vergleichen. Wählt man diejenigen, die das Stück ADE gemeinschaftlich besitzen, so muß gezeigt werden, daß die Reststücke DEB und DEG gleich sind. Hierzu ist aber die Parallelität der Geraden DE und BG erforderlich, die nach Satz 167 aus der Vor. abgeleitet werden kann.

Zwischen den Abschnitten der Sehnen besteht hiernach der

Lehrsatz XXIII. Der Schnittpunkt zweier Sehnen eines Kreises teilt dieselben so, daß die Rechtecke aus ihren Abschnitten gleich sind.

Vergl. hiermit den Satz 158.

Fallen von den vier Punkten zwei zusammen, so geht die zu ihnen gehörige Sekante in eine Tangente über und ihre beiden Abschnitte werden gleich. Daraus folgt:

Folgerung 1. Gehen eine Tangente und eine Sekante von

einem Punkte aus, so ist die Tangente die mittlere Proportionale zu den von dem Ausgangspunkte aus gerechneten Abschnitten der Sekante.

Anmerkung. Hiernach entsteht die mittlere Proportionale zu a und b, wenn man von dem Ausgangspunkte der Strecke a an den zu dem Durchmesser $a - b$ gehörigen Kreis eine Tangente zieht.

Wird eine beliebige dritte Sehne (Sekante) durch den Schnittpunkt der beiden ersten gelegt, so ist auch das Rechteck aus den Abschnitten dieser Sehne (Sekante) gleich jedem der Rechtecke aus den Abschnitten der ersten. Daraus folgt:

Folgerung 2. Die Größe des Rechtecks aus den Abschnitten einer Sehne eines Kreises ist unabhängig von der Richtung der Sehne und wird durch den Teilpunkt allein bestimmt.

Erklärung. Die Größe des Rechtecks aus den Abschnitten einer Sehne wird Potenz des Teilpunktes für den Kreis genannt.

Nach dieser Erklärung gewinnt die Folgerung 2 den Wortlaut:

Folgerung 2a. Jeder Punkt innerhalb oder außerhalb eines Kreises besitzt eine konstante Potenz für den Kreis.

Zusatz. Die Potenz eines äußeren Teilpunktes ist das Quadrat über der zu ihm gehörigen Tangente, und die Potenz eines inneren Teilpunktes ist das Quadrat über der Hälfte derjenigen Sehne, die auf seiner Verbindungslinie mit dem Mittelpunkte senkrecht steht. (S. Satz 100.)

Die Umkehrung des Lehrsatzes XXIII lautet:

Satz 206. Werden zwei Strecken durch ihren Schnittpunkt so geteilt, daß die Rechtecke aus ihren Abschnitten gleich sind; so liegen ihre vier Endpunkte auf einem Kreise. Dieser Satz kann nur indirekt mit Berufung auf Lehrs. XXIII (s. Satz 159) bewiesen werden. Dasselbe gilt von der Umkehrung der Folgerung 1, Lehrs. XXIII, die den Wortlaut annimmt:

Folgerung. Teilt eine Strecke in einem ihrer Endpunkte eine zweite Strecke äußerlich so, daß sie die mittlere Proportionale zu den Abschnitten derselben ist, so berührt sie in ihrem zweiten Endpunkte den Kreis, der durch diesen und die beiden Endpunkte der anderen Strecke gelegt wird.

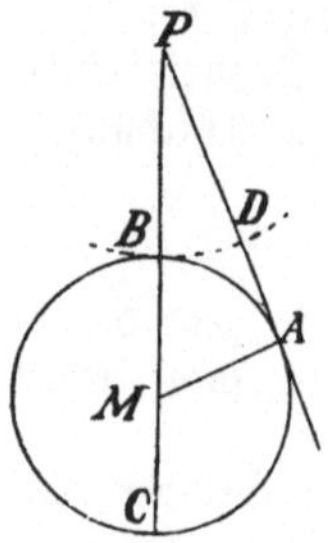

Geht die Sekante durch den Mittelpunkt, so bildet der Berührungsradius mit der Sekante und der Tangente ein rechtwinkl. Dreieck, und demnach ist

$$(PB + r)^2 - r^2 = PA^2$$
$$\text{oder } PB^2 + 2r \cdot PB = PA^2.$$

Wird nun P so gewählt, daß $PA = 2r$ ist, so folgt hieraus:

$$PB^2 + PB \cdot PA = PA^2$$
$$\text{oder } PB^2 = PA \, (PA - PB).$$

Trägt man daher PB in PD auf PA ab, so daß $PA - PB = AD$ ist, so folgt hieraus: $PD^2 = PA \cdot AD$ oder $PA : PD = PD : AD$, d. h.

Satz 207. Hat eine Tangente die Länge des Durchmessers, so ist der kleinere Abschnitt der von ihrem Ausgangspunkte aus gezogenen Mittelpunktsekante der größere Teil der stetig (nach dem goldnen Schnitt) geteilten Tangente.

Auf diesen Satz gründet sich die Ausführung der

Aufgabe 136. Eine Strecke AB stetig zu teilen.

Man errichtet in B das Lot auf AB, mißt auf demselben $MB = \frac{1}{2} AB$ ab, beschreibt den Kreis M, MB, verbindet M mit A und trägt das außerhalb des Kreises liegende Stück von AM von A aus auf AB ab.

86. Übungsbeispiele.

a) Sehnenviereck und eingeschriebene Dreiecke.

Vier Punkte A, B, C und D eines Kreises bestimmen ein Sehnenviereck, und die Diagonalen AC und BD zerlegen dasselbe in je zwei Dreiecke, von denen immer die beiden, die auf derselben Sehne stehen, diejenigen Winkel gleich haben, die der Sehne gegenüber liegen. Demnach erhält man zwei ähnliche Dreiecke, wenn man eins von ihnen unverändert läßt und von dem anderen ein Stück abschneidet, das mit dem ersten noch in der Größe eines zweiten Winkels übereinstimmt. Für die beiden Paare von Dreiecken über AD und DC ist hierzu erforderlich, daß der Winkel BDC in D an AD angelegt wird, weil dann nicht nur

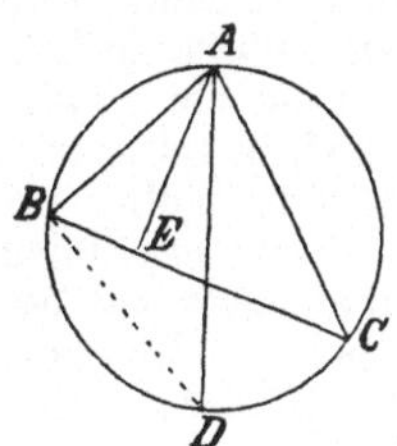

$\sphericalangle ADE = \sphericalangle BDC$, sondern auch $\sphericalangle EDC = \sphericalangle ADB$ ist. Aus $\triangle ADE \sim \triangle BDC$ folgt aber: $AD : BD = AE : BC$ oder $AD \cdot BC = BD \cdot AE$, und aus $\triangle DEC \sim \triangle DAB$ folgt: $CD : BD = CE : AB$ oder $AB \cdot CD = BD \cdot CE$; somit ist

$$AB \cdot CD + AD \cdot BC = BD (AE + CE) = AC \cdot BD, \text{ d. h.}$$

Satz 208. (Satz des Ptolemäus.) In jedem Sehnenviereck ist das Rechteck aus den Diagonalen gleich der Summe der Rechtecke aus den gegenüber liegenden Seiten.

Liegt der vierte Punkt D so, daß AD ein Durchmesser ist, so ist das eine der über AB stehenden Dreiecke rechtwinklig, und demnach muß die Linie, welche von dem anderen ein dem ersten ähnliches abschneiden soll, senkrecht auf AC oder BC stehen. Zieht man aber $AE \perp BC$, so daß $\triangle AEC \sim \triangle ABD$ ist, so folgt daraus:

$$AB : AE = AD : AC \text{ oder } AB \cdot AC = AD \cdot AE.$$

Da AE die zu BC gehörige Höhe und AD der Durchmesser des dem Dreieck ABC umgeschriebenen Kreises ist, so führt diese Gleichheit zu

Satz 209. In jedem Dreieck ist das Rechteck aus zwei Seiten gleich dem Rechteck aus der zu der dritten Seite gehörigen Höhe und dem Durchmesser des umgeschriebenen Kreises.

Folgerung. Für den Inhalt J eines Dreiecks ergiebt sich hiernach:

$$J = \frac{a \cdot h_a}{2} = \frac{a}{2} \cdot \frac{bc}{2r} = \frac{abc}{4r}.$$

Liegt weiter D so, daß die Sehne AD den Winkel BAC halbiert, so ist nach Lehrs. XIX $\triangle AEC \sim \triangle ABD$,

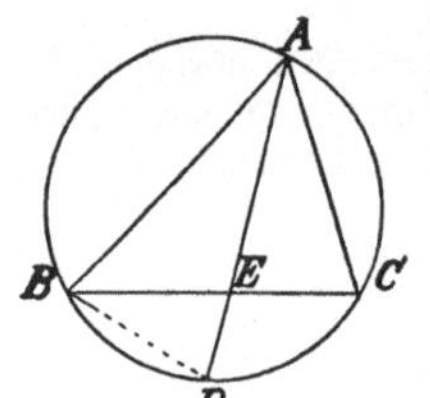

also
$$AC \cdot AD = AE : AB$$
oder
$$AD \cdot AE = AB \cdot AC,$$
und somit $(AE + DE) AE = AB \cdot AC$
oder
$$AE^2 = AB \cdot AC - AE \cdot DE.$$
Da aber $AE \cdot DE = BE \cdot CE$ ist (Lehrsatz XXIII), so ergiebt sich $AE^2 = AB \cdot AC - BE \cdot CE$, d. h.

Satz 210. In jedem Dreieck ist das Quadrat über einer Winkelhalbierungslinie gleich dem Rechteck aus den beiden den Winkel einschließenden Seiten, vermindert um das Rechteck aus den Abschnitten der zugehörigen Seite.

Bilden schließlich die Punkte A, B und C ein gleichseitiges Dreieck, so sind in der Gleichheit (s. Fig. zu Satz 209)
$$AD \cdot BC = AB \cdot CD + AC \cdot BD$$
die Faktoren AB, AC und BC einander gleich und können daher durch Division entfernt werden. Es ist demnach, wo auch D auf dem Bogen BC liegen mag, $AD = BD + CD$, d. h.

Satz 211. Wird ein Punkt des Kreises, der einem gleichseitigen Dreieck umgeschrieben ist, mit den Ecken des Dreiecks verbunden, so ist eine dieser Verbindungslinien gleich der Summe der beiden anderen.

b) Drei Tangenten.

Werden zwei parallele Tangenten eines Kreises durch eine dritte Tangente geschnitten und die Schnittpunkte mit dem Mittelpunkte verbunden, so halbieren die Verbindungslinien die Winkel der Tangenten, und da diese supplementar sind (Lehrs. VI), so sind ihre Hälften zusammen gleich R. Die Verbindungslinien stehen daher senkrecht auf einander, und der Berührungsradius der dritten Tangente

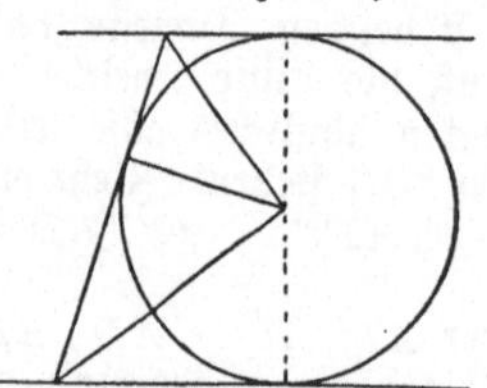

erweist sich als Hypotenusenhöhe eines rechtwinkl. Dreiecks. Die Folgerung 2, Satz 197 führt demnach zu dem

Satz 212. Zwei parallele Tangenten eines Kreises begrenzen auf einer dritten Tangente mit dem Berührungspunkte derselben zwei Abschnitte, zu denen der Halbmesser die mittlere Proportionale ist.

c) Das regelmäßige 10-Eck.

Ist AB die Seite eines regelmäßigen 10-Ecks und M der Mittelpunkt des umgeschriebenen Kreises, so ist $\angle AMB = \dfrac{360^0}{10} = 36^0$, also jeder Winkel an der Grundlinie AB gleich 72^0 und damit doppelt so groß wie $\angle AMB$. Halbiert man daher einen dieser Winkel, etwa $\angle A$, so erhält man wiederum ein gleichschenkliges Dreieck CAM und zugleich ein zweites gleichschenkliges Dreieck ABC, das dem Dreieck MAB ähnlich ist. (Lehrs. XIX.) Daraus folgt:

$MA : AB = AB : BC$ oder $MB : AC = AC : BC$ oder schließlich $MB : MC = MC : BC$, und damit der

Satz 213. Die Seite des einem Kreise eingeschriebenen regelmäßigen 10-Ecks ist gleich dem größeren Abschnitt des stetig geteilten Halbmessers.

Damit ist der Weg zur Herstellung eines regelmäßigen 10-Ecks und infolgedessen eines Winkels von 36^0 gefunden. (S. Aufg. 136.) Gleichzeitig wird dadurch die Ausführung der Aufgaben ermöglicht: Ein regelmäßiges 5-Eck, 20-Eck, 40-Eck u. s. w.; ein regelmäßiges 15-Eck, 30-Eck u. s. w. oder allgemein, ein regelmäßiges n-Eck zu zeichnen, für welches $n = 2^{\alpha}-1 \cdot 3 \cdot 5$ und α eine positive ganze Zahl ist.

d) Harmonische Teilungen. Pol und Polare.

Gehen von einem Punkte P aus zwei Tangenten an einen Kreis, so steht die Durchmessersekante PD in Q senkrecht auf der Berührungssehne. Verbindet man nun die beiden auf dem Durchmesser liegenden Punkte C und D des Kreises mit dem Berührungspunkte A, so stehen die Strahlen AD und AC senkrecht auf einander (Halbkreis!), und da $\angle PAC = \angle D = R - \angle DAQ$ ist, so folgt daraus: $\angle PAC = \angle CAQ$. Der Strahl AC halbiert daher den Winkel der Strahlen AP und AQ und somit auch dessen Nebenwinkel. Es ist deshalb

nach Satz 170: $\qquad PC : CQ = PA : AQ$

und nach dem Zus. zu Satz 170: $PD : DQ = PA : AQ$,

also nach G. III: $\qquad PC : CQ = PD : DQ$

oder $\qquad\qquad PC : PD = QC : QD$, d. h.

Satz 214. Der Ausgangspunkt zweier Tangenten eines Kreises und die Berührungssehne teilen den Durchmesser **harmonisch**, dessen Verlängerung durch den Schnittpunkt der Tangenten geht.

Erklärung. Zwei Punkte, welche einen Durchmesser harmonisch teilen, werden Pole des Kreises genannt. Die Gerade, welche in einem der beiden Pole auf dem Durchmesser senkrecht steht, heißt Polare des anderen.

Zusatz 1. Zu jedem Punkte innerhalb oder außerhalb des Kreises gehört nur eine Polare und zu jeder Polare nur ein Pol, der ihr zugeordnet ist.

Zusatz 2. Die Verbindungslinien eines Kreispunktes mit den Endpunkten und Polen eines Durchmessers sind vier harmonische Strahlen.

Zusatz 3. Die Polare des Mittelpunktes liegt im Unendlichen.

Zusatz 4. Ist die Polare ein Durchmesser, so liegt der zugeordnete Punkt im Unendlichen.

Folgerung 1. Das Rechteck aus den Entfernungen zweier zu einander gehörigen Pole vom Mittelpunkte des Kreises ist gleich dem Quadrate des Halbmessers.

Folgt aus Zusatz 3 zu der Erklärung 3 in Nr. 76b.

Folgerung 2. Durch zwei Paare von Polen auf verschiedenen Durchmessern läßt sich stets ein Kreis legen.

Folgerung 3. Die Entfernungen eines Kreispunktes von zwei zu einander gehörigen Polen haben stets das gleiche Verhältnis.

Folgt aus Satz 189 und 170.

Folgerung 4. Die Polare eines auf der Verlängerung eines Durchmessers liegenden Poles ist die Berührungssehne der beiden von dem Pole an den Kreis gezogenen Tangenten.

Entw. des Bew. Ist AB die Polare des auf dem Durchmesser CD liegenden Punktes P, so soll bewiesen werden, daß PA eine Tangente, also

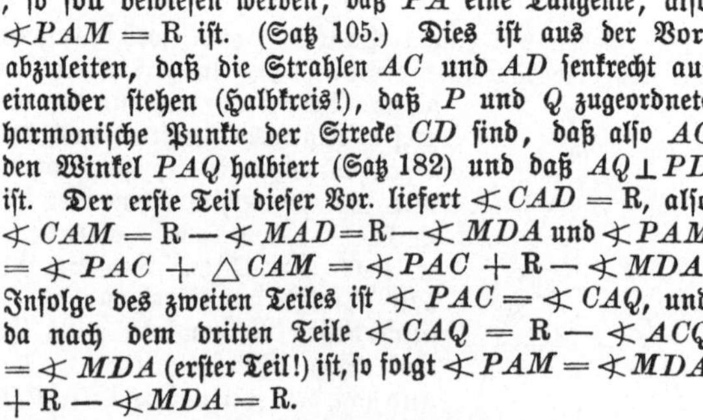

$\sphericalangle PAM = R$ ist. (Satz 105.) Dies ist aus der Vor. abzuleiten, daß die Strahlen AC und AD senkrecht auf einander stehen (Halbkreis!), daß P und Q zugeordnete harmonische Punkte der Strecke CD sind, daß also AC den Winkel PAQ halbiert (Satz 182) und daß $AQ \perp PD$ ist. Der erste Teil dieser Vor. liefert $\sphericalangle CAD = R$, also $\sphericalangle CAM = R - \sphericalangle MAD = R - \sphericalangle MDA$ und $\sphericalangle PAM = \sphericalangle PAC + \triangle CAM = \sphericalangle PAC + R - \sphericalangle MDA$. Infolge des zweiten Teiles ist $\sphericalangle PAC = \sphericalangle CAQ$, und da nach dem dritten Teile $\sphericalangle CAQ = R - \sphericalangle ACQ = \sphericalangle MDA$ (erster Teil!) ist, so folgt $\sphericalangle PAM = \sphericalangle MDA + R - \sphericalangle MDA = R$.

Satz 215. Jede durch einen Pol gehende Sehne wird durch den Pol und die Polare harmonisch geteilt.

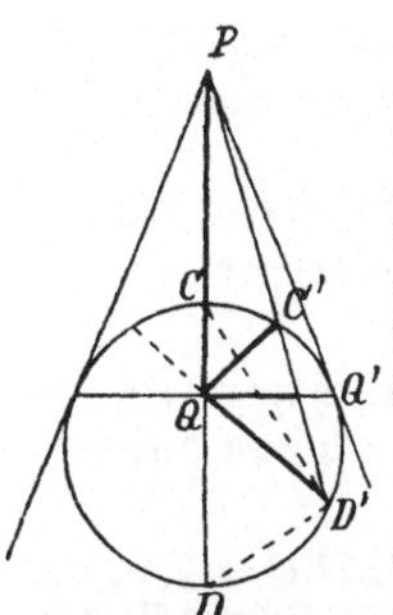

Ist $C'D'$ eine durch P gehende Sehne, so sind $D'P$, $D'C$, $D'Q$ und $D'D$ vier harmonische Strahlen, und da $D'D \perp D'C$ ist, so halbiert $D'C$ den Winkel $PD'Q$. Hieraus kann die nach Satz 170 erforderliche Beziehung zwischen den Winkeln der von Q nach P, C', Q' und D' gehenden Strahlen leicht abgeleitet werden. Die Schlüsse wiederholen sich in derselben Reihenfolge, wenn $C'D'$ durch Q geht.

Die Umkehrung des Satzes 215 lautet:

Satz 216. Teilen zwei Punkte eine Sehne harmonisch, so liegt jeder von ihnen auf der Polare des anderen.

Beim Bew. wiederholen sich die Schlüsse des vorhergehenden Beweises in umgekehrter Reihenfolge.

Die Abhängigkeit zwischen Pol und Polare findet weiter ihren Ausdruck in den Sätzen:

Satz 217. Liegt ein Pol auf einer Geraden, so geht seine Polare durch den Pol dieser Geraden.

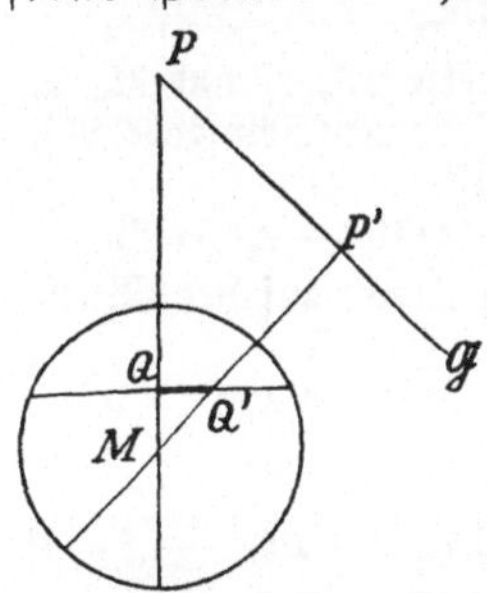

Wird der dem Punkte P zugeordnete Pol Q mit dem Pole Q' der Geraden $\mathfrak{G}$ verbunden, so sind P, Q, Q', P' die Ecken eines Sehnenvierecks (Folgerung 1, Erklärung der Polare), also $\angle P' + \angle PQQ' = 2\,\mathrm{R}$. Da aber $\angle P' = \mathrm{R}$, also auch $\angle PQQ' = \mathrm{R}$ ist, so steht QQ' senkrecht auf PQ, d. h. die Polare von P geht durch den Pol der Geraden PP' ($\mathfrak{G}$.)

Folgerung. Bewegt sich ein Punkt auf einer Geraden, so dreht sich seine Polare um den Pol dieser Geraden.

Satz 218. Geht eine Gerade durch einen Punkt, so liegt ihr Pol auf der Polare dieses Punktes.

Folgerung. Dreht sich eine Gerade um einen Punkt, so bewegt sich ihr Pol auf der Polare dieses Punktes.

Wird durch die Pole P und Q eines Durchmessers CD ein Kreis gelegt und einer der Schnittpunkte der beiden Kreise (E) mit den vier harmonischen Punkten verbunden, so bildet der Radius ME mit dem Strahle EQ einen Winkel MEQ, der gleich $\angle MEC - \angle QEC$ oder $\angle MCE - QEC$ ist. Da aber $\angle CED = \mathrm{R}$ ist und somit nach Satz 182 der Winkel PEQ halbiert wird, also $\angle QEC$ durch $\angle PEC$ ersetzt werden kann, und $\angle MCE - \angle PEC = \angle P$ ist (Lehrsatz V), so folgt: $\angle MEQ = \angle P$.

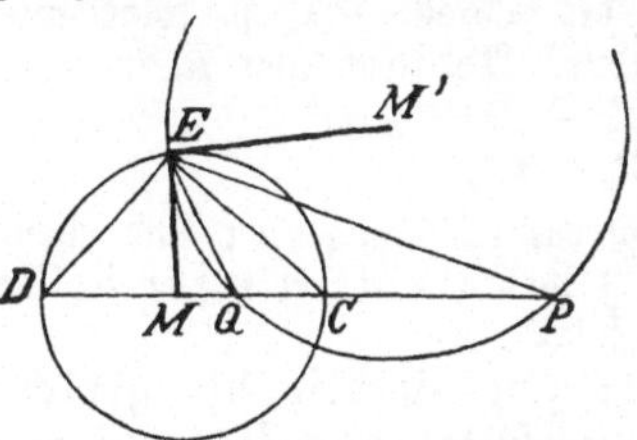

Nun steht der Winkel P auf dem Bogen EQ des zweiten Kreises, und demnach folgt aus der Gleichheit $\angle MEQ = \angle P$, daß ME eine Tangente an den zweiten Kreis ist, also auf $M'E$ senkrecht steht.

Sagt man daher, daß zwei Kreise sich rechtwinklig schneiden, wenn ihre nach den Schnittpunkten führenden Radien senkrecht auf einander stehen, so ergiebt sich hieraus der

Satz 219.   Jeder Kreis, der durch zwei Pole eines gegebenen Kreises geht, schneidet denselben rechtwinklig.

Umkehrung dieses Satzes:

Satz 220.   Schneiden sich zwei Kreise rechtwinklig, so wird jeder Durchmesser des einen Kreises durch den anderen Kreis harmonisch geteilt.

Nach der Vor. (s. Figur des Satzes 219) ist der Winkel $MEQ = \sphericalangle P$, und da wieder $\sphericalangle MEQ = \sphericalangle MCE - \sphericalangle QEC$, $\sphericalangle P$ aber nach Lehrsatz V gleich $\sphericalangle MCE - \sphericalangle PEC$ ist, so folgt: $\sphericalangle MCE - \sphericalangle QEC = \sphericalangle MCE - \sphericalangle PEC$, also $\sphericalangle PEC = \sphericalangle QEC$. Hieraus ergiebt sich die Behauptung mit Benutzung des Satzes 170.

87. Linien und Punkte bei mehreren Kreisen.

a) Die Potenzlinie zweier Kreise.

Ist Q ein Punkt, von dem aus an zwei Kreise M_1, r_1 und M_2, r_2 zwei Tangenten von der Länge l gezogen werden können (Aufgabe 93), besitzt also Q für beide Kreise die Potenz l^2, so ist

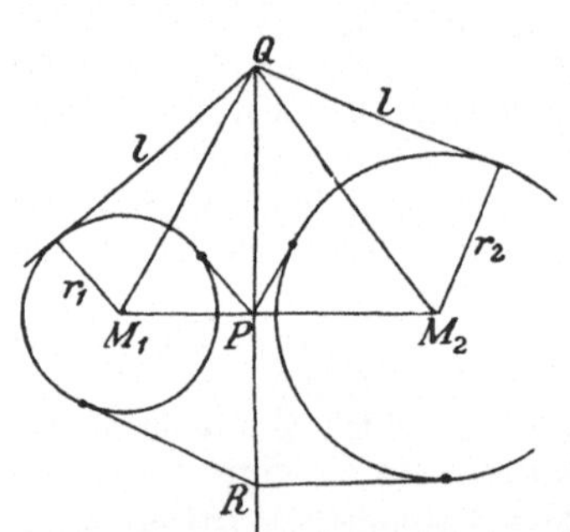

$$QM_1{}^2 - r_1{}^2 = QM_2{}^2 - r_2{}^2 (= l^2).$$

Steht nun QP senkrecht auf der Mittelpunktslinie MM_1, so daß

$$PM_1{}^2 = QM_1{}^2 - PQ^2 \text{ und } PM_2{}^2 = QM_2{}^2 - PQ^2$$

und folglich

$$PM_1{}^2 - r_1{}^2 = QM_1{}^2 - PQ^2 - r_1{}^2 = l^2 - PQ^2,$$
$$PM_2{}^2 - r_2{}^2 = QM_2{}^2 - PQ^2 - r_2{}^2 = l^2 - PQ^2$$

ist, so ergiebt sich $PM_1{}^2 - r_1{}^2 = PM_2{}^2 - r_2{}^2$, d. h. auch die von P an die beiden Kreise gehenden Tangenten sind gleich, oder P besitzt für beide Kreise die gleiche Potenz.

Ist jetzt R ein beliebiger Punkt des Lotes PQ, so folgt aus der Gleichheit $PM_1{}^2 - r_1{}^2 = PM_2{}^2 - r^2$ durch Addition von RP^2:

$$PM_1{}^2 + RP^2 - r_1{}^2 = PM_2{}^2 + RP^2 - r_2{}^2$$
$$\text{oder} \qquad RM_1{}^2 - r_1{}^2 = RM_2 - r_1{}^2,$$

d. h. die von R an die beiden Kreise gezogenen Tangenten sind ebenfalls einander gleich, oder der Punkt Q hat gleichfalls für beide Kreise die gleiche Potenz. Daraus folgt:

Satz 221.   Hat ein Punkt für zwei Kreise die gleiche Potenz, so ist das von ihm auf die Mittelpunktslinie gefällte Lot der geometrische Ort für die Punkte, welche für beide Kreise die gleiche Potenz besitzen.

Erklärung. Der geometr. Ort der Punkte, welche für zwei Kreise die gleiche Potenz besitzen, heißt Potenzlinie der Kreise.

Folgerung 1. Für die Punkte der Potenzlinie außerhalb der Kreise sind die Tangenten gleich.

Folgerung 2. Liegen Punkte der Potenzlinie innerhalb der beiden Kreise, so sind die kleinsten durch sie gelegten Sehnen der Kreise einander gleich. (S. Zusatz zu Folgerung 2a, Lehrsatz XXIII.)

Folgerung 3. Die Potenzlinie zweier sich schneidenden Kreise ist die Verlängerung ihrer gemeinschaftlichen Sehne.

Folgerung 4. Die Potenzlinie zweier sich berührenden Kreise ist ihre gemeinschaftliche Tangente.

Folgerung 5. Die Potenzlinie zweier ganz aus einander liegenden Kreise schneidet die Mittelpunktslinie zwischen den beiden Kreisen.

Folgerung 6. Die Potenzlinie zweier Kreise, von denen der eine innerhalb des anderen liegt, schneidet die Verlängerung der Mittelpunktslinie außerhalb der Kreise auf der Seite, auf welcher der Mittelpunkt des kleineren Kreises liegt.

Anmerkung. Der Beweis der Folgerungen 5 und 6 ist ein indirekter. Es wird dabei die Unterscheidung benutzt, daß eine Potenz als $\begin{Bmatrix} \text{positiv} \\ \text{negativ} \end{Bmatrix}$ gilt, wenn der Punkt $\begin{Bmatrix} \text{außerhalb} \\ \text{innerhalb} \end{Bmatrix}$ des Kreises liegt. (Produkt zweier $\begin{Bmatrix} \text{gleich-} \\ \text{entgegengesetzt-} \end{Bmatrix}$ gerichteten Strecken!)

b) Der Potenzmittelpunkt dreier Kreise.

Kommt zu den beiden Kreisen noch ein dritter Kreis M_3, r_3 hinzu, so bestimmt derselbe mit jedem der ersten eine Potenzlinie. Liegt nun M_3 nicht auf $M_1 M_2$, so schneiden sich zwei der Potenzlinien in einem Punkte O, für welchen die drei Tangenten an die drei Kreise nach S. III unter einander gleich sind, und demnach geht auch die dritte Potenzlinie durch O (Satz 221). Daraus folgt:

Satz 222. Liegen die Mittelpunkte dreier Kreise nicht auf einer Geraden, so schneiden sich ihre drei Potenzlinien in einem Punkte, dem Potenzmittelpunkte.

Zusatz 1. Schneidet jeder von drei Kreisen die beiden anderen, so treffen sich ihre gemeinschaftlichen Sehnen in einem Punkte.

Zusatz 2. Liegen die drei Mittelpunkte auf einer Geraden, so sind die drei Potenzlinien parallel.

Anmerkung. Der Satz 222 kann benutzt werden, um die Potenzlinie zweier Kreise zu zeichnen, die sich nicht schneiden. Man stellt einen dritten Kreis her, der die beiden ersten schneidet, und fällt von dem Schnittpunkte der gemeinschaftlichen Sehnen das Lot auf die Mittelpunktslinie der ersten Kreise.

Zusatz 3. Schneidet der dritte Kreis die beiden ersten rechtwinklig, so liegt sein Mittelpunkt auf ihrer Potenzlinie.

Die Radien des dritten Kreises, die zu den Schnittpunkten führen, sind Tangenten an die beiden ersten Kreise.

Folgerung. Die Mittelpunktslinie zweier Kreise, welche zwei andere Kreise rechtwinklig schneiden, ist die Potenzlinie derselben.

Schneiden sich die beiden ersten Kreise nicht, so ist für jeden Punkt X ihrer Potenzlinie die Strecke XP (s. Figur des Satzes 221) kleiner als die zu X gehörigen Tangenten, weil $XP^2 = XM_1{}^2 - PM_1{}^2$ und das Quadrat der Tangente gleich $XM_1{}^2 - r_1{}^2$, PM_1 aber größer als r_1 ist (Folgerung 5, Satz 221). Ein dritter Kreis, der die beiden ersten rechtwinklig schneidet, muß daher ihre Mittelpunktslinie treffen. Dasselbe gilt von einem beliebigen vierten Kreise, der die beiden ersten rechtwinklig schneidet, und da nach der vorhergehenden Folgerung die Mittelpunktslinie der beiden ersten Kreise die Potenzlinie der beiden letzten ist, so ist diese Mittelpunktslinie die gemeinschaftliche Sehne des dritten und vierten Kreises. Dies kann aber nur dann der Fall sein, wenn der vierte Kreis die Mittelpunktslinie in denselben Punkten schneidet, in denen sie der dritte trifft. Hieraus folgt:

Zusatz 3. Alle Kreise, welche zwei sich nicht schneidende Kreise rechtwinklig scheiden, gehen durch dieselben Punkte der Mittelpunktslinie der beiden Kreise.

c) Die Ähnlichkeitspunkte zweier Kreise.

Zwei Kreise befinden sich stets in der Ähnlichkeitslage. Da ihre Mittelpunkte sich entsprechen, so geht ihre Mittelpunktslinie durch den Ähnlichkeitspunkt. Die Punkte des zweiten Kreises können den Punkten des ersten auf doppelte Weise zugeordnet werden, indem man die Endpunkte zweier auf derselben oder zweier auf verschiedenen Seiten der Mittelpunktslinie liegenden parallelen Radien einander zuordnet, und demnach sind für zwei Kreise, die nicht den Mittelpunkt gemeinsam haben, stets zwei Ähnlichkeitspunkte vorhanden, ein innerer und ein äußerer.

Satz 223. Die Verbindungslinie zweier parallelen Radien schneidet die Mittelpunktslinie zweier Kreise in dem

$\left.\begin{array}{l}\text{äußeren}\\\text{inneren}\end{array}\right\}$ Ähnlichkeitspunkte, wenn die Radien auf $\left\{\begin{array}{l}\text{der-}\\\text{ver-}\end{array}\right.$

$\left.\begin{array}{l}\text{selben}\\\text{schiedenen}\end{array}\right\}$ Seite der Mittelpunktslinie liegen.

Vor. Es sei $M_1A_1 \parallel M_2A_2$ und $M_1A_1 \parallel M_2B_2$.

Beh. P und Q sind die beiden Ähnlichkeitspunkte.

Entw. des Bew. Ist P der Schnittpunkt der Geraden A_1A_2 und M_1M_2, so soll bewiesen werden, daß die Verbindungslinie der Endpunkte

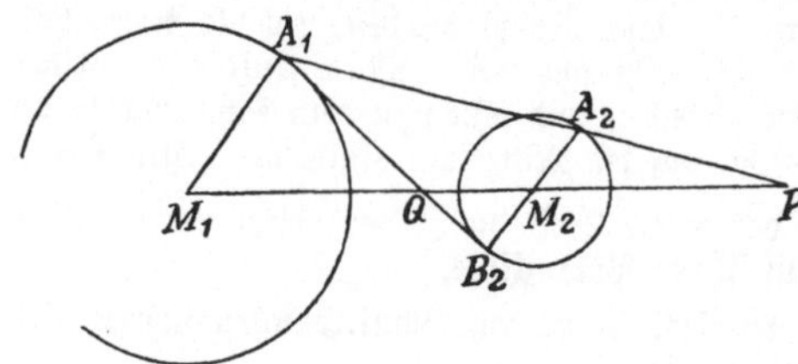

zweier beliebigen gleichgerichteten Radien ebenfalls durch P geht. Nach Satz 169 ist aber dazu erforderlich, daß das Verhältnis dieser Radien gleich $PM_1 : PM_2$ ist, und daher muß aus der Vor. abgeleitet werden, daß $PM_1 : PM_2 =$

$r_1 : r_2$ ist. In gleicher Weise zeigt sich, daß für den Schnittpunkt Q der Geraden $A_1 B_2$ und $M_1 M_2$ die Proportion $QM_1 : QM_2 = r_1 : r_2$ aus der Vor. abgeleitet werden muß.

Zusatz 1. Die gemeinschaftlichen äußeren (inneren) Tangenten zweier Kreise gehen durch den äußeren (inneren) Ähnlichkeitspunkt.

Zusatz 2. (Umkehrung des ersten Zusatzes.) Berührt eine durch einen Ähnlichkeitspunkt zweier Kreise gehende Gerade einen der Kreise, so berührt sie auch den anderen.

Anmerkung. Hieraus ergiebt sich eine einfache Ausführung der Aufgabe, an zwei Kreise eine gemeinschaftliche Tangente zu ziehen.

Zusatz 3. Berühren sich zwei Kreise von außen (innen), so ist der Berührungspunkt der innere (äußere) Ähnlichkeitspunkt.

Zusatz 4. Die beiden Ähnlichkeitspunkte teilen die Mittelpunkts= linie harmonisch.

Zusatz 5. Sind die Radien der beiden Kreise gleichgroß, so liegt der innere Ähnlichkeitspunkt in der Mitte der Mittelpunktslinie und der äußere im Unendlichen.

d) Inverse Punkte. Berührungskreise zweier Kreise.

Erklärung. Von den vier Punkten, in denen ein Ähnlichkeitsstrahl die beiden Kreise schneidet, ent=

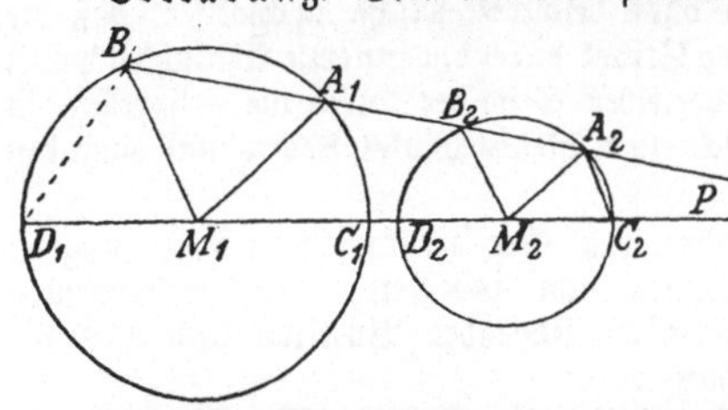

sprechen sich A_1 und A_2, sowie B_1 und B_2. Aber auch die Punkte A_1 und B_2, sowie A_2 und B_1 gehören insofern zu einander, als jeder den anderen bestimmt. Sie erhalten daher einen be= sonderen Namen und werden inverse Punkte genannt.

Zusatz. Die Punkte C_1 und D_2, sowie D_1 und C_2 auf der Mittel= punktslinie sind inverse Punkte.

Werden zwei Paare von inversen Punkten, etwa A_2 und C_2, sowie B_1 und D_1 mit einander verbunden, so entsteht ein Viereck $B_1 A_2 C_2 D_1$, zwischen dessen Winkeln sich eine wichtige Beziehung ableiten läßt. Es ist nämlich

$$\sphericalangle D_1 = \sphericalangle D_1 B_1 M_1 = \sphericalangle D_1 B_1 A_2 - \sphericalangle M_1 B_1 A_2$$
$$= \sphericalangle D_1 B_1 A_2 - \sphericalangle M_2 B_2 A_2 = \sphericalangle D_1 B_1 A_2 - \sphericalangle M_2 A_2 B_2$$
$$= \sphericalangle D_1 B_1 A_2 - \sphericalangle B_1 A_2 C_2 + M_2 A_2 C_2$$
$$= \sphericalangle D_1 B_1 A_2 - \sphericalangle B_1 A_2 C_2 + \sphericalangle C_2 ,$$

also $\sphericalangle D_1 + \sphericalangle B_1 A_2 C_2 = \sphericalangle C_2 + \sphericalangle D_1 B_1 A_2 = 2\,\mathrm{R}$. $B_1 A_2 C_2 D_1$ ist daher ein Sehnenviereck, welches auch die Richtung von PA_1 sein mag, und daher ist stets nach Lehrsatz XXIII

$$1. \quad PD_1 . PC_2 = PB_1 . PA_2 .$$

Weiter ist $PD_1 . PC_2 = (PM_1 + r_1)(PM_2 - r_2)$
$$= PM_1 . PM_2 + r_1 . PM_2 - r_2 . PM_1 - r_1 . r_2$$
$$= PM_1 . PM_2 - r_1 . PM_2 + r_2 . PM_1 - r_1 . r_2$$

also $\qquad\qquad\qquad = (PM_1 - r_1)(PM_2 + r_2),$

(weil aus $PM_1 : PM_2 = r_1 : r_2$ die Gleichheit $r_1 . PM_2 = r_2 . PM_1$ folgt), und somit $\qquad\qquad 2. \quad PD_1 . PC_2 = PC_1 . PD_2 .$

Müller, Planimetrie.   11

Sind schließlich t_1 und t_2 die Tangenten von P an die beiden Kreise, also $PA_1 . PB_1 = t_1{}^2$ und $PA_2 . PB_2 = t_2{}^2$, so ergiebt sich mit Benutzung der Proportion $PA_1 : PA_2 = r_1 : r_2$ die Gleichheit

$$PA_2 . PB_1 = t_1{}^2 . \frac{r_2}{r_1},$$

bez. $$PA_1 . PB_2 = t_2{}^2 . \frac{r_1}{r_2},$$

und da $t_1{}^2 : t_2{}^2 = r_1{}^2 : r_2{}^2$, also $t_1{}^2 . \frac{r_2}{r_1} = t_2{}^2 . \frac{r_1}{r_2}$ ist,

so folgt: 3. $PA_2 . PB_1 = PA_1 . PB_2$, und

damit: 4. $PA_2 . PB_1 = PA_1 . PB_2 = PD_1 . PC_2 = PC_1 . PD_2$, d. h.

Satz 224. Das Rechteck aus den Entfernungen eines Ähnlichkeitspunktes von zwei zu einander gehörigen inversen Punkten ist unabhängig von der Richtung des Ähnlichkeitsstrahles, auf dem sie liegen, und gleich dem Rechteck aus den Entfernungen des Ähnlichkeitspunktes von zwei auf der Mittelpunktslinie liegenden inversen Punkten.

Anmerkung. Der Satz ist zunächst nur abgeleitet für die durch den äußeren Ähnlichkeitspunkt gehenden Strahlen; er gilt jedoch in der angegebenen allgemeinen Form. Es läßt sich ohne besondere Mühe nachweisen, daß die Gleichheit 1. auch besteht, wenn der Strahl durch den inneren Ähnlichkeitspunkt geht, indem man zeigt, daß über derselben Seite des durch die entsprechenden Verbindungslinien gebildeten Vierecks zwei gleiche Winkel stehen, und dann den Satz 104 anwendet.

Aus der Gleichheit 1. ergeben sich aber die weiteren Folgerungen:

Folgerung 1. Zwei Paare von inversen, auf verschiedenen Strahlen desselben Ähnlichkeitspunktes liegenden Punkten sind stets die Ecken eines Sehnenvierecks. (Satz 206.)

Folgerung 2. Sehnen, welche zwei inverse Punktepaare mit einander verbinden, schneiden sich auf der Potenzlinie der beiden Kreise.

Nach Folgerung 1 sind die Produkte aus den Abschnitten der Sehnen gleich und gleich den Quadraten der von ihrem Schnittpunkte an die Kreise gelegten Tangenten, bez. gleich den Quadraten der halben kleinsten Sehnen, die durch ihren Schnittpunkt gehen. Satz 221.

Zusatz. Die zu inversen Punkten gehörigen Tangenten schneiden sich auf der Potenzlinie der beiden Kreise.

Nach diesem Zusatze sind die Tangenten in zwei inversen Punkten

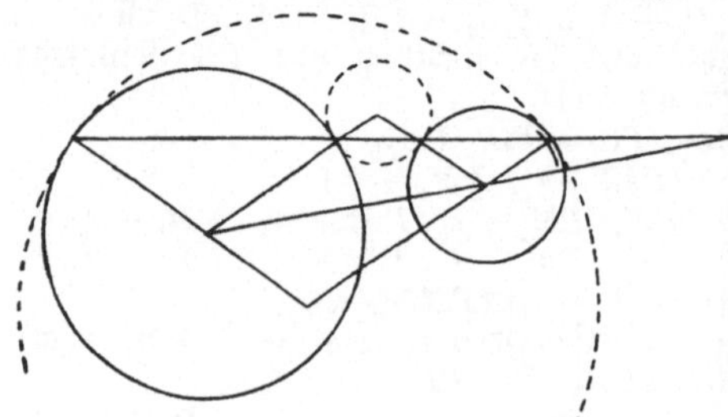

die Schenkel eines gleichschenkligen Dreiecks, dessen Grundlinie auf dem Ähnlichkeitsstrahle liegt, und daher bilden die Verlängerungen ihrer Berührungsradien gleichfalls über derselben Grundlinie ein gleichschenkliges Dreieck. Wird demnach um die Spitze des letzteren mit seinem Schenkel

ein Kreis beschrieben, so berührt derselbe die beiden Kreise und zwar
beide von innen oder beide von außen, wenn der Strahl durch den
äußeren Ähnlichkeitspunkt geht (diesen Fall stellt die Figur dar); dagegen berührt er den einen von innen und den anderen von außen,
wenn der Strahl durch den inneren Ähnlichkeitspunkt geht. Demnach
besteht der

Satz 225. Zwei inverse Punkte sind stets die Berührungspunkte, in denen ein dritter Kreis die beiden ersten
berührt.

Der Satz kann umgekehrt werden.

Satz 226. Berührt ein Kreis zwei andere Kreise, so
sind die Berührungspunkte inverse Punkte derselben.

Entw. des Bew. (Fig. des Satzes 225.) Wird die Verbindungslinie
der Berührungspunkte gezogen, so schneidet dieselbe den zweiten Kreis in einem
zweiten Punkte, dessen Radius zu dem Radius des ersten Kreises, der nach
dem Berührungspunkte geht, parallel sein muß, wenn die Verbindungslinie
durch einen der Ähnlichkeitspunkte gehen soll. Die hierzu erforderliche Gleichheit der Gl. W. (oder W. W.) ist aber einfach ableitbar, wenn beachtet wird,
daß die Mittelpunktslinie zweier sich berührenden Kreise durch den Berührungspunkt geht.

Zusatz. Die Verbindungslinie der Berührungspunkte geht durch
den $\begin{Bmatrix} \text{äußeren} \\ \text{inneren} \end{Bmatrix}$ Ähnlichkeitspunkt, wenn die beiden Berührungen
$\begin{Bmatrix} \text{gleichartig} \\ \text{ungleichartig} \end{Bmatrix}$ sind.

Bei beiden Arten von Berührungen schneiden sich die gemeinschaftlichen Tangenten in einem Punkte der Potenzlinie der beiden ersten
Kreise, und da der Schnittpunkt der Tangenten der Pol der Berührungs-

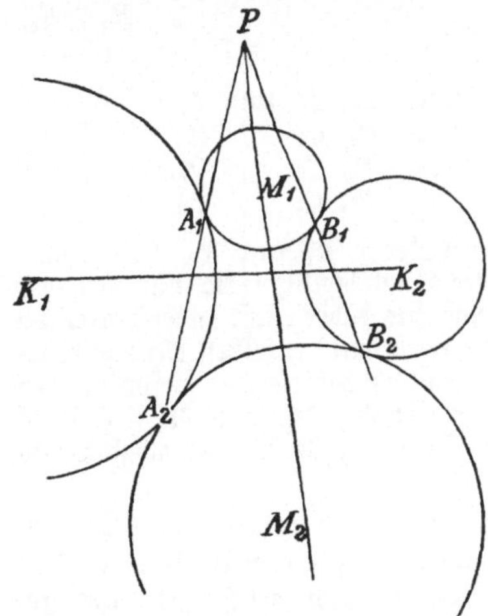

sehne ist (Folgerung 4, Satz 214),
der Ähnlichkeitsstrahl, auf dem
die Berührungspunkte liegen, also
nach Satz 217 durch den Pol der
Potenzlinie der ersten Kreise für
den dritten Kreis geht, so ergiebt
sich der

Satz 227. Berührt ein
Kreis zwei andere Kreise,
so liegt der Pol ihrer Potenzlinie für den berührenden Kreis mit den beiden Berührungspunkten auf einer
Geraden.

Werden zwei Kreise K_1 und
K_2 gezeichnet, von denen jeder
die Kreise M_1 und M_2 gleichartig
berührt, und sind A_1, A_2, B_1 und
B_2 die Berührungspunkte, so gehen

die Geraden $A_1 A_2$ und $B_1 B_2$ durch den äußeren Ähnlichkeitspunkt P der Kreise M_1 und M_2. Nach den Sätzen 226 und 224 ist daher $PA_1 \cdot PA_2 = PB_1 \cdot PB_2$, und demnach liegt P auf der Potenzlinie der Kreise K_1 und K_2 (Satz 221). Berühren dagegen die beiden Kreise K_1 und K_2 die Kreise M_1 und M_2 ungleichartig, so gehen $A_1 A_2$ und $B_1 B_2$ durch den inneren Ähnlichkeitspunkt Q, und da hiernach wiederum $QA_1 \cdot QA_2 = QB_1 \cdot QB_2$ ist, so liegt Q auf der Potenzlinie der Kreise K_1 und K_2. Daraus folgt:

Satz 228. Werden zwei Kreise von zwei anderen gleichartig (ungleichartig) berührt, so liegt der äußere (innere) Ähnlichkeitspunkt des ersten Paares auf der Potenzlinie des anderen.

e) Die Ähnlichkeitsachsen dreier Kreise.

Wird außer den beiden Kreisen M_1 und M_2 noch ein dritter mit dem Mittelpunkte M_3 von K_1 und K_2 berührt, so können die folgenden vier Fälle eintreten:

1. Die Kreise K_1 und K_2 berühren die drei Kreise gleichartig.
2. Die Kreise K_1 und K_2 berühren die Kreise M_1 und M_2 gleichartig und M_3 anders als diese.
3. Die Kreise K_1 und K_2 berühren die Kreise M_1 und M_3 gleichartig und M_2 anders als diese.
4. Die Kreise K_1 und K_2 berühren die Kreise M_2 und M_3 gleichartig und M_1 anders als diese.

Ist nun P_3 der äußere u. Q_3 der innere Ähnlichkeitspunkt der Kreise M_1 u. M_2,

"	"	P_2	"	"	" Q_2	"	"	"	"	M_1 " M_3,

so liegen nach Satz 228 zunächst

in dem Falle 1) die drei Punkte P_1, P_2 und P_3,
" " " 2) " " " P_3, Q_1 " Q_2,
" " " 3) " " " P_2, Q_3 " Q_1,
" " " 4) " " " P_1, Q_2 " Q_3

gemeinschaftlich auf der Potenzlinie der Kreise K_1 und K_2, also in einer geraden Linie; da aber die Lage der Ähnlichkeitspunkte nur von dem Verhältnis der Halbmesser abhängt und sich daher nicht ändert, wenn die drei Kreise M_1, M_2 und M_3 durch drei andere mit denselben Mittelpunkten ersetzt werden, deren Halbmesser in dem Verhältnis der ursprünglichen Halbmesser stehen, und da somit die Kreise M_1, M_2 und M_3 stets durch andere ersetzt werden können, für welche die Fälle 1)—4) möglich sind, so ergiebt sich der

Satz 229. (Satz des Monge.) Von den sechs Ähnlichkeitspunkten dreier Kreise liegt jeder äußere mit den beiden anderen äußeren, sowie mit den beiden nicht zu ihm gehörigen inneren in einer geraden Linie.

Erklärung. Die vier Geraden, auf denen die sechs Ähnlichkeits= punkte liegen, werden Ähnlichkeitsachsen genannt.

Zusatz. Jede Ähnlichkeitsachse ist die Potenzlinie zweier Kreise, welche die drei Kreise berühren, zu denen sie gehört.

Anmerkung. Ein zweiter Beweis dieses interessanten Satzes ergiebt sich auf folgendem Wege: Geht eine Gerade durch einen Ähnlichkeitspunkt zweier Kreise, so verhalten sich ihre Abstände von den Mittelpunkten wie die Entfernungen des Ähnlichkeitspunktes von denselben und damit wie die Halbmesser (Satz 168); und umgekehrt: Verhalten sich die Abstände einer Geraden von den Mittelpunkten zweier Kreise wie die Halbmesser, so geht die Gerade durch einen Ähnlichkeitspunkt der beiden Kreise (Satz 169). Demnach verhalten sich die Abstände der Geraden P_1P_2

$$\text{von den Mittelpunkten } M_2 \text{ und } M_3 \text{ wie } r_2 : r_3 \text{ und}$$
$$\text{,,} \quad \text{,,} \quad \text{,,} \quad M_1 \text{ und } M_3 \text{ wie } r_1 : r_3, \text{ also}$$
$$\text{,,} \quad \text{,,} \quad \text{,,} \quad M_1 \text{ und } M_2 \text{ wie } r_1 : r_2, \text{ d. h.}$$

P_1P_2 geht auch durch P_3. Ganz in derselben Weise kann gezeigt werden, daß P_1Q_2 durch Q_3, P_2Q_3 durch Q_1 und P_3Q_1 durch Q_2 geht. Dieser Beweis hat den Vorzug der größeren Einfachheit, ist aber weniger lehrreich als der in der Ableitung des Monge'schen Satzes enthaltene Beweis.

Da die beiden Kreise K_1 und K_2 durch jeden der drei Kreise M_1, M_2 und M_3 in den vier Fällen gleichzeitig entweder gleichartig oder ungleichartig berührt werden, so liegt ferner nach Satz 228 stets entweder R oder S auf den drei Potenzlinien der drei Kreise und ist daher ihr Potenzmittelpunkt (Satz 222). Hieraus folgt:

Satz 230. Der Potenzmittelpunkt dreier Kreise ist einer der Ähnlichkeitspunkte zweier Kreise, welche die drei ersten berühren.

Folgerung 1. Die zu jedem der drei Kreise gehörigen Berührungspunkte liegen mit dem Potenzmittelpunkte in einer Geraden. (Nach Satz 226).

Folgerung 2. Der Pol der Potenzlinie der berührenden Kreise für jeden der drei Kreise M_1, M_2 und M_3 liegt mit den zugehörigen Berührungspunkten (Satz 227), also nach Folgerung 1 auch mit diesen und dem Potenzmittelpunkte, auf einer Geraden.

Folgerung 3. Verbindet man den Pol einer Ähnlichkeitsachse für einen der drei Kreise mit dem Potenzmittelpunkte, so schneidet die Verbindungslinie den zugehörigen Kreis in zwei Berührungspunkten zweier die drei Kreise berührenden Kreise. (Nach Folgerung 2).

Hierauf gründet sich für die Apollonius'sche Aufgabe,

Einen Kreis zu beschreiben, der drei gegebene Kreise berührt,

die folgende vollständige Ausführung:

Man zeichnet den Potenzmittelpunkt, die 4 Ähnlichkeitsachsen und deren 12 Pole für die gegebenen drei Kreise und verbindet jeden der Pole mit dem Potenzmittelpunkte. Die 12 Verbindungslinien schneiden im allgemeinen die zugehörigen Kreise in 24 Punkten, den Berührungspunkten von 8 Berührungskreisen. Da der Potenzmittelpunkt stets einer der Ähnlichkeitspunkte (Satz 230) und jede Ähnlichkeitsachse die Potenzlinie (Zusatz zu Satz 229) zweier Berührungskreise ist, so sind die 4 Lote von dem Potenzmittelpunkte auf die 4 Ähnlichkeitsachsen die Mittelpunktslinien je zweier Berührungskreise und zwar im Falle 1) das Lot auf $P_1 P_2 P_3$, im Falle 2) das Lot auf $P_3 Q_1 Q_2$, im Falle 3. das Lot auf $P_2 Q_3 Q_1$ und im Falle 4) das Lot auf $P_1 Q_2 Q_3$. Die Mittelpunkte der 8 Berührungskreise liegen demnach auf den 4 Loten, und da sie auch den Verlängerungen der Berührungsradien angehören, so sind sie nun leicht bestimmbar.

Anmerkung. Die Aufgabe umfaßt alle anderen Fälle der Berührungsaufgaben (s. Nr. 88), weil ein Punkt als Kreis mit dem Halbmesser 0 und eine Gerade als Kreis mit dem Halbmesser ∞ angesehen werden kann. Die Potenzlinien und Ähnlichkeitspunkte nehmen besondere Lagen ein, aus denen sich eine Vereinfachung der Hauptaufgabe für die besonderen Fälle ergiebt.

In dem folgenden Abschnitt soll der umgekehrte Weg betreten und die Lösung der Hauptaufgabe durch die Lösung der besonderen Aufgaben vorbereitet werden.

88. Die Apollonius'schen Berührungsaufgaben.

Die allgemeine Apollonius'sche Aufgabe: Einen Kreis zu zeichnen, der von drei gegebenen Stücken, Punkten oder Geraden oder Kreisen, die beiden letzteren berührt und durch die ersteren geht, umfaßt als besondere Fälle die folgenden 10 Aufgaben:

Einen Kreis zu zeichnen, der 1) durch 3 gegebene Punkte geht; 2) durch 2 gegebene Punkte geht und eine gegebene Gerade, bez. 3) einen gegebenen Kreis berührt; 4) durch einen gegebenen Punkt geht und 2 gegebene Geraden, bez. 5) eine gegebene Gerade und einen gegebenen Kreis, oder 6) 2 gegebene Kreise berührt; 7) 3 gegebene Geraden berührt; 8) 2 gegebene Geraden und einen gegebenen Kreis berührt; 9) eine gegebene Gerade und 2 gegebene Kreise, und 10) 3 gegebene Kreise berührt.

Von diesen sind die Fälle 1) (Aufg. 61, eine Lösung) und 7) (s. Satz 110 u. 111, 4 Lösungen) bereits besprochen und ohne Benutzung proportionaler Strecken durchgeführt worden. Für die anderen Fälle ist die Auflösung noch zu entwickeln.

Fall 2. Aufgabe 137. Einen Kreis zu zeichnen, der durch zwei gegebene Punkte geht und eine gegebene Gerade berührt.

Auflösung. Da die Strecke AB eine Sehne des Kreises sein soll, so muß sein Mittelpunkt zunächst auf dem Mittellote von AB liegen. Die weitere Bestimmung, daß der Kreis die Gerade G berühren soll, würde einen zweiten geometr. Ort für den Mittelpunkt in einem auf G errichteten Lote (Ort 7) liefern, wenn der Berührungspunkt bekannt wäre. Beide Forderungen im Verein lassen aber AB als Sehne und G als Tangente eines Kreises erscheinen und weisen damit auf die Verwendung der Folgerung 1, Lehrs. XXIII hin, welche die Länge der Tangente als mittlere Proportionale zu zwei ge-

gebenen Strecken darstellt (Schnittpunkt von AB und G!) und damit zur
Herstellung des Berührungspunktes führt. Zwei Lösungen.

Fall 3. Aufgabe 138. Einen Kreis zu zeichnen, der durch zwei ge=
gebene Punkte geht und einen gegebenen Kreis berührt.

Auflösung. Das Mittellot von AB ist wieder der erste Ort für den
gesuchten Mittelpunkt. Die dritte Bestimmung, daß der Kreis den gegebenen
Kreis M, r berühren soll, würde in der Verlängerung des Berührungsradius
(Mittelpunktslinie!) einen zweiten Ort für den Mittelpunkt liefern, wenn der
Berührungspunkt bekannt wäre. Die Tangente in demselben gehört aber beiden
Kreisen an und schneidet daher (Verbindung der dritten mit den ersten Forde=

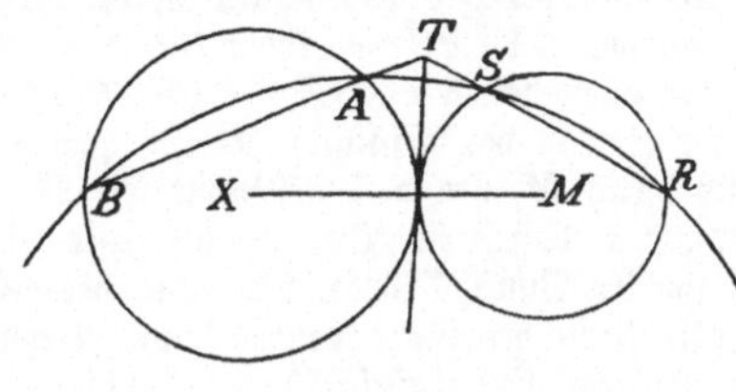

rungen!) die Sehne AB in einem
Punkte T, der für beide Kreise
die gleiche Potenz besitzt. Dem=
nach hat man auf AB einen
Punkt T zu bestimmen, dessen
Potenz für den Kreis M, r gleich
dem Produkt seiner Entfernungen
von A und B ist. Die Schnitt=
punkte der von T zu dem Kreise
gezogenen Sekante RS, für welche

$TA \cdot TB = TR \cdot TS$ ist, liegen aber auf einem Kreise (Satz 206) mit A
und B und werden daher durch einen beliebigen Kreis bestimmt, der durch A
und B geht und den Kreis M, r schneidet. Den zwei möglichen Lagen der
Tangente entsprechend giebt es zwei Lösungen.

Fall 4. Aufgabe 139. Einen Kreis zu beschreiben, der durch einen
gegebenen Punkt geht und zwei gegebene Kreise berührt.

Auflösung. Da der Kreis die Geraden G_1 und G_2 berühren soll, so
liegt sein Mittelpunkt X auf der Halbierungslinie des Winkels der beiden Ge=
raden, auf dem der Punkt A liegt. Der Kreis soll ferner durch A gehen.
Diese Bestimmung würde für X einen zweiten Ort liefern, wenn die Größe
des Halbmessers oder die Richtung des Radius XA bekannt wäre. Die letztere
kann aber durch die Verbindung der Forderungen, nach denen das Lot von X

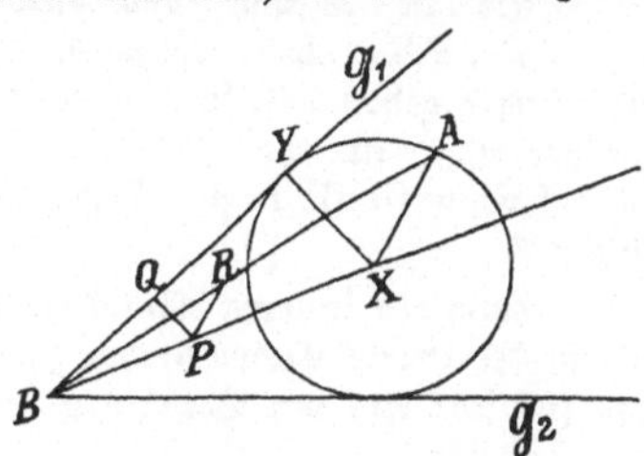

auf G_1 gleich XA sein muß, leicht er=
mittelt werden. Denn fällt man von
irgend einem Punkte P der Halbierungs=
linie das Lot PQ auf G_1, zieht durch P
die Parallele (Richtung!) zu XA und
trägt auf derselben in PR das Lot PQ
ab, so ist für den Schnittpunkt B der
Geraden G_1 und G_2 sowohl

$$BX : BP = XY : PQ$$
als auch $BX : BP = XA : PR$,

und demnach geht AR durch den Punkt B (Satz 169). Wird daher P be=
liebig gewählt, so ist der auf AB liegende Punkt R ($PQ = PR$!) und damit
durch PR die Richtung von AX bestimmt. Zwei Lösungen.

Fall 5. Aufgabe 140. Einen Kreis zu zeichnen, der durch einen ge=
gebenen Punkt geht, eine gegebene Gerade und einen gegebenen Kreis berührt.

Auflösung. Da mit den einzelnen Bestimmungen nichts anzufangen ist, so muß man die Forderungen zu vereinen suchen. Von den beiden Berührungspunkten liegt Z auf der Mittelpunktslinie, und demnach sind die End-

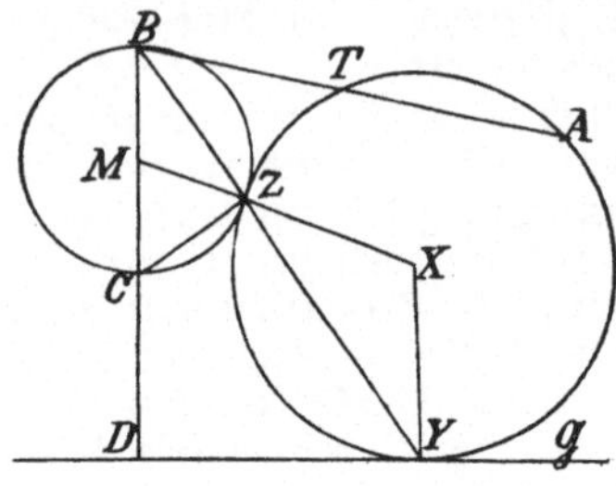

radien der durch Y und Z gehenden Doppelsehne YZB parallel, d. h. der Punkt B liegt auf dem von M auf G gefällten Lote und darf als bekannt gelten. Ebenso ist dadurch bekannt geworden, daß Z auf dem Halbkreise über BC liegt. Nutzt man diesen Umstand aus, so gelangt man zu zwei ähnlichen Dreiecken BZC und BDY und damit zu der Proportion $BY : BC = BD : BZ$, aus der die Gleichheit $BY \cdot BZ = BC \cdot BD$ sich

ergiebt. Diese sagt aber aus, daß die Potenz des gesuchten Kreises für den Punkt B gleich $BC \cdot BD$ und folglich durch M, r und G bestimmt sei. Wird jetzt die dritte Bestimmung hinzugenommen, daß A ein Punkt des Kreises sein soll, so weiß man, daß auf BA ein zweiter Punkt T desselben liegt, der mit D, C und A einem Kreise angehört, also leicht hergestellt werden kann. Damit ist die Aufgabe auf eine der Aufgaben 137 oder 138 zurückgeführt. 4 Lösungen sind im allgemeinen möglich.

Fall 6. Aufgabe 141. Einen Kreis zu zeichnen, der durch einen gegebenen Punkt geht und zwei gegebene Kreise berührt.

Auflösung. Werden hier zunächst die beiden letzten Bestimmungen

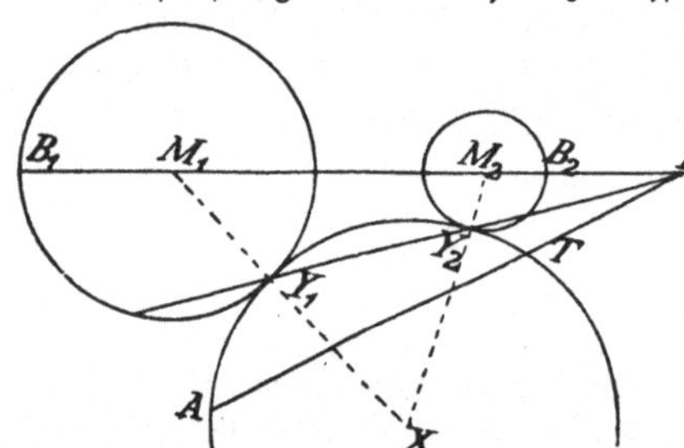

untersucht, so ergiebt sich der Hinweis auf den Satz 226, nach welchem die Berührungspunkte Y_1 und Y_2 inverse Punkte sind. Für inverse Punkte gilt aber der Satz 224, und demnach ist $PY_1 \cdot PY_2 = PB_1 \cdot PB_2$, d. h. die Potenz des Ähnlichkeitspunktes P der gegebenen Kreise für den gesuchten Kreis ist bekannt und gleich $PB_1 \cdot PB_2$. Wird jetzt die dritte

Bestimmung hinzugenommen, daß der Kreis durch A gehen soll, so weiß man, daß auf PA ein Punkt T des Kreises liegen muß, für den $PA \cdot PT = PB_1 \cdot PB_2$ ist, der also mit B_1, B_2 und A auf einem Kreise liegt. Damit ist die Aufgabe auf die Aufgabe 138 zurückgeführt.

Bei ungleichartiger Berührung geht $Y_1 Y_2$ durch den inneren Ähnlichkeitspunkt Q; es liegt dann T auf QA, und B_2 ist der zweite Endpunkt des zum Kreise M_2 gehörigen Durchmessers. Es sind für jede Art der Berührung im allgemeinen zwei Lösungen möglich.

Fall 8. Aufgabe 142. Einen Kreis zu zeichnen, der zwei gegebene Geraden und einen gegebenen Kreis berührt.

Auflösung. Die Halbierungslinie des Winkels A der Geraden G_1 und G_2 ist der erste geometr. Ort für den gesuchten Mittelpunkt. Die dritte Bestimmung würde einen zweiten Ort für denselben liefern, wenn die Richtung des zu M gehörigen Berührungsradius' (Mittelpunktslinie!) bekannt wäre.

Diese Richtung kann aber ähnlich wie in der Auflösung der Aufgabe 139 ge=
funden werden. Es unterscheiden sich zwar die Abstände XY und XM um r

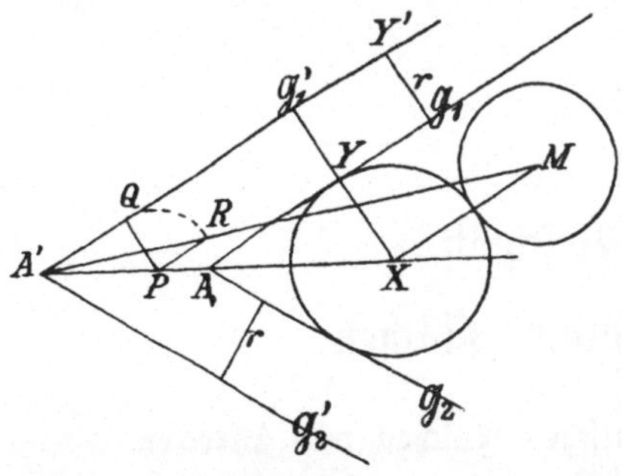

und können sich daher nicht er=
setzen; aber gerade die Erkenntnis
dieses Umstandes weist darauf hin,
die Gerade G_1 parallel zu sich
selbst um r zu verschieben, weil
dann der Abstand des Punktes X
von der neuen Geraden G'_1 gleich
XM ist und die Übertragung des
Verhältnisses der Abstände an einen
beliebigen Punkt P der Halbierungs=
linie keine Schwierigkeit bietet. Die
Verbindungslinie MR geht aber
nicht durch A, sondern durch den
Punkt A' der Geraden G'_1 und AX. Die Aufgabe kommt daher auf die
Aufgabe 139 zurück, wenn man G_1 und G_2 um r parallel zu sich selbst ver=
schiebt und den Kreis zwingt, die neuen Geraden zu berühren und durch den
Punkt M zu gehen. Sein Mittelpunkt ist dann der Mittelpunkt des gesuchten
Kreises.

Anmerkung. Die Geraden G'_1 und G'_2 müssen so gezogen werden,
daß M zwischen ihnen liegt. Bei günstiger Lage von M und hinreichender
Größe von r kann dies aber 4=mal eintreten, und demnach sind in einem sehr
günstigen Falle 8 Lösungen vorhanden.

Fall 9. Aufgabe 143. Einen Kreis zu beschreiben, der eine gegebene
Gerade und zwei gegebene Kreise berührt.

Auflösung. Da der Kreis bestimmt ist, wenn man seinen Mittelpunkt
kennt, und die Forderungen der Aufgabe keinen Anhalt für die Ausführung
bieten, so liegt der Gedanke nahe, durch eine Veränderung der Bedingungen,
die ohne Einfluß auf die Lage des Mittelpunktes bleibt, die Aufgabe so um=
zugestalten, daß sie mit einer der bereits besprochenen Aufgaben übereinstimmt.
Zu diesem Zwecke ist nur erforderlich, daß man den Hilfskreis zwingt, durch
einen der Mittelpunkte, etwa M_2, zu gehen, und dementsprechend G um r_2
parallel zu sich selber verschiebt und um M_1 mit r_1-r_2 einen Kreis zeichnet,
der berührt werden soll. Der Mittelpunkt X wird dann durch die Ausführung
der Aufgabe 140 gefunden. Im allgemeinen sind 8 Lösungen möglich.

Fall 10. Aufgabe 144. Einen Kreis zu zeichnen, der drei gegebene
Kreise berührt.

Die Auflösung schließt sich eng an die vorhergehende an. Man er=
setzt die Kreise M_2, r_2 und M_3, r_3 durch M_2, r_2-r_1 bez. M_3, r_3-r_1 und
zeichnet nach Aufgabe 141 den Kreis, der durch M_1 geht und die neuen Kreise
berührt. Sein Mittelpunkt ist der gesuchte Mittelpunkt.

VI. Abschnitt.

Proportionale Flächen.

89. Proportionen zwischen Flächen und Strecken.

Erklärung. Das Verhältnis zweier Flächen ist die Zahl, welche angiebt, wie oft die eine in der anderen enthalten ist.

Anmerkung. Die Möglichkeit für die Vergleichung des Inhalts geradliniger Figuren erhellt daraus, daß zwei geradlinige Figuren stets in Rechtecke verwandelt werden können, die in der Größe einer Seite übereinstimmen.

Sind in zwei Rechtecken $ABCD$ und $A_1B_1C_1D_1$ die Seiten AB und A_1B_1 gleich und AD und A_1D_1 von einander verschieden, so kann das Verhältnis $AD : A_1D_1$ ein rationales oder ein irrationales sein. Geht im ersten Falle l in AD p-mal und in A_1D_1 q-mal auf, und legt man durch die Teilpunkte die Parallelen zu AB, bez. zu A_1B_1, so wird das erste Rechteck in p und das zweite in q unter einander gleiche Streifen zerlegt, und demnach ist das Verhältnis der Rechtecke gleich $\dfrac{p}{q}$, d. h. dasselbe wie das Verhältnis der Seiten AD und A_1D_1.

Zerlegt man im zweiten Falle AD in p gleiche Teile und bleibt, wenn deren Länge l auf A_1D_1 q-mal abgetragen wird, ein Rest r, der kleiner ist als l, so teilen die durch die Teilpunkte zu den Seiten AB und A_1B_1 gelegten Parallelen das erste Rechteck in p gleiche Streifen und das zweite in q Teile, die zu den Streifen des ersten Rechtecks kongruent sind, und ein Reststück, das jedenfalls kleiner als einer dieser Streifen ist. Das Verhältnis der beiden Rechtecke liegt daher ebenso wie das Verhältnis $AD : A_1D_1$ zwischen $\dfrac{p}{q}$ und $\dfrac{p}{q+1}$ und unterscheidet sich von $\dfrac{p}{q}$ um höchstens $\dfrac{1}{q(q+1)}$. Da aber diese Differenz beliebig klein gemacht werden kann, so dürfen die beiden Verhältnisse auch dann als gleich gelten, wenn AD und A_1D_1 inkommensurabel sind. Daraus folgt:

Lehrsatz XXIV. Stimmen zwei Rechtecke in der Größe einer Seite überein, so verhalten sie sich wie die anstoßenden Seiten.

Jedes Parallelogramm ist aber gleich einem Rechteck, dessen Seiten gleich einer seiner Seiten und der zu dieser gehörigen Höhe sind, und demnach ergiebt sich:

Folgerung 1. Parallelogramme mit gleichen $\left\{\begin{array}{l}\text{Grundlinien}\\ \text{Höhen}\end{array}\right.$

verhalten sich wie die zugehörigen $\left\{\begin{array}{l}\text{Höhen.}\\ \text{Grundlinien.}\end{array}\right.$

Jedes Dreieck ist ferner die Hälfte eines Parallelogramms, das mit ihm gleiche Grundlinie und Höhe hat; daraus folgt:

Folgerung 2. Dreiecke mit gleichen $\left\{\begin{array}{l}\text{Grundlinien}\\ \text{Höhen}\end{array}\right\}$ verhalten

sich wie die zugehörigen $\left\{\begin{array}{l}\text{Höhen.}\\ \text{Grundlinien.}\end{array}\right.$

Ein Trapez schließlich ist gleich einem Parallelogramm, das mit ihm gleiche Höhe und als zugehörige Grundlinie seine Mittellinie hat; es ergiebt sich daher aus Folgerung 1:

Folgerung 3. Trapeze mit gleichen $\left\{\begin{array}{l}\text{Mittellinien}\\ \text{Höhen}\end{array}\right\}$ verhalten

sich wie ihre $\left\{\begin{array}{l}\text{Höhen.}\\ \text{Mittellinien.}\end{array}\right.$

Der Lehrsatz XXIV führt zur Bestimmung des Inhalts eines Rechtecks, auch wenn die Seiten desselben irrational sind. Sind R_1 und R_2 zwei Rechtecke mit den Seiten a_1 und b_1, bez. a_2 und b_2 und stellt man ein drittes Rechteck R_3 aus a_1 und b_2 her, so ist

$$R_1 : R_3 = b_1 : b_2, \text{ also } R_3 = R_1 \cdot \frac{b_2}{b_1},$$

$$R_2 : R_3 = a_2 : a_1, \text{ also } R_3 = R_2 \cdot \frac{a_1}{a_2},$$

und somit $\quad R_1 \cdot \dfrac{b_2}{b_1} = R_2 \cdot \dfrac{a_1}{a_2}$ oder $R_1 \cdot a_2 \cdot b_2 = R_2 \cdot a_1 \cdot b_1$.

Ist aber R_2 das Quadrat der Längeneinheit, also $a_2 \cdot b_2 = R_2 = 1$, so ergiebt sich der

Satz 231. Der Inhalt eines Rechtecks ist gleich dem Produkte aus zwei anstoßenden Seiten, auch wenn die Maßzahlen derselben irrational sind.

Folgerung. Zwei Rechtecke verhalten sich wie die Produkte aus zwei anstoßenden Seiten.

90. Proportionale Flächen.

Besitzen zwei Parallelogramme gleiche Winkel, so sind ihre Seiten proportional zu den nicht zu ihnen gehörigen Höhen (Lehrsatz XIX), und demnach sind die Rechtecke aus zwei anstoßenden Seiten der Parallelogramme proportional zu den Rechtecken aus einer Seite und der zu ihr gehörigen Höhe. Die letzteren sind aber gleich den Parallelogrammen, und daher besteht der

Satz 232. Zwei Parallelogramme mit einem gleichen Winkel verhalten sich wie die Rechtecke aus zwei anstoßenden Seiten.

Zwei Dreiecke mit einem gleichen Winkel können aber zu Parallelogrammen ergänzt werden, welche mit ihnen diese Winkel und ihre einschließenden Seiten gemein haben, und daher führt der Satz 232 zu der

Folgerung. Zwei Dreiecke mit einem gleichen Winkel verhalten sich wie die Rechtecke aus den Seiten, die diese Winkel einschließen.

Anmerkung. Diese Folgerung kann auch aus Folgerung 2, Lehrsatz XXIV abgeleitet werden, wenn man ein drittes Dreieck zu Hilfe nimmt, das mit den beiden Dreiecken denselben Winkel und mit jedem von ihnen eine der einschließenden Seiten gleich hat.

Sind zwei Rechtecke R_1 und R_2 mit den Seiten a_1 und b_1, bez. a_2 und b_2 einander ähnlich, so daß

$$a_1 : a_2 = b_1 : b_2, \text{ also } b_2 = \frac{a_2 b_1}{a_1},$$

so geht die Proportion $R_1 : R_2 = a_1 b_1 : a_2 b_2$ über in

$$R_1 : R_2 = a_1 b_1 : a_2 \cdot \frac{a_2 b_1}{a_1} \text{ oder } R_1 : R_2 = a_1{}^2 : a_2{}^2 \text{ und damit auch}$$

$$= b_1{}^2 : b_2{}^2, \text{ d. h.}$$

Satz 233. Ähnliche Rechtecke verhalten sich wie die Quadrate zweier entsprechenden Seiten.

Zwei ähnliche Parallelogramme können aber stets in zwei ähnliche Rechtecke umgewandelt werden (Lehrsatz XIX), und demnach ergiebt sich aus Satz 223:

Folgerung 1. Ähnliche Parallelogramme verhalten sich wie die Quadrate zweier entsprechenden Seiten oder Höhen.

Hieraus ergiebt sich weiter:

Folgerung 2. Ähnliche Dreiecke verhalten sich wie die Quadrate zweier entsprechenden Seiten oder Höhen oder entsprechenden Linien (Mittellinien, Winkelhalbierungslinien u. s. w.).

und ferner durch Anwendung des Satzes 163:

Folgerung 3. Ähnliche Vielecke verhalten sich wie die Quadrate zweier entsprechenden Seiten, Diagonalen oder entsprechend gezogenen Linien.

Zusatz 1. Regelmäßige Vielecke von derselben Seitenzahl verhalten sich wie die Quadrate der Halbmesser der ein- und umgeschriebenen Kreise.

Zusatz 2. Die Inhalte zweier Kreise verhalten sich wie die Quadrate ihrer Halbmesser.

Nach Zusatz 1. Der Kreis gilt als regelmäßiges Vieleck mit unbegrenztgroßer Seitenzahl.

91. Übungsbeispiele.

1. Wird über der Höhe h eines gleichseitigen Dreiecks ein gleichseitiges Dreieck gezeichnet, so verhalten sich die beiden Dreiecke wie die Quadrate zweier entsprechenden Seiten, also wie $a^2 : h^2$. Da aber $h^2 = \frac{3}{4} a^2$, also $a^2 : h^2 = 4 : 3$ ist, so folgt:

Satz 234. Zwei gleichseitige Dreiecke, von denen das zweite die Höhe des ersten zur Seite hat, stehen in dem Verhältnis $4 : 3$.

2. Stehen drei ähnliche Vielecke P, Q und R so auf den Seiten eines rechtwinkligen Dreiecks, daß die Dreiecksseiten sich entsprechen, so bestehen nach Folgerung 3, Satz 233 die Proportionen
$$P : Q = BC^2 : AB^2, \quad P : R = BC^2 : AC^2 \quad \text{und} \quad Q : R = AB^2 : AC^2.$$
Aus der letzten folgt aber nach Satz 160, 4:
$$(Q + R) : (AB^2 + AC^2) = Q : AB^2$$
und demnach mit Benutzung der ersten
$$P : BC^2 = (Q + R) : (AB_2 + AC^2)$$
$$\text{oder } P : (Q + R) = BC^2 : (AB^2 + AC^2).$$

Da aber $BC^2 = AB^2 + AC^2$, also $BC^2 : (AB^2 + AC^2) = 1$ ist, so folgt:

Satz 235. Stehen drei ähnliche Vielecke so auf den Seiten eines rechtwinkligen Dreiecks, daß die Dreiecksseiten sich entsprechen, so ist das Vieleck über der Hypotenuse gleich der Summe der Vielecke über den beiden Katheten.

3. Sind die drei ähnlichen Vielecke Halbkreise und steht der Halbkreis über der Hypotenuse BC nach innen, so begrenzt er mit den beiden anderen zwei mondförmige Figuren, und da der Halbkreis über BC gleich der Summe der Halbkreise über AB und AC ist (Satz 235), so müssen die nicht gemeinschaftlichen Stücke, d. h. das Dreieck ABC und die Summe der beiden Möndchen (Lunulae Hippocratis) einander gleich sein. Dies führt zu

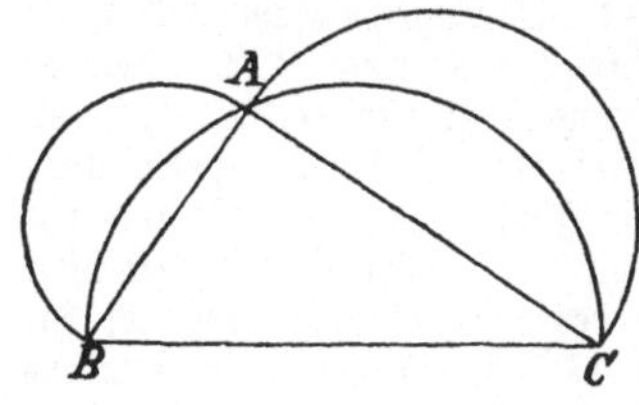

Satz 236. Die Halbkreise über den Katheten eines rechtwinkligen Dreiecks begrenzen mit dem Halbkreise über der Hypotenuse, der nach innen errichtet wird, zwei mondförmige Figuren, deren Summe gleich dem Dreieck ist.

4. Besitzen zwei Kreise denselben Mittelpunkt und wird eine Tangente an den kleineren gezogen, die in dem größeren die Sehne AB bildet,

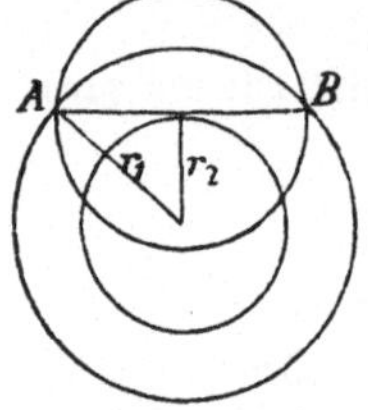

so bestehen für die Inhalte J_1 und J_2 der beiden Kreise und den Inhalt J des Kreises, der AB zum Durchmesser hat, die Proportionen (Zusatz 2, Satz 233):
$$J : (\tfrac{1}{2} AB)^2 = J_1 : r_1{}^2$$
$$J : (\tfrac{1}{2} AB)^2 = J_2 : r^2.$$
Aus
$$J_1 : J_2 = r_1{}^2 : r_2{}^2$$
folgt nun:
$$(J_1 - J_2) : (r_1{}^2 - r_2{}^2) = J_1 : r_1{}^2,$$
und somit ist $(J_1 - J_2) : (r_1{}^2 - r_2{}^2) = J : (\tfrac{1}{2} AB)^2$
oder $J : (J_1 - J_2) = (\tfrac{1}{2} AB)^2 : (r_1{}^2 - r_2{}^2).$

Da aber $(\tfrac{1}{2} AB)^2 = r_1{}^2 - r_2{}^2$ ist, so folgt: $J = J_1 - J_2$, d. h.

Satz 237. Der von zwei Kreisen mit demselben Mittelpunkte gebildete Kreisring ist gleich dem Kreise, der die Sehne zum Durchmesser hat, die durch den größeren Kreis auf einer an den kleineren Kreis gelegten Tangente begrenzt wird.

Anmerkung. Aus diesem Satze läßt sich eine einfache Lösung herleiten für die Aufgabe: Einen Kreis zu zeichnen, der gleich der Differenz zweier gegebener Kreise ist.

92. Aufgaben.

a) Verwandlungsaufgaben.

Wiederhole die Aufgaben 105ª, 106, 107 u. 108 und verwende zur Lösung die Herstellung der vierten, bez. dritten oder mittleren Proportionalen.

Aufgabe 145. Ein Dreieck mit Beibehaltung eines Winkels zu verwandeln in

1. ein gleichschenkliges, in welchem der Winkel an der Spitze liegt;
2. ein gleichschenkliges, in welchem der Winkel an der Grundlinie liegt;
3. in ein Dreieck, in welchem ein zweiter Winkel gleich φ ist;
4. in ein Dreieck, in welchem die einschließenden Seiten ein gegebenes Verhältnis haben.

Auflösung. Die erste Forderung (verwandeln!) verlangt die Gleichheit der Dreiecke AXY und ABC. Da die Dreiecke aber das Stück ABY gemeinsam haben, so müssen die Reststücke BYX und BYC einander gleich sein, und daraus folgt, daß $CX \parallel BY$, also $AB : AX = AY : AC$ sein muß. Die zweite Forderung bestimmt die Gestalt des Dreiecks und damit die Richtung von XY. Stellt man aber diese Richtung bei einem bekannten Punkte, etwa B, dadurch her, daß man $BD \parallel XY$ zieht, so kann zunächst der Punkt D als bekannt gelten und dann die zweite Forderung die Form annehmen: $AB : AX$

$= AD : AY$. Beide Forderungen vereint liefern daher für den Punkt Y auf AC die Bestimmungsgleichung $AD : AY = AY : AC$, welche zur Herstellung des Punktes Y anleitet. (Aufg. 135.) Ist aber Y gefunden, so schneidet die durch Y zu BD gezogene Parallele AB in dem gesuchten Punkte X.

Aufgabe 146. Ein gegebenes Dreieck in ein gleichseitiges zu verwandeln.

Auflösung. Durch Verwandlung des Dreiecks in ein anderes, dessen Winkel bei A 60⁰ beträgt, wird die Aufgabe auf die vorhergehende (1. oder 2.) zurückgeführt.

Aufgabe 147. Ein gegebenes Dreieck mit Beibehaltung eines Winkels und einer anliegenden Seite in ein Trapez zu verwandeln, in welchem die Seite eine der Grundlinien ist und der zweite an ihr liegende Winkel eine gegebene Größe hat.

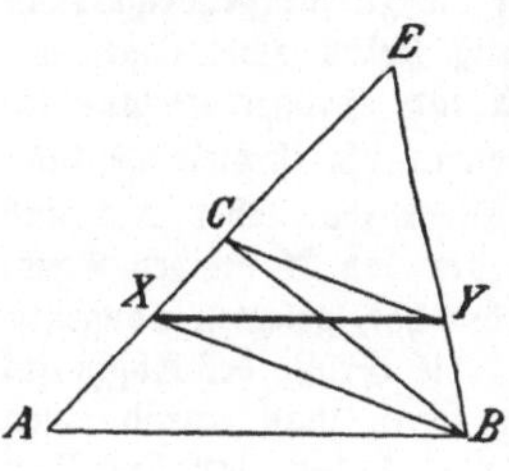

Auflösung. Die verlangte Gleichheit der Figuren liefert die Bestimmung $BX \parallel CY$, oder wenn E der Schnittpunkt der Seite AC mit dem zweiten Schenkel des in B angelegten Winkels φ ist, $EC : EX = EY : EB$. Die zweite Forderung (Trapez!) $XY \parallel AB$ führt zu der Proportion $EY : EB = EX : EA$, und folglich im Verein mit der ersten zu der Bestimmungsgleichung $EC : EX = EX : EA$.

Aufgabe 148. Ein gegebenes Viereck mit Beibehaltung einer Seite und der beiden anliegenden Winkel in ein Trapez zu verwandeln.

Auflösung. Bleiben AB, $\sphericalangle A$ und $\sphericalangle B$ unverändert, so liefert die erste Bestimmung $CX \parallel DY$, oder wenn E der Schnittpunkt der Seiten AD und BC ist, $EC : EY = EX : ED$. Die Seite

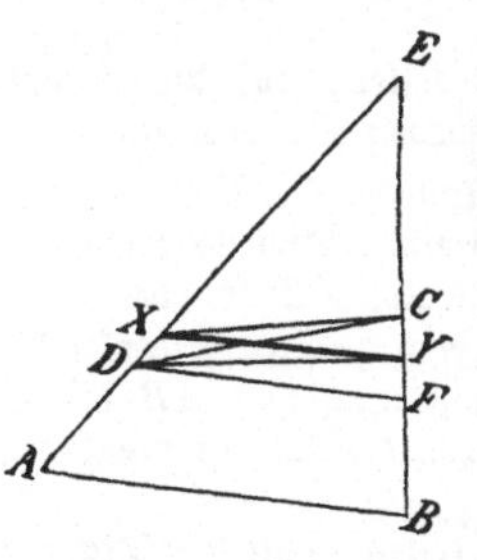

XY soll ferner parallel zu AB sein, also auch (um das Verhältnis $EX : ED$ noch einmal herzustellen) zu der Parallelen, welche durch D zu AB gezogen werden kann. Trifft dieselbe BC in F, so führt die zweite Forderung zu der Proportion $EX : ED = EY : EF$ und in Verbindung mit der ersten zu der Bestimmungsgleichung $EC : EY = EY : EF$, deren Ausführung den Punkt Y liefert.

Aufgabe 149. Ein Parallelogramm in ein anderes zu verwandeln, das einem gegebenen Parallelogramm ähnlich ist.

Auflösung. Von den drei Bestimmungen der Aufgabe ist diejenige, die sich auf die Winkel bezieht, leicht durchführbar, und die beiden anderen (Inhaltsgleichheit und Proportionalität der Seiten) leiten auf die Aufgabe 145, 4. zurück.

Aufgabe 150. Ein gegebenes Vieleck in ein anderes zu verwandeln, das einem zweiten gegebenen Vieleck ähnlich ist.

Auflösung. Es sei P das erste Vieleck und P' das zweite. Da die Winkel des letzteren und die Verhältnisse entsprechender Seiten bei dem ersten hergeſtellt werden ſollen, ſo iſt die Verwandlung durch Anlegen bekannter Winkel und Zeichnung von vierten Proportionalen zu drei gegebenen Strecken durchführbar, ſobald man die Größe x der Seite kennt, die dem erſten Vieleck angehört und der Seite a des zweiten entſpricht. Für dieſe Seite x beſteht aber die Beſtimmung $P : P' = x^2 : a^2$ (Folgerung 3, Satz 233), und da man P und P' in Quadrate verwandeln kann, deren Seiten p und p' als bekannt gelten dürfen, ſo geht dieſelbe über in $p^2 : p'^2 = x^2 : a^2$, welche x als vierte Proportionale zu den Strecken p', p und a darſtellt.

b) Teilung von Strecken.

Aufgabe 151. Eine gegebene Strecke ſo zu teilen, daß das Rechteck aus den Abſchnitten gleich einem gegebenen Quadrat iſt.

Auflöſung. Die Beſtimmung für den Teilpunkt X, $XA . XB = l^2$ oder $XA : l = l : XB$, erinnert bei der inneren Teilung an die Folgerung 2, Satz 197, nach welcher AB die Hypotenuſe und l die zu ihr gehörige Höhe eines rechtwinkl. Dreiecks ſein muß. Die Zeichnung liefert zwei Lagen des Punktes X, bei denen die Strecken AX und BX ihre Größen vertauſchen. Bei der äußeren Teilung, die für $l > \frac{1}{2} . AB$ eintreten muß, iſt dieſe Deutung der Gleichung $XA : l = l : XB$ nicht zuläſſig. Sieht man aber XA und XB als Sekantenabſchnitte an, ſo iſt l die Länge der von X an den Kreis,

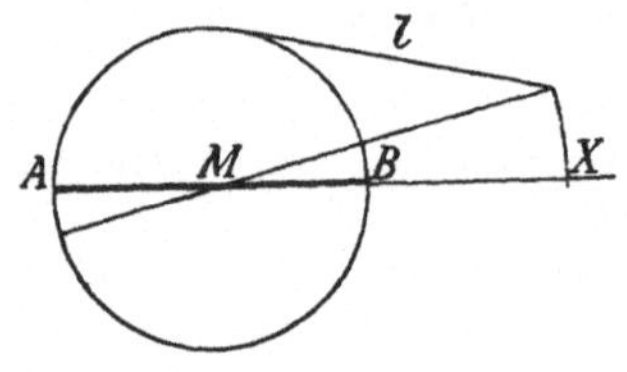

der AB als Sehne hat, gelegten Tangente. Man kann daher die Größe des Abſchnitts BX beſtimmen, wenn man irgend einen Kreis durch A und B legt, an denſelben eine Tangente von der Länge l zieht und durch ihren Endpunkt eine Sekante zeichnet, deren zugehörige Sehne gleich AB iſt. Die Zeichnung wird am einfachſten, wenn AB zum Durchmeſſer genommen wird.

Aufgabe 152. Eine gegebene Strecke ſo zu teilen, daß die Summe der Quadrate der beiden Abſchnitte gleich einem gegebenen Quadrat iſt.

Auflöſung. Die Beſtimmung für den Teilpunkt X, $XA^2 + XB^2 = l^2$, läßt AX und BX als Katheten eines rechtwinkl. Dreiecks erſcheinen, deſſen Hypotenuſe gleich l iſt. Wird daher in X das Lot XZ von der Länge BX errichtet, ſo liegt Z auf dem Kreiſe A, l und dem zweiten Schenkel des in B an BA bei der inneren und an die Verlängerung von AB bei der äußeren Teilung angelegten Winkels 45^0. (Das Dreieck ZXB iſt rechtwinkl. und gleichſchenkl.)

Aufgabe 153. Eine gegebene Strecke ſo zu teilen, daß die Differenz aus den Quadraten der beiden Abſchnitte gleich einem gegebenen Quadrat iſt.

Auflöſung. Die Beſtimmung für den Teilpunkt X, $XA^2 - XB^2 = l^2$, weiſt zwar wieder auf den Pythagoreiſchen Lehrſatz hin, allein die weitere Verfolgung dieſes Gedankens führt nicht zum Ziele. Da aber $XA^2 - XB^2 = (XA + XB)(XA - XB)$ und bei der inneren Teilung $XA + XB = AB$, bei der äußeren dagegen $XA - XB = AB$ iſt, ſo führt die Beſtimmung für X zu der Gleichung $AB . (XA \mp XB) = l^2$ oder $AB : l = l : (XA \mp AB)$, nach welcher $XA \mp XB$ gezeichnet werden kann. Kennt man aber dieſe Strecke, so ergiebt sich X durch Herstellung des arithmetischen Mittels aus derselben und der gegebenen Strecke AB.

Aufgabe 154. Eine gegebene Strecke so zu teilen, daß das Quadrat des einen Abschnitts doppelt so groß ist wie das Quadrat des anderen.

Auflösung. Die Bestimmung für den Teilpunkt X, $XA^2 = 2 . XB^2$ oder $XA^2 = XB^2 + XB^2$, läßt XA als Hypotenuse eines rechtwinkl. gleichschenkl. Dreiecks erscheinen, dessen Katheten gleich XB sind. Wird dies Dreieck

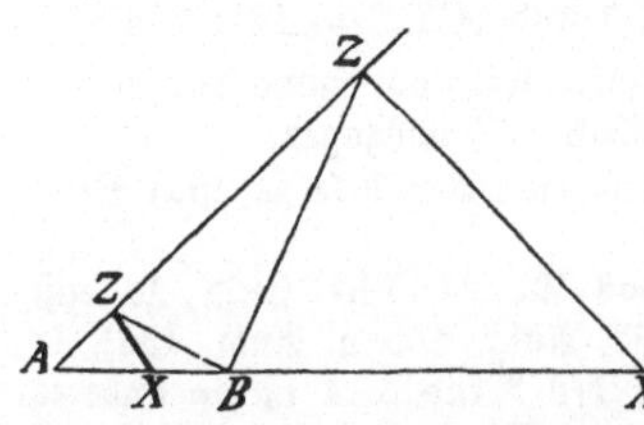

gezeichnet, indem man in A an AX und in X an XA den Winkel 45^0 anlegt, und wird seine dritte Ecke Z mit B verbunden, so erweist sich BZ als Grundlinie eines gleichschenkl. Dreiecks BXZ, dessen Winkel an der Spitze gleich 135^0 bei der inneren und gleich 45^0 bei der äußeren Teilung, dessen Winkel an der Grundlinie also gleich $22\frac{1}{2}^0$, bez. gleich $67\frac{1}{2}^0$ ist. Z liegt daher

auf dem zweiten Schenkel des in A an AB angelegten Winkels 45^0 und auf dem zweiten Schenkel des in B an BA angelegten Winkels $22\frac{1}{2}^0$, bez. $112\frac{1}{2}^0$.

c) Teilung von Flächen.

Aufgabe 155. Ein gegebenes Dreieck durch eine Ecklinie nach einem gegebenen Verhältnis zu teilen.

Nach Folgerung 2, Lehrs. XXIV.

Aufgabe 156. Ein gegebenes Dreieck von einem auf einer Seite gegebenen Punkte aus nach einem gegebenen Verhältnis zu teilen.

Auflösung. Liegt P auf AB und teilt die Ecklinie CD das Dreieck nach dem gegebenen Verhältnis (Aufgabe 155), so hat man das Dreieck ADC mit Beibehaltung des Winkels A so zu verwandeln, daß P eine seiner Ecken wird. (Aufgabe 106.)

Aufgabe 157. Ein gegebenes Dreieck durch eine Parallele zu einer gegebenen Geraden nach einem gegebenen Verhältnis zu teilen.

Auflösung. Teilt die Ecklinie CD das Dreieck ABC nach dem ge-

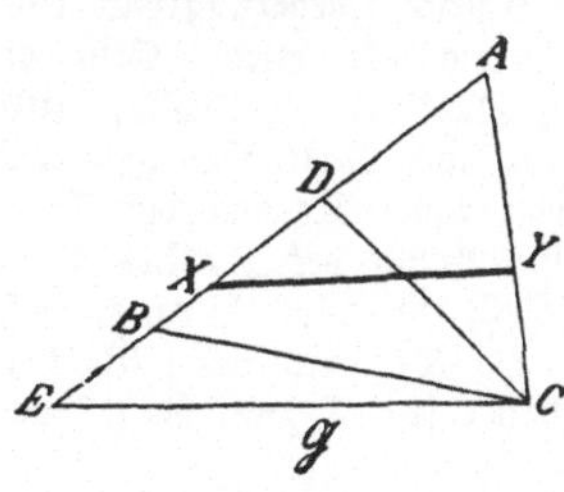

gebenen Verhältnis (Aufgabe 155), so hat man das Dreieck ADC mit Beibehaltung des Winkels A so zu verwandeln, daß seine dritte Seite parallel zu der gegebenen Geraden G, daß also der zweite an AX liegende Winkel gleich dem Winkel zwischen G und AB wird. Zieht man daher durch die (bekannte) Ecke C die Parallele CE zu G, so erhält man für X (s. Aufgabe 145, 3) die Bestimmungsgleichung $AD : AX = AX : AE$.

Aufgabe 158. Ein gegebenes Dreieck durch Parallelen zu einer Seite in drei gleiche Teile zu teilen.

Auflösung. Sind X_1 und X_2 die auf AB liegenden Punkte der gesuchten Parallelen, so daß

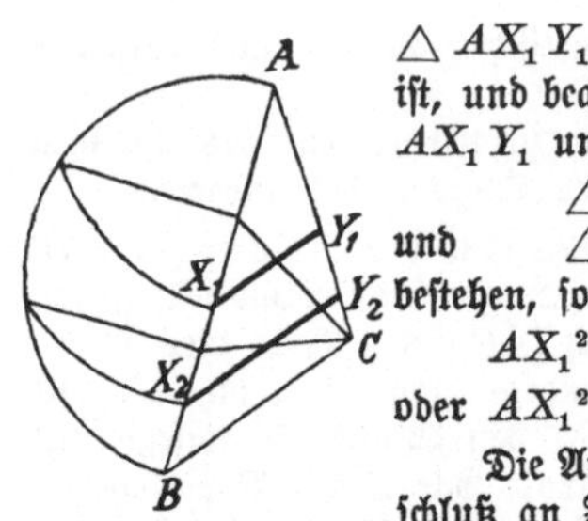

$$\triangle AX_1Y_1 = \tfrac{1}{3}\,\triangle ABC \quad \text{und} \quad \triangle AX_2Y_2 = \tfrac{2}{3}\,\triangle ABC$$

ist, und beachtet man, daß (Parallelen!) die Dreiecke ABC, AX_1Y_1 und AX_2Y_2 ähnlich sind, also die Proportionen

$$\triangle AX_1Y_1 : \triangle ABC = AX_1{}^2 : AB^2$$

und

$$\triangle AX_2Y_2 : \triangle ABC = AX_2{}^2 : AB^2$$

bestehen, so gehen die beiden Bestimmungen über in

$$AX_1{}^2 = \tfrac{1}{3}\,AB^2 \quad \text{und} \quad AX_2{}^2 = \tfrac{2}{3}\,AB^2$$

oder $AX_1{}^2 = AB \cdot \tfrac{1}{3}\,AB$ und $AX_2{}^2 = AB \cdot \tfrac{2}{3}\,AB$.

Die Ausführung derselben wird am einfachsten im Anschluß an Folgerung 1, Satz 197 vollzogen.

Aufgabe 159. Ein gegebenes Dreieck durch eine Parallele zu einer Seite stetig zu teilen.

Auflösung. Teilt die Ecklinie CD das Dreieck ABC stetig, so daß $\triangle ABC : \triangle ACD = \triangle ACD : \triangle BCD$ ist (Aufg. 155 u. Aufg. 136), so hat man das Dreieck ACD mit Beibehaltung des Winkels A in ein anderes zu verwandeln, dessen dritte Seite parallel zu BC ist, und erhält daher (s. Aufg. 145, 3) für X die Bestimmungsgleichung $AD : AX = AX : AB$.

Aufgabe 160. Ein gegebenes Trapez nach einem gegebenen Verhältnis so zu teilen, daß die Teilungslinie

1. durch eine bestimmte Ecke geht; (Satz 139 und Aufg. 155)´;
2. senkrecht auf den Grundlinien steht;
3. parallel zu einem Schenkel ist;
4. parallel zu einer Diagonale ist; (Aufg. 145, 3);
5. parallel zu den Grundlinien ist; (Aufg. 106 und Aufg. 147).

Aufgabe 161. Innerhalb eines Dreiecks einen Punkt zu bestimmen, dessen Verbindungslinien mit drei auf den Seiten gegebenen Punkten das Dreieck in drei gleiche Teile teilen.

Auflösung. Ist X der gesuchte Punkt und teilen die Ecklinien AG und AH das Dreieck in drei gleiche Teile, so soll zunächst $XFBD = \triangle ABG$

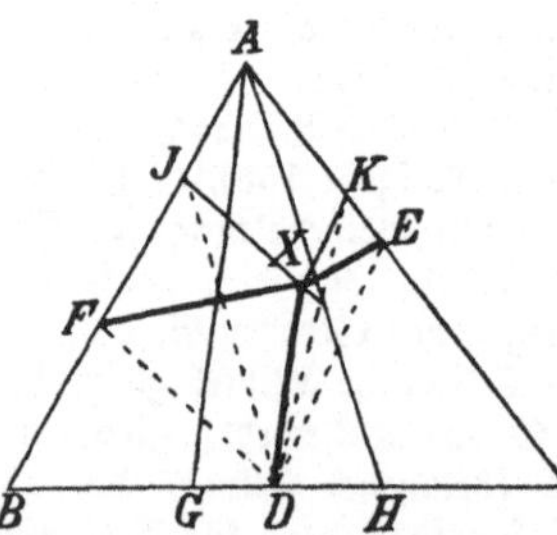

sein. Daraus kann nur dann eine Bestimmung für die Lage von X abgeleitet werden, wenn das Dreieck ABG mit Benutzung des Punktes D (zweite Forderung!) in das Dreieck BDJ verwandelt wird. Geschieht dies, so ist $\triangle DFJ = \triangle DFX$, also $JX \parallel DF$. Ferner soll $XDCE = \triangle AHC$ sein. Verwandelt man aber auch das Dreieck AHC mit Benutzung des Punktes D in das Dreieck CDK, so folgt hieraus, daß $\triangle DEX = \triangle DEK$, also $KX \parallel DE$ sein

muß. Die Bestimmungen der Aufgabe liefern daher für X zwei herstellbare geometr. Örter.

Aufgabe 162. Innerhalb eines Trapezes einen Punkt zu bestimmen, dessen Verbindungslinien mit den Ecken das Trapez in 4 Dreiecke zerlegen, von denen je zwei gegenüberliegende gleich sind.

Auflösung. Beginnt man, um die Eigenschaft des Trapezes zu benutzen, mit der Forderung $\triangle XAB = \triangle XCD$ und zieht mit dem Lote

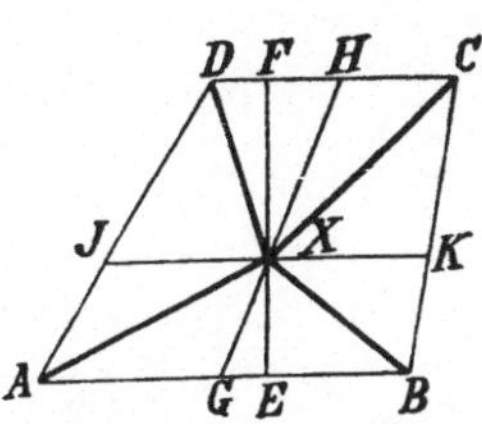

EXF die Höhen der beiden Dreiecke, so folgt aus dieser Forderung:

$$AB . XE = CD . XF$$

oder $\qquad AB : CD = XF : XE.$

Nun ist $XE + XF = EF$. Bildet man daher die Proportion $(AB + CD):(XE + XF) = AB : XF$, so erweist sich XF als vierte Proportionale zu $(AB + CD)$, EF und AB. Die durch X zu AB gehende Parallele JK ist daher durch die erste Forderung bestimmt. JK teilt aber AD und BC so, daß $AJ : JD = BK : KC$ ist. Vereinigt man daher die zweite Forderung, $\triangle XAD = \triangle XBC$, mit der ersten, so zeigt sich, daß (Folgerung 2, Lehrs. XXIV) das Dreieck XAJ gleich dem Dreieck XBK, also nach Addition der beiden gleichen Dreiecke XGA und XGB ($AG = BG$!) das Trapez $AGXJ$ gleich dem Trapez $BGXK$ sein muß. Hierzu ist bei der vorhandenen Gleichheit der Höhen erforderlich, daß $AG + JX = BG + XK$ und somit $JX = XK$ ist (Satz 139). Nun wird aber die Parallele JK durch die Verbindungslinie GH der Grundlinienmitten halbiert, und demnach muß X auf GH liegen. Damit sind für X zwei geometr. Örter bestimmt.

———

VII. Abschnitt.

Kreisberechnung.

93. Berechnung eines Kreisbogens.

Da die Maßzahlen für einen Mittelpunktswinkel und den zu ihm gehörigen Kreisbogen dieselben sind, so ist der zu dem Mittelpunktswinkel φ^0 gehörige Bogen gleich φ Bogengrad. Der Bogengrad ist aber der 360. Teil des Kreises, auf dem er liegt; wird daher die (vorläufig noch unbekannte) Länge eines Kreises mit k und der zum Mittelpunktswinkel φ^0 gehörige Bogen mit $arc \, . \, \varphi$ (arcus = Bogen!) bezeichnet, so folgt hieraus für zwei Kreise mit den Längen k und k'

$$arc \, . \, \varphi = \frac{k}{360} \, \varphi \quad \text{und} \quad arc' \, . \, \varphi = \frac{k'}{360} \, \varphi,$$

und somit verhalten sich die beiden Bogen wie k zu k'.

Da aber $k : k' = r : r'$ ist, so ergiebt sich:

Satz 238. Die zu gleichen Mittelpunktswinkeln zweier Kreise gehörigen Bogen verhalten sich wie die Halbmesser der beiden Kreise.

Wird nun die Größe des Kreises, der die Längeneinheit zum Halbmesser hat, durch die Zahl 2π bezeichnet, so folgt aus $k : k' = r : r'$ die Proportion $k : 2\pi = r : 1$; es ist daher

$$k = 2\pi r$$

und

$$arc \, \varphi = \frac{2\pi r}{360} \, . \, \varphi = \pi r \, . \, \frac{\varphi}{180}.$$

Die Größe eines Kreisbogens, der zu dem Mittelpunktswirkel φ gehört, ist also berechenbar, sobald man die Zahl π kennt.

94. Berechnung eines Kreisausschnitts und Kreisabschnitts.

Erklärung. Zwei Radien teilen die Kreisfläche in zwei Abschnitte, welche Kreisausschnitte (Sektoren) genannt werden, und eine Sehne zerlegt die Kreisfläche in zwei Teile, welche Kreisabschnitte (Segmente) heißen.

Zusatz 1. Zu jedem Mittelpunktswinkel gehört nur ein Kreisausschnitt und nur ein Kreisabschnitt.

Zusatz 2. Zu jedem Kreisausschnitt oder Kreisabschnitt gehört nur ein Mittelpunktswinkel.

Zusatz 3. Zu jedem Kreisausschnitt gehört nur ein Kreisabschnitt, und umgekehrt.

Zusatz 4. Die Differenz aus einem Kreisausschnitt und dem zugehörigen Kreisabschnitt ist das gleichschenkl. Dreieck, das von der zugehörigen Sehne und den Begrenzungsradien gebildet wird.

Die Kreisausschnitte eines Kreises, die je einem Bogengrad entsprechen, sind unter einander kongruent, also gleichgroß und gleich dem 360. Teile der Kreisfläche. Wird daher die letztere mit K bezeichnet, so ergiebt sich hieraus für den zu dem Mittelpunktswinkel φ^0 gehörigen Kreisausschnitt $S\varphi$:

$$S\varphi = \frac{K}{360} \cdot \varphi = K \cdot \frac{\varphi}{360},$$

und bei einem zweiten Kreise mit der Fläche K':

$$S'\varphi = K' \cdot \frac{\varphi}{360},$$

so daß $S\varphi : S'\varphi = K : K'$ ist. Da aber $K : K' = r^2 = r'^2$, so folgt:

Satz 239. Die zu gleichen Mittelpunktswinkeln zweier Kreise gehörigen Kreisausschnitte verhalten sich wie die Quadrate der Halbmesser der beiden Kreise.

Zusatz. Der Satz 239 gilt auch für Kreisabschnitte.

Nun ist der Inhalt K einer Kreisfläche gleich dem halben Produkte aus ihrem Umfang und dem Halbmesser (Satz 141) und somit

$$K = \frac{1}{2} \, kr = \pi r^2;$$

es ist daher $$S\varphi = \pi r^2 \cdot \frac{\varphi}{360}.$$

Die Größe des zugehörigen Kreisabschnitts ist berechenbar, wenn der Inhalt des zugehörigen gleichschenkl. Dreiecks berechnet werden kann. Ist der letztere gleich J, so ist der Kreisabschnitt gleich $S\varphi - J$.

95. Berechnung von Sehnen eines Kreises mit dem Halbmesser 1.

a) Seiten der ein- und umgeschriebenen regelmäßigen Vielecke.

Aus der Ähnlichkeit der beiden zu gleichen Mittelpunktswinkeln zweier Kreise gehörigen gleichschenkl. Dreiecke folgt

Satz 240. Die zu gleichen Mittelpunktswinkeln zweier Kreise gehörigen Sehnen verhalten sich wie die beiden Halbmesser.

Die Länge einer Sehne kann also berechnet werden, sobald man die Größe der Sehne kennt, die ihr in dem Kreise mit dem Halbmesser 1 entspricht.

Wird zu einer Sehne AB der Abstand ϱ vom Mittelpunkte ge=
zeichnet und durch den Schnittpunkt C des Lotes mit dem Kreise die Tangente
gezogen, welche von den Begrenzungs=
radien in D und E getroffen wird, so
entstehen zwei ähnliche Dreiecke MAB
und MDE. Daraus folgt für das Ver=
hältnis des Tangentenabschnitts b (DE)
zu der Sehne a (AB):

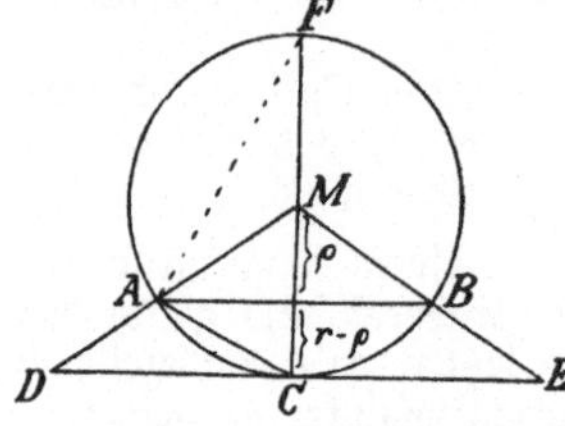

$$b : a = r : \varrho,$$

$$\text{also } b = a \cdot \frac{r}{\varrho}.$$

Nun ist aber $\varrho = \sqrt{r^2 - \tfrac{1}{4} a^2}$, und demnach ergiebt sich $b = \dfrac{a \cdot r}{\sqrt{r^2 - \tfrac{1}{4} a^2}}$.

Zieht man ferner AC und beachtet, daß nach Folgerung 3, Satz
197 die Sehne AC die mittlere Proportionale zu dem Durchmesser CF
und ihrer Projektion $r - \varrho$ auf denselben ist, so erhält man für AC (a'):

$$a' = \sqrt{2r (r - \varrho)} = \sqrt{2r \left(r - \sqrt{r^2 - \tfrac{1}{4} a^2}\right)}.$$

Liegt die Sehne AB in einem Kreise mit dem Halbmesser 1 und
werden zur schärferen Unterscheidung a mit a_n, b mit b_n und dann a'
mit a_{2n} bezeichnet, so ergeben sich die Formeln:

$$1. \quad b_n = \frac{a_n}{\sqrt{1 - \tfrac{1}{4} a_n{}^2}},$$

$$2. \quad a_{2n} = \sqrt{2 \left(1 - \sqrt{1 - \tfrac{1}{4} a_n{}^2}\right)}.$$

Diese ermöglichen die Berechnung der Seiten des regel=
mäßigen umgeschriebenen n=Ecks und eingeschriebenen
$2n$=Ecks, sobald die Seite des regelmäßigen eingeschriebenen
n=Ecks bekannt ist.

**b) Die Seiten der regelmäßigen n-Ecke, wo $n = 2^\alpha$ und α eine ganze
Zahl und $\alpha \geq 2$ ist.**

1. In einem regelmäßigen eingeschriebenen 4=Eck (Quadrat) bildet
ϱ_4 mit dem Radius und der Seitenhälfte ein gleichschenkl. rechtwinkl.
Dreieck, und daher ist

$$1^2 \; (r^2) = \varrho_4{}^2 + \left(\frac{a_4}{2}\right)^2 = 2 \cdot \left(\frac{a_4}{2}\right)^2 = \frac{a_4{}^2}{2} \quad \text{und somit } a_4 = \sqrt{2}. \quad \text{Die}$$

Formeln 1 und 2 liefern dann $b_4 = 2$ und $a_8 = \sqrt{2 - \sqrt{2}}$.

2. Für das regelmäßige 8=Eck ergeben sich die Werte:

$$a_8 = \sqrt{2 - \sqrt{2}}, \quad b_8 = 2 \left(\sqrt{2} - 1\right), \quad a_{16} = \sqrt{2 - \sqrt{2 + \sqrt{2}}}.$$

3. Für das regelmäßige 16=Eck folgt weiter:

$$a_{16} = \sqrt{2 - \sqrt{2 + \sqrt{2}}}, \quad b_{16} = 2 \left(\sqrt{4 + 2\sqrt{2}} - \sqrt{2} - 1\right),$$

$$a_{32} = \sqrt{2 - \sqrt{2 + \sqrt{2 + \sqrt{2}}}}.$$

c) Die n-Ecke, wo $n = 2^\alpha \cdot 3$ und α gleich 0 oder eine ganze Zahl ist.

1. Bei einem regelmäßigen Dreieck ist die Höhe h gleich $\sqrt{a_3{}^2 - \tfrac{1}{4} a_3{}^2}$ oder $\frac{a_3}{2} \sqrt{3}$, und da $h = r + \varrho_3 = 1 + \varrho_3$ und ϱ_3, der untere Abschnitt der Mittellinie, die hier mit der Höhe zusammenfällt, gleich $\tfrac{1}{2} r$, also gleich $\tfrac{1}{2}$ ist, so folgt $\frac{3}{2} = \frac{a_3}{2} \cdot \sqrt{3}$ und somit $\mathbf{a}_3 = \sqrt{3}$. Die Formeln 1 und 2 liefern nun $\mathbf{b}_3 = 2 \sqrt{3}$ und $\mathbf{a}_6 = 1$.

Anmerkung. Diese Größe für a_6 ergiebt sich auch daraus, daß der zu a_6 gehörige Mittelpunktswinkel 60° beträgt.

2. Für die regelmäßigen 6-Ecke ergiebt sich demnach:
$$\mathbf{a}_6 = 1, \quad \mathbf{b}_6 = \tfrac{2}{3} \sqrt{3}, \quad \mathbf{a}_{12} = \sqrt{2 - \sqrt{3}}.$$

3. Für die regelmäßigen 12-Ecke folgt weiter:
$$\mathbf{a}_{12} = \sqrt{2 - \sqrt{3}}, \quad \mathbf{b}_{12} = 2(2 - \sqrt{3}), \quad \mathbf{a}_{24} = \sqrt{2 - \sqrt{2 + \sqrt{3}}}.$$

d) Die Seiten der regelmäßigen 10-Ecke und 5-Ecke.

1. Die Seite a_{10} ist nach Satz 213 der größere Abschnitt des stetig geteilten Halbmessers, und demnach besteht die Gleichung
$$1 : a_{10} = a_{10} : 1 - a_{10},$$
aus der sich
$$a_{10} = \tfrac{1}{2}(-1 + \sqrt{5})$$
ergiebt. Die Formeln 1 und 2 liefern dann
$$\mathbf{b}_{10} = \tfrac{2}{5} \sqrt{25 - 10\sqrt{5}}, \quad \mathbf{a}_{20} = \tfrac{1}{2} \sqrt{8 - 2\sqrt{10 + 2\sqrt{5}}}.$$

2. Aus der nach Formel 2 bestehenden Gleichung
$$a_{10} = \sqrt{2\left(1 - \sqrt{1 - \tfrac{1}{4} a_5{}^2}\right)}$$
folgt zunächst:
$$a_5 = \sqrt{4 a_{10}{}^2 - a_{10}{}^4}.$$
Ersetzt man aber a_{10} durch $\tfrac{1}{2}(-1 + \sqrt{5})$, so ergiebt sich:
$$\mathbf{a}_5 = \tfrac{1}{2} \sqrt{10 - 2\sqrt{5}}$$
und die Formel 1 liefert dann $\mathbf{b}_5 = 2\sqrt{5 - 2\sqrt{5}}$.

Anmerkung 1. Ist der Halbmesser nicht 1, sondern r, so sind alle diese Ausdrücke mit r zu multiplicieren. (Satz 240.)

Anmerkung 2. Die Berechnung der Seiten für das 15-Eck (Ptolemäischer Satz!), 30-Eck u. s. w. liefert Ausdrücke, die sich wenig für eine Ausrechnung eignen. Man wendet deshalb besser wiederholt die Formeln 1 und 2 an und benutzt die Logarithmentafel schon zur Bestimmung von a_{15}.

Anmerkung 3. Da auch die Ausdrücke für a_8, b_8, a_{16} u. s. w., a_{12}, b_{12}, a_{24} u. s. w. sich wenig zu einer logarithmischen Ausführung eignen, so empfiehlt es sich, das folgende Verfahren einzuschlagen: Aus der bekannten Seite a_n berechnet man $\varrho_n = \sqrt{1 - \tfrac{1}{4} a_n{}^2} = \sqrt{\left(1 + \frac{a_n}{2}\right)\left(1 - \frac{a_n}{2}\right)}$ und benutzt den Wert von ϱn, um $b_n = \dfrac{a_n}{\varrho^n}$ und $a_{2n} = \sqrt{2\,(1 - \varrho n)}$ auf logarithmischem Wege zu bestimmen. Alsdann berechnet man $\varrho_{2n} =$ $\sqrt{\left(1 + \dfrac{a_{2n}}{2}\right)\left(1 - \dfrac{a_{2n}}{2}\right)}$ und mit Benutzung der hieraus sich ergebenden Zahl die Werte von b_{2n} und a_{4n}, u. s. w.

96. Berechnung der Zahl π.

Nach Satz 121 liegt der Wert der Zahl 2π (die Größe des Kreises mit dem Halbmesser 1) stets zwischen den Seitensummen eines ein- und umgeschriebenen regelmäßigen Vielecks und weicht von beiden nach Satz 119 und Satz 120 um so weniger ab, je größer die Anzahl ihrer Ecken wird. Geht man daher von einer bekannten Seite eines regelmäßigen eingeschriebenen Vielecks aus, berechnet die Seite des umgeschriebenen Vielecks mit derselben Seitenzahl und bildet bei beiden Vielecken die Seitensummen u_n und U_n, so liegt zunächst 2π zwischen u_n und U_n. Wird dann a_{2n} und hieraus b_{2n} berechnet und werden wieder die Seitensummen u_{2n}, bez. U_{2n} gebildet, so liegt 2π auch zwischen diesen Summen, aber näher bei u_{2n} und U_{2n} als bei u_n und U_n. Je größer daher durch fortgesetzte Verdoppelung der Seitenzahl die Anzahl der Ecken wird, um so weniger wird sich 2π von jeder der beiden Seitensummen unterscheiden. Der Wert der irrationalen Zahl π kann demnach mit einem beliebigen Grade von Genauigkeit berechnet werden.

Geht man von $a_6 = 1$ aus, so erhält man die folgenden Werte:

Für $n =$	wird $\tfrac{1}{2}\,u_n =$	und $\tfrac{1}{2}\,U_n =$
6	3	3,464 1016
12	3,105 8285	3,215 3903
24	3,132 6286	3,159 6599
48	3,139 3502	3,146 0862
96	3,141 0320	3,142 7146
192	3,141 4525	3,141 8731
384	3,141 5576	3,141 6628
768	3,141 5839	3,141 6102
1536	3,141 5909	3,141 5970

Somit ist nahezu $\pi = \mathbf{3{,}14159}$. Noch genauer ist der Wert $\pi = 3{,}141\,592\,65$, den $\dfrac{u}{2}$ und $\dfrac{U}{2}$ erreichen, wenn $n = 98\,304^*)$ wird. Für weniger genaue Rechnungen genügen die Werte $\pi = \dfrac{\mathbf{22}}{\mathbf{7}}$ oder $\pi = \dfrac{\mathbf{355}}{\mathbf{113}}$.

Anmerkung. Nach Ludolph van Ceulen, der π auf 32 Stellen genau berechnet hat, wird π die Ludolphsche Zahl genannt. Sie wurde zuerst von Archimedes genauer bestimmt. Mit den Hilfsmitteln der höheren Mathematik läßt sich auf weit kürzerem Wege eine Genauigkeit von mehreren hundert Stellen erzielen.

---

*) Nach Heis, Planimetrie. 5. Aufl., S. 173.

Anhang I.

Zusammenstellung der Winke.

Wink 1. Um zu beweisen, daß eine Gerade senkrecht auf einer anderen steht, muß man zeigen, daß sie mit derselben rechte Winkel bildet, d. h. daß sie mit ihr gleiche Nebenwinkel herstellt.

Wink 2. Um zu beweisen, daß zwei Geraden parallel sind, muß man zeigen, daß sie mit einer dritten Geraden gleiche Gl. W. oder gleiche W. W. oder supplementare Erg. W. bilden.

Wink 3. Um zu beweisen, daß zwei Winkel $\left\{\begin{array}{l}\text{gleich}\\\text{supplementar}\end{array}\right\}$ sind, kann man zu zeigen suchen, daß sie als $\left\{\begin{array}{l}\text{Gl. W. oder W. W.}\\\text{Erg. W.}\end{array}\right\}$ an parallelen Geraden liegen.

Wink 4. Um zu beweisen, daß ein Winkel α größer ist als ein zweiter Winkel β, kann man zu zeigen suchen, daß α oder ein ihm gleicher Winkel Außenwinkel eines Dreiecks ist, in welchem ihm β gegenüber liegt.

Wink 5. Um die Gleichheit zweier Winkel zu beweisen, kann man zu zeigen suchen, daß sie zwei Dreiecken angehören, in denen die Summen aus den beiden anderen Winkeln gleichgroß sind.

Wink 6. Um die Gleichheit zweier Winkel zu beweisen, kann man zu zeigen suchen, daß sie in kongruenten Dreiecken gleichen Seiten gegenüber liegen.

Wink 7. Um die Gleichheit zweier Seiten zu beweisen, kann man zu zeigen suchen, daß sie in kongruenten Dreiecken gleichen Winkeln gegenüber liegen.

Wink 8. Um zu beweisen, daß $\left\{\begin{array}{l}\text{ein Winkel}\\\text{eine Seite}\end{array}\right\}$ größer ist als $\left\{\begin{array}{l}\text{ein}\\\text{eine}\end{array}\right.$ anderer, andere, $\Big\}$ kann man beide in ein Dreieck bringen und zu zeigen suchen, daß $\left\{\begin{array}{l}\text{er der größeren Seite}\\\text{sie dem größeren Winkel}\end{array}\right\}$ gegenüber liegt.

Wink 9. Um die Gleichheit zweier Winkel zu beweisen, kann man zu zeigen suchen, daß sie als Umfangswinkel auf demselben oder gleichen Bogen eines Kreises oder auf gleichen Bogen zweier Kreise mit demselben Halbmesser stehen.

Wink 10. Um die Gleichheit zweier nicht=kongruenten Figuren nachzuweisen, kann man zu zeigen suchen, daß sie die Summen oder Differenzen aus kongruenten (gleichen) Stücken sind.

Wink 11. Um zu beweisen, daß vier Strecken proportional sind, kann man sie als entsprechende Abschnitte auf zwei sich schneidenden Geraden vom Schnittpunkte aus abtragen und zu zeigen suchen, daß die Verbindungslinien der entsprechenden Endpunkte parallel sind.

Wink 12. Um zu beweisen, daß zwei Winkel gleich oder vier Strecken proportional sind, kann man zu zeigen suchen, daß sie als ent= sprechende Stücke in zwei ähnlichen Dreiecken liegen.

Anhang II.
Anleitung zur Auflösung von Konstruktionsaufgaben.

Bei einer beliebigen Konstruktionsaufgabe müssen zuerst aus ihrem Wortlaut alle die Gedanken (Forderungen!) herausgelesen werden, die unbedingt benutzt sein müssen, wenn die Lösung gefunden sein soll. Die Bestimmungen einer Aufgabe können aber zweierlei Art sein:

1. Bei der ersten sind gewisse Stücke, wie Punkte, Strecken, Kreise u. s. w. der Lage nach und andere, wie Seiten, besondere Linien, Winkel, Inhalt, der Größe nach gegeben. Alle diese Angaben heißen Stückbestimmungen.

2. Zu der zweiten Art sind die Angaben zu zählen:
ein Punkt oder eine Seite soll auf einer gegebenen Geraden liegen,
eine Gerade soll auf einer gegebenen Geraden senkrecht stehen,
eine Gerade soll zu einer gegebenen Geraden parallel sein,
eine gegebene Strecke oder ein gegebener Winkel soll halbiert werden,
eine Figur soll ein Parallelogramm, Trapez, Kreis u. s. w. sein,
ein gegebener Kreis soll berührt werden,
das Verhältnis zweier Strecken (Seiten) oder Flächen soll eine
gegebene Größe haben
u. s. w. Alle diese Forderungen mögen als Wortbestimmungen be= zeichnet werden.

Sind die Angaben der Aufgabe nach diesen Gesichtspunkten ge= ordnet, so tritt die Untersuchung ein, auf welchem Wege die gestellten Forderungen befriedigt werden können, wobei die Vorschrift beachtet werden muß, daß bei jeder neuen Forderung der Zusammenhang mit den vorhergehenden nicht außer acht gelassen werden darf. Der Einteilung der Angaben entsprechend ist die Untersuchung aber zunächst wieder in zwei Teile zu zerlegen, von denen der erste sich mit den Stückbe= stimmungen (I) und der andere sich mit den Wortbestimmungen (II) beschäftigt; den Zusammenhang zwischen diesen beiden und damit die Herstellung der Figur liefert jedoch erst eine dritte Untersuchung (III), welche einen verbindenden Gedanken zwischen den Gedanken bei I und

II aufsucht. Wenn es nun auch nicht selten vorkommt, daß die Verbindung auf verschiedenen Wegen möglich ist, so müssen doch stets auf dem eingeschlagenen Wege alle in I und II enthaltenen Gedanken berührt werden, ehe die Auflösung gefunden sein kann.

I. Stellt man bei einer beliebigen Figur derselben Art, wie sie gezeichnet werden soll, alle den gegebenen Stücken entsprechenden Stücke her und vergegenwärtigt sich ihre Bedeutung in dieser Figur, so läßt die Erinnerung an bekannte Sätze die wesentlichen Beziehungen erkennen, die bei der Ausführung der Aufgabe zu benutzen sind, und zeigt zugleich (geometrische Örter!), unter welchen Bedingungen die einzelnen Stückbestimmungen in der herzustellenden Figur erfüllt werden können.

II. Die Untersuchung II ruft dann die Erinnerung an die Erklärungen und Sätze wach, in denen die angegebenen Wortbestimmungen als Bestandteile vorkommen, und läßt dadurch die Bedingungen erkennen, die auf Grund der Wortbestimmungen bei der Lösung unbedingt erfüllt werden müssen.

III. Sind auf diese Weise alle Bedingungen bestimmt, so ermittelt die Untersuchung III unter wesentlicher Unterstützung durch die Anschauung einen verbindenden Gedanken zwischen denselben, indem sie die Forderungen mit einander zu vereinigen sucht, und zeigt dann schließlich einen Weg, der zu der Ausführung der Aufgabe führt. Bei der Darstellung dieses Weges müssen alle durch I und II ermittelten Bedingungen berücksichtigt werden, wenn auch ihre Reihenfolge zuweilen eine Abänderung erfährt.

Berichtigungen.

Auf Seite 43 ist in der Fig. zu Kz. II der Buchstabe B bei E zu entfernen und AC an DF zu setzen.

Auf Seite 56 fehlen hinter Kz. III die Zusätze:

Zusatz 1. Stimmen zwei Dreiecke überein in der Größe zweier Seiten und eines entsprechenden Gegenwinkels derselben, und sind die beiden anderen Gegenwinkel in demselben Sinne von einem Rechten verschieden, so sind die Dreiecke kongruent.

Zusatz 2. Stimmen zwei Dreiecke überein in der Größe zweier Seiten und eines entsprechenden Gegenwinkels derselben, und sind die beiden anderen Gegenwinkel ungleich, so beträgt die Summe der letzteren 2 R.

Auf Seite 67 fehlen in der ersten Fig. die Linien OA, OB, OC und OD.

Auf Seite 132 fehlen in der Fig. die Linien EF.

Auf Seite 135 fehlt in der 3. Fig. der Buchstabe C am Endpunkte der Strecke b.

Auf Seite 151 fehlt in der Figur die Linie DB.

Auf Seite 177 fehlt in der Fig. die Parallele G zu CE.